PICと楽しむ
Raspberry Pi
活用ガイドブック

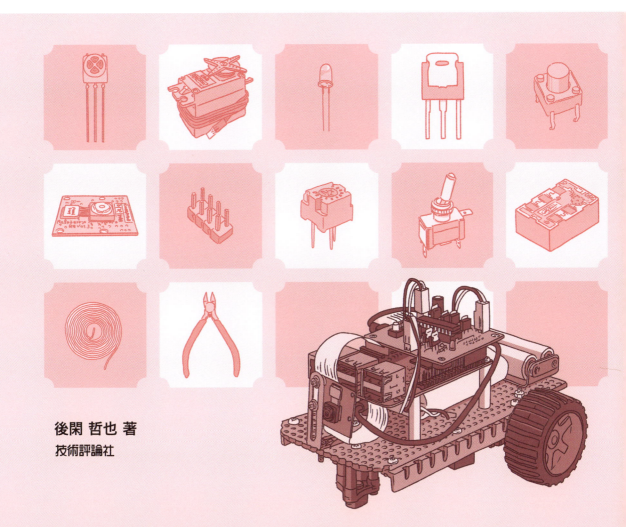

後閑 哲也 著

技術評論社

■ご注意

　本書は、電気・電子・プログラミングなどの基本的な知識はお持ちの方を対象としています。

　本書に記載された内容は、情報の提供のみを目的としています。本書の記載内容については正確な記述に努めて制作をいたしましたが、内容に対して何らかの保証をするものではありません。本書を用いた運用は、必ずお客様自身の責任と判断によって行ってください。これらの情報の運用の結果について、技術評論社および著者はいかなる責任も負いません。

　本書記載の情報については、2017年3月現在のものを掲載しています。それぞれの内容については、ご利用時には変更されている場合もあります。

　以上の注意事項をご承諾いただいた上で、本書をご利用願います。これらの注意事項をお読みいただかずに、お問い合わせいただいても、技術評論社および著者は対処しかねます。あらかじめ、ご承知おきください。

■登録商標

　本書に記載されている会社名、製品名などは、米国およびその他の国における登録商標または商標です。なお、本文中には®、TMなどは明記していません。

はじめに

　筆者は子供のころに電子工作を趣味として始めました。その「電子」に関わることを大学で深く学び、そのまま仕事も同じように電子に関わることとなりました。

　その間、電子工作も趣味としてずっと継続していましたが、半導体ICの出現やマイクロコンピュータの出現で、趣味としてできることが一気に拡がったことを経験し感動しました。

　今回、「Raspberry Pi」というワンボードコンピュータを使いましたが、むかし経験したことと同じように、できることの幅が格段に拡がったことを感じました。

　Raspberry Piはもともとコンピュータですから中身は複雑で難解です。しかし、これをブラックボックスとして中身は見ず、あくまでも高機能な電子部品として使うと意外と簡単に使えます。とくにRaspberry Pi3Bになってよりブラックボックス化して使いやすくなりましたから、どなたでも使えるようになったと思います。

　筆者はPICマイコンを長らく使っていますが、今回は、このRaspberry Pi3BをPICマイコン用の高機能電子部品として使うという発想でいくつかの使い方を紹介したいと思います。PICマイコンで電子工作をする際、壁となっていた、動画や音声、グラフ作成、インターネット接続などなど、一気に壁を越えることができました。

　Raspberry Piはコンピュータですからブラックボックスといっても何らかのプログラムが必要です。しかし、既にほとんどの機能がプログラムとして公開されていて誰でも自由に使えるようになっています。使うための設定などもほんの数行記述すれば済むようになっています。

　本書では、できるだけ簡単に使うように既存のアプリケーションプログラムを最大活用し、それを使うために必要な設定プログラムにも、理解しやすい「Python」というプログラム言語を使いました。どの作品もA4で1ページ程度のもので、分かりやすいですから容易に理解できると思います。

　この趣味としてできることの幅が拡がるという感動を、ぜひ皆さんにも経験して欲しいと思います。

　末筆になりましたが、本書の編集作業で大変お世話になった技術評論社の藤澤 奈緒美さんに大いに感謝いたします。

2017年2月　　後閑 哲也

目　次

第1章 ● 電子工作の高機能化 ……………………………………………………… 9
1-0　リアルタイム制御と高機能性の両立 ……………………………… 10
1-1　Raspberry Piとは ……………………………………………………… 10
1-2　Raspberry Piで何ができるか ………………………………………… 13
1-3　ラズパイを高機能部品として使う …………………………………… 15

第2章 ● ラズパイの準備 ……………………………………………………………… 17
2-1　ハードウェアとソフトウェアの準備 ………………………………… 18
　　2-1-1　ハードウェアの準備 ………………………………………………… 18
　　2-1-2　必須ソフトウェアの準備 …………………………………………… 20
2-2　OSのインストール …………………………………………………… 23
　　2-2-1　Rasbianのインストール …………………………………………… 23
　　2-2-2　Wi-Fiの接続 ………………………………………………………… 26
2-3　OSインストール後の追加作業 ……………………………………… 29
　　2-3-1　OSの更新作業 ……………………………………………………… 30
　　2-3-2　日本語化の作業 …………………………………………………… 31
　　2-3-3　リモートデスクトップ化 …………………………………………… 37
2-4　必須のシェルコマンドと使い方 ……………………………………… 40
　　2-4-1　ターミナルの起動とプロンプト …………………………………… 40
　　2-4-2　ディレクトリを扱うコマンド ……………………………………… 41
　　2-4-3　システム制御コマンド ……………………………………………… 44
　　2-4-4　アプリケーションインストール関連コマンド …………………… 44
　　コラム　コマンド入力の便利技 …………………………………………… 46

第3章 ● 汎用テストボードの製作 …………………………………………………… 47
3-1　汎用テストボードの概要 ……………………………………………… 48
3-2　汎用テストボードのハードウェアの製作 …………………………… 50
　　3-2-1　液晶表示器の使い方 ………………………………………………… 50
　　3-2-2　回路設計と組み立て ………………………………………………… 55
3-3　汎用テストボードのプログラムの製作 ……………………………… 58
　　3-3-1　全体の構成 …………………………………………………………… 58
　　3-3-2　MCCによるプログラム自動生成 ………………………………… 60
　　3-3-3　液晶表示器ライブラリの使い方 …………………………………… 69
　　3-3-4　プログラム詳細 ……………………………………………………… 71
　　3-3-5　動作確認 ……………………………………………………………… 75
　　コラム　MPLAB Code Configurator（MCC）とは ……………………… 75

目次

第4章 ラズパイのGPIOの使い方 ... 77

- 4-1 ラズパイのGPIOの使い方の種類 ... 78
- 4-2 RPi.GPIOモジュールの使い方 ... 80
  - 4-2-1 初期設定と使い方 ... 80
  - 4-2-2 実際の使用例 ... 84
- 4-3 Wiring Piライブラリの使い方 ... 89
  - 4-3-1 WiringPiの入手とインストール ... 89
  - 4-3-2 WiringPiの使い方 ... 90
  - 4-3-3 WiringPiを使ったC言語プログラム例 ... 93
  - 4-3-4 GPIOコマンドユーティリティ ... 95
- 4-4 WebIOPiアプリケーションの使い方 ... 97
  - 4-4-1 WebIOPiの概要 ... 97
  - 4-4-2 WebIOPiのインストール ... 98
  - 4-4-3 WebIOPiの基本の使い方 ... 99
  - 4-4-4 WebIOPiからGPIOを自由に使う ... 101
  - 4-4-5 JavaScriptライブラリ ... 103
  - 4-4-6 基本のボタンの例題 ... 105
  - 4-4-7 マクロ関数呼び出し付きボタンの例題 ... 108
  - 4-4-8 スライダを使った例題 ... 113
- 4-5 ラズパイのシリアル通信の使い方 ... 116
  - 4-5-1 ラズパイのシリアル通信を有効化する ... 116
  - 4-5-2 PySerialモジュールの使い方 ... 118
  - 4-5-3 USBでシリアル通信をする方法 ... 120
  - コラム USBメモリの使い方 ... 122

第5章 おしゃべり時計の製作 ... 125

- 5-1 おしゃべり時計の概要 ... 126
  - 5-1-1 全体構成 ... 127
  - 5-1-2 インターフェース ... 128
- 5-2 ラズパイのプログラム製作 ... 129
  - 5-2-1 全体構成 ... 129
  - 5-2-2 テキスト読み上げアプリ「AquesTalkPi」の使い方 ... 130
  - 5-2-3 おしゃべり時計のPythonスクリプト製作 ... 132
  - 5-2-4 自動起動 ... 135
- 5-3 時計制御ボードのハードウェアの製作 ... 136
  - 5-3-1 全体構成 ... 136
  - 5-3-2 ドップラセンサの使い方 ... 137
  - 5-3-3 7セグメントLEDの使い方 ... 138
  - 5-3-4 回路設計と組み立て ... 140
  - 5-3-5 パネルの組み立て ... 144

5-4　時計制御ボードのプログラムの製作 ……………………………… 146
　　5-4-1　プログラム全体構成と全体フロー …………………………… 146
　　5-4-2　プログラム詳細 ……………………………………………… 148
5-5　動作確認と調整方法 ……………………………………………… 152
5-6　グレードアップ天気予報を追加する …………………………… 153
　　コラム　Pythonのsubprocessの使い方 ………………………… 158

第6章　赤外線リモコン付きインターネットラジオの製作 … 159

6-1　インターネットラジオの概要 …………………………………… 160
　　6-1-1　全体構成と機能概要 ………………………………………… 161
6-2　ラズパイのプログラム製作 ……………………………………… 163
　　6-2-1　MPDとMPC …………………………………………………… 163
　　6-2-2　MPDとMPCの使い方 ………………………………………… 164
　　6-2-3　リモコン対応のPythonプログラム製作 …………………… 165
　　6-2-4　自動起動させる ……………………………………………… 169
6-3　ラジオ局の登録方法 ……………………………………………… 170
　　6-3-1　局リストの作り方 …………………………………………… 170
6-4　ラジオ制御ボードのハードウェアの製作 ……………………… 173
　　6-4-1　ラジオ制御ボードの全体構成 ……………………………… 173
　　6-4-2　液晶表示器の使い方 ………………………………………… 174
　　6-4-3　赤外線通信の使い方 ………………………………………… 176
　　6-4-4　回路設計と組み立て ………………………………………… 180
　　6-4-5　パネルの組み立て …………………………………………… 184
6-5　ラジオ制御ボードのプログラムの製作 ………………………… 185
　　6-5-1　プログラム全体構成とフロー ……………………………… 185
　　6-5-2　液晶表示器の使い方 ………………………………………… 187
　　6-5-3　プログラム詳細 ……………………………………………… 188
6-6　動作確認 …………………………………………………………… 196

第7章　データロガーの製作 ……………………………………… 197

7-1　データロガーの概要 ……………………………………………… 198
　　7-1-1　データロガーの概要と機能仕様 …………………………… 199
7-2　ラズパイのプログラム製作 ……………………………………… 201
　　7-2-1　プログラム全体構成 ………………………………………… 201
　　7-2-2　matplotlibとは ……………………………………………… 202
　　7-2-3　基本的なグラフの描画方法 ………………………………… 203
　　7-2-4　時間軸でグラフを作成する方法 …………………………… 206
　　7-2-5　データロガーのグラフを作成する ………………………… 210
　　7-2-6　一定間隔でデータを収集する ……………………………… 216
7-3　超簡単ウェブサーバ構築　SimpleHTTPServer ……………… 218
　　7-3-1　SimpleHTTPServerの使い方 ……………………………… 218
　　7-3-2　データロガーシステムとして構成する …………………… 220

7-4 データ収集ボードのハードウェアの製作 ... 222
- 7-4-1 全体構成 ... 222
- 7-4-2 デルタシグマA/Dコンバータの使い方 ... 223
- 7-4-3 複合センサ BME280の使い方 ... 226
- 7-4-4 回路図作成と組み立て ... 229
- 7-4-5 パネルの組み立て ... 234

7-5 データ収集ボードのプログラムの製作 ... 235
- 7-5-1 プログラム全体構成 ... 235
- 7-5-2 プログラム詳細 ... 238

7-6 動作確認とデータ収集例 ... 246
- 7-6-1 基本動作の確認 ... 246
- 7-6-2 ログデータ例 ... 248

7-7 グレードアップ ... 249
- 7-7-1 外部ネットワークからアクセスできるようにする ... 249
- 7-7-2 シャットダウン機能の追加 ... 254
- コラム crontabコマンドの使い方 ... 256

第8章 リモコンカメラの製作 ... 259

8-1 リモコンカメラの概要 ... 260
- 8-1-1 システム構成 ... 260

8-2 ラズパイのプログラムの製作 ... 262
- 8-2-1 プログラム全体構成 ... 262
- 8-2-2 カメラの使い方 ... 263
- 8-2-3 ストリーミングアプリの使い方 ... 265
- 8-2-4 リモコンカメラのページの製作 ... 269

8-3 サーボ制御ボードのハードウェアの製作 ... 274
- 8-3-1 全体構成 ... 274
- 8-3-2 RCサーボの使い方 ... 275
- 8-3-3 回路設計と組み立て ... 277

8-4 サーボ制御ボードのプログラムの製作 ... 282
- 8-4-1 プログラムの全体構成とフロー ... 282
- 8-4-2 MCCを使ったプログラム開発手順 ... 283
- 8-4-3 プログラム詳細 ... 293

8-5 動作確認 ... 296

8-6 グレードアップ ... 297
- 8-6-1 外部ネットワークからアクセスできるようにする ... 297
- 8-6-2 シャットダウン機能の追加 ... 299

第9章 リモコンカーの製作 ... 301

9-1 リモコンカーの概要と全体構成 ... 302
- 9-1-1 リモコンカーの全体構成と機能概要 ... 302

9-2	ラズパイのプログラム製作	304
	9-2-1　プログラム全体構成	304
	9-2-2　リモコンカーの操縦用画面の製作	306
9-3	リモコンカーのハードウェアの製作	312
	9-3-1　リモコンカーの車体の製作	312
	9-3-2　モータ制御ボードの製作	315
	9-3-3　DCモータの使い方	316
	9-3-4　回路設計と組み立て	319
9-4	モータ制御ボードのプログラムの製作	323
	9-4-1　プログラム全体構成	323
	9-4-2　プログラムの詳細	324
9-5	動作確認	329

付録A　Linux超入門　331

A-1	Linuxとは	332
	A-1-1　Linuxとは何者？	332
	A-1-2　ラズパイ用Linux	333
A-2	Linuxの全体構成と機能	335
	A-2-1　Linuxの全体構成	335
	A-2-2　Linuxの起動時の動作	338
	A-2-3　カーネルの機能	339
A-3	Linuxのディレクトリ	341
	A-3-1　動かし方の種類	341
	A-3-2　Linuxのディレクトリ構造とパスの概念	342
	A-3-3　Linuxの管理者権限	344
	A-3-4　ディレクトリの詳細	344
A-4	シェルスクリプト	347

付録B　Python超入門　351

B-1	Pythonに関する常識	352
B-2	Pythonの基本文法	354
B-3	データ構造　リストとディクショナリ	356
B-4	制御文の使い方	359

付録C　MPLAB X IDEの使い方　361

	C-1-1　MPLAB X IDEのインストール	362
	C-1-2　MPLAB X IDEの起動	362
	C-1-3　プロジェクトの作成	363
	C-1-4　コンパイルと書き込み	370

索　引　375

参考文献　381

第1章
電子工作の高機能化

　ネットワーク接続や動画を扱いながらモータを制御するというのは、電子工作で一度は実現してみたいことだと思います。現状では1つの道具ですべてを満足させることは簡単ではありませんが、PICマイコンとRaspberry Piを組み合わせて使えば、これを実現させることができます。本章ではその概要を説明します。

1-0 リアルタイム制御と高機能性の両立

電子工作を楽しんでいる人がしばしば思うのは、次のようなことかなと思います。

①センサやモータを自由に扱ってリアルタイム†で高速な制御を実現したい
②Wi-FiやLAN†でネットワークに接続してインターネットにもアクセスできるようにしたい
③パソコンやタブレットのブラウザで扱えるようにしたい
④静止画や動画、さらには音声応答も使いたい

> **リアルタイム**
> ここでは μsec 単位の応答が可能なレベルを指す。
>
> **Wi-Fi、LAN**
> Wi-Fiは無線LAN、LANは有線接続のLANを指す。

これらをできるだけ簡単に実現したい、でも難しいプログラムを作ることは避けたいし、そんなに時間もかけたくないというのが電子工作をする方々の大部分かと思います。

ネットワーク接続や動画を扱いながらモータを制御するというようなことを、1つの道具ですべて満足させることは現状では簡単ではありません。

それでも、最新の技術を使うと、ちょっとした工夫でこれを実現することができる方法があります。PICマイコンとRaspberry Piを組み合わせて使うという方法です。

本書では「PICマイコン＋Raspberry Pi3B」という組み合わせで、上記のような高機能な電子工作を簡単に実現し、電子工作を各段に高度化する方法について解説していきます。

1-1 Raspberry Piとは

Raspberry Piは、もともと英ケンブリッジ大学の教授らが設立した慈善団体「ラズベリーパイ財団」が開発した名刺サイズのコンピュータです。このコンピュータで子供たちや学生たちにコンピュータ技術を学んでもらって、プログラミングの知識や技術を身に着けてもらうことを目的としています。

1-1 Raspberry Piとは

このようにもともと教育目的で開発されたRaspberry Piは、その名前の由来となった「Python」(パイソン)というプログラミング言語を使ってプログラミングできるようになっているのが特徴ですが、その他の大部分のプログラミング言語が扱えます。

ワンボードコンピュータとしても使えますから、教育用だけでなくコンピュータを趣味として電子工作を楽しんでいる層にも多く使われています。このコンピュータにモータや表示器を追加していろいろな作品を製作している方々がいます。

このコンピュータは「Linux」(リナックス、リヌックス、ライナックスと呼ばれる)という本格的なコンピュータに使われているOS(オペレーティングシステム)で動作するようになっていて、コンピュータのプロも使っています。

このように非常に高度なコンピュータでありながら、インストールを簡単にできるようにしたり、多くのアプリケーションを標準搭載したりして、だれでも簡単に使えるようになってきています。

このRaspberry Piは当初開発されたモデルから非常に人気があったため、次々と新しいモデルが開発されて高性能化されています。これらの流れは図1-1-1のようになっていて、本書執筆時点では「Raspberry Pi3 Model B」が最新のものとなっています。

●図1-1-1　Raspberry Piのモデル進化

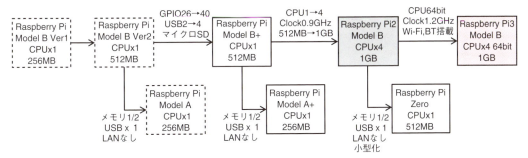

Bluetooth
近距離無線通信の1つ。

リモートデスクトップ
ネットワーク経由で別の機器からデスクトップ環境を操作すること。

本書ではこの最新モデルの「Raspberry Pi3 Model B」を対象としています。Wi-FiとBluetooth†の機能が標準搭載されたので、Wi-Fiを使ってパソコンからリモートデスクトップ†で扱うと、キーボードもマウスも必要がなくなり、実質必要な接続ケーブルは電源ケーブルだけとなって非常に扱いやすくなります。

この「Raspberry Pi3 Model B」の外観と実装されているコネクタなどは写真1-1-2のようになっています。

●写真1-1-1　Raspberry Pi3 Model Bの外観

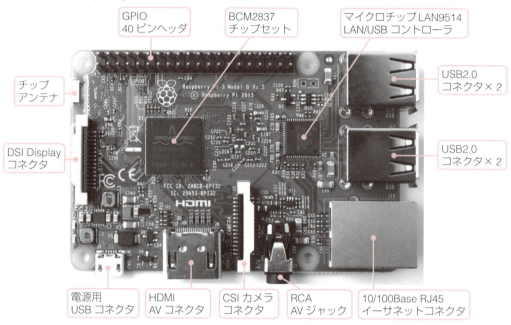

Raspberry Pi3 Model Bの仕様は表1-1-1のようになっています。

▼表1-1-1　Raspberry Pi3 Model Bの仕様一覧

項　目	仕　様
CPU	1.2GHz クアッドコア　Cortex-A53 ARMv8　64bit
GPU	デュアルコア　VideoCore Ⅳ　1Gピクセル/秒の性能
メモリ	1GB DDR2 450MHz
電源	マイクロUSB　5V 最大2.5A
最大消費電力	約12.5W
サイズ	85×56×17mm
イーサネット	10/100 Base-T　RJ45ソケット
無線LAN	IEEE 802.11b/g/n
Bluetooth	Bluetooth 4.1　Bluetooth Low Energy対応
ビデオ出力	HDMI (rev 1.4)　および　DSI　および コンポジット3.5mm 4極ジャック（PAL、NTSC対応）
オーディオ出力	3.5mm 4極ジャック　または　HDMI　または　I2Sピンヘッダ
USB	USB 2.0 ×4ポート
GPIOコネクタ	40ピン　2.54mmピッチヘッダ GPIO×26 UART、I2C、SPI、I2S、PWM、5V、3.3V
メモリカード	micro SDカードメモリ

1-2 Raspberry Piで何ができるか

ここで改めて電子工作でRaspberry Pi3 Model B（以降ラズパイ）を使うと、できることとできないことをまとめてみます。

1 ラズパイでできること

ラズパイを使うと、次のようなことが容易にできるようになります。

❶ 複数のプログラムの同時並列実行

ラズパイはLinuxというOSのもとで、メモリやCPUをシェアしながら複数のアプリケーションを同時に実行できます。例えば動画を扱いながらのネットワークの通信も、軽々と処理してしまいます。

❷ LANやWi-Fiによるネットワーク接続

有線や無線でインターネットに接続する機能が標準で用意されています。さらに、サーバやネットワークドライブなどのネットワーク機器として動作させるための各種のアプリケーションも、ほとんどのものが無料で入手できます。

❸ USB

USBコネクタが標準装備で、HID[†]やUSBメモリなどのドライバも標準実装されていますから、マウスやキーボード、USBメモリなどUSBコネクタに接続するだけですぐ使えます。

> **HID**
> Human Interface Deviceの略でマウスやキーボードのような周辺デバイスのこと。

❹ カメラ

カラーカメラが標準オプションで用意されていて、コネクタに接続するだけで使えます。静止画や動画を撮影するアプリケーションもあらかじめ用意されているので、すぐ使えるようになります。ネットワークにストリーミングするアプリケーションもあるので、ブラウザで動画を見るようにすることもできます。

❺ 音声出力

音を出す機能が標準実装されています。作曲するアプリケーションもありますし、テキストを読み上げるアプリケーションなどもあるので、簡単に音楽を出力したり、音声合成機能を使ったりすることができます。

❻グラフィック液晶表示器

　高解像度のカラーグラフィック液晶表示器を接続できるコネクタが用意されており、標準アプリケーションとして表示制御アプリケーションも用意されています。

❼SDカード

　マイクロSDカードを外部メモリとして標準装備していますから、ファイルとして大量データを保存管理することが容易にできます。

　これらの機能は、いずれもPICマイコンなどではかなり荷が重く難しいことです。

2 ラズパイが苦手なこと

　しかしこのように高機能なラズパイにも苦手なこともあります。

❶リアルタイム性に欠ける

　ラズパイのリアルタイム性能はmsec†単位となります。対してマイコンのリアルタイム性能はμsec単位です。したがって高速で繰り返す機能をラズパイで実行するのは苦手です。また複数のプログラムが並列動作している故に、応答時間もばらついてしまいます。

> **msec、μsec**
> msecは1/1000秒、μsecは1/1,000,000秒。

❷外部入出力機能が弱い

　アナログ信号の入出力ポートがありませんから、直接アナログ信号を扱うことはできません。また、PWM†の出力の周期や分解能が低いため、モータなどのきめ細かな速度制御は苦手です。さらに、高速パルスの入出力機能がないため、パルス幅を扱う処理は苦手です。このように直接の外部入出力機能はマイコンに比べて貧弱です。

> **PWM**
> Pulse Width Modulationの略。周波数に基づいたパルス幅でオンオフを繰り返し、オンにする時間の割合を変えることでモータに加わる平均エネルギーを可変にして速度を制御する。

❸ハードウェアリソースの消費量が多い

　マイコンなどと比べ、ROM、RAM†の使用量は桁違いに大きくなりますし、CPUの速度も高速なものが要求されます。当然これに比例して消費電流も多くなります。

> **ROM、RAM**
> いずれもメモリのこと
> ROM（Read Only Memory）：
> 　プログラムの格納やデータの保存に使われる。
> RAM（Random Access Memory）：
> 　演算や処理の一時メモリとして使われる。

❹立ち上がりが遅い

　マイコンは0.1秒程度で立ち上がるのに対して、ラズパイ、つまりLinuxは早くても数秒、遅いときは30秒ほどかかることがあります。

❺電源断に対する考慮がない

　突然の電源断に対する安全対策は考慮されていませんから、いきなり電源をオフとするとSDカードの内容を書き換えてしまったりします。このため、通常はこれらへの対策を追加する必要があります。

1-3 ラズパイを高機能部品として使う

アクチュエータ
actuater。回転運動・直線運動など物理的動作をする部品。

PICマイコン、特に8ビットのPICマイコンは簡単に使えますし、センサやモータなどのアクチュエータ†をきめ細かく制御でき、さらに高速なフィードバック制御もお手のものです。しかし、これでネットワークに接続したり、動画を扱ったりしようとすると一挙に壁に突き当たります。

逆にラズパイは、センサとアクチュエータを接続して高速な制御をしようとすると、入出力に制限があってちょっと苦しくなりますが、インターネットに接続したり、動画や音声を扱ったりするのは得意な分野です。

このように高機能なラズパイを電子工作で上手に使うには、次のような機能を使いたいときに、単独あるいはマイコンに追加する高機能部品として使う方法が最適なものかと思います。

- LANネットワーク、インターネット接続
- ブラウザによる表示操作、ネットワークサーバ
- 静止画、動画を使う、画像処理、保存
- 音声を出力する、音楽配信、音声応答

つまり、ラズパイを液晶表示器などと同じように、マイコンに接続する高機能部品として扱うという発想です。

ラズパイのインストール作業なども非常に簡単になったので、本書では、ラズパイを手軽に使える高機能部品として便利に使うことにします。

PICマイコンを中心として製作し、ラズパイ側は、ハードウェアもプログラムも作るという作業を少なくし、ほんのわずかなPICマイコンとの接続部分だけを用意するということにします。

このようにラズパイを高機能な部品としてPICマイコンに接続して使うという発想で、いろいろな電子工作に挑戦してみたいと思います。

第2章
ラズパイの準備

　本書で使うラズパイは最新版の「Raspberry Pi3 Model B」になります。このラズパイをPICマイコンに接続して使える部品とするためには準備をする必要があります。この準備というのは、購入したままのラズパイはハードウェアだけですから電源を供給しても何も動作しません。実際に使える部品とするためには、次のような作業が必要です。

① 必須の周辺機器（キーボード、マウス、モニタなどのパソコンやマイコンに接続して使うデバイスのこと）をそろえる。
② ラズパイに必須のソフトウェアをインストールする
③ 必要な部品とするためのアプリケーションソフトウェアをインストールする。

　本章では、必須の周辺機器の揃え方と必須のソフトウェアをインストールする仕方を説明します。

2-1 ハードウェアとソフトウェアの準備

ラズパイを動かすために必要な準備です。まずハードウェアを一式揃え、次に必須のソフトウェアをダウンロードして準備する必要があります。これら準備が必要なものを説明します。

2-1-1 ハードウェアの準備

必須のソフトウェアをインストールするときに必要となるハードウェア構成は図2-1-1となります。一部必須でないものもありますが、あったほうがよいということで含めています。

クラス10
SDカードの転送速度のランクを表す。高速版であることを表す。

USBケーブル
本体に電源スイッチがないので、中間スイッチ付きのUSBケーブルがあると便利。

HDMI接続
ディスプレイにHDMI端子がなくても、HDMI-DVI変換ケーブルなどを利用する方法がある。

①Raspberry本体　　　：Raspberry Pi3　Model B
②マイクロSDカード　：16GB以上　クラス10[†]
　　　　　　　　　　　　パソコンにも接続するので標準SDカードアダプタが必要
③電源　　　　　　　　：USBタイプAで出力されるACアダプタ、
　　　　　　　　　　　　出力5V　2.5A
④USBケーブル[†]　　：タイプAコネクターマイクロUSB-Bコネクタのケーブル
⑤ディスプレイ　　　　：HDMI接続[†]のディスプレイでサイズ、解像度は任意
⑥HDMIケーブル　　　：両端とも標準HDMIコネクタのケーブル
⑦USBキーボード　　　：通常の日本語109のUSB接続キーボード
⑧USBマウス　　　　　：通常のUSB接続マウス
⑨LANケーブル　　　　：有線LANで接続する場合のみ必要となる。無線LAN（Wi-Fi）接続だけの場合は不要

ここでラズパイ本体は購入が必要ですが、ディスプレイ、キーボード、マウスはパソコンで使っていたもので余っているものがあれば流用できます。

2-1 ハードウェアとソフトウェアの準備

●図2-1-1　OSインストール時のハードウェア構成

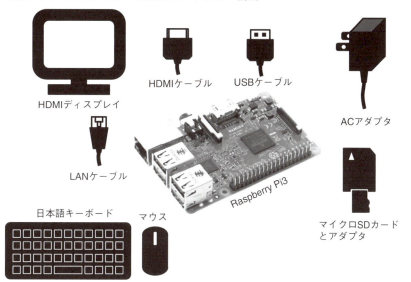

各デバイスとラズパイとの接続は図2-1-2のように接続します。ただし、電源はインストールを開始する準備がすべて完了し、必須ソフトウェアをコピーしたSDカードを挿入してから接続します。

●図2-1-2　ハードウェア接続方法

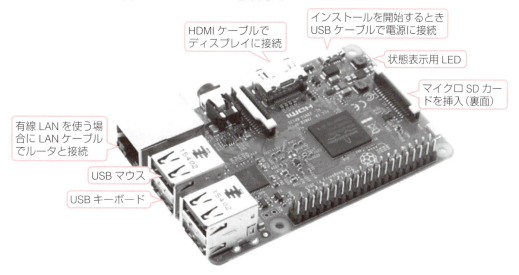

マウスとキーボードは4個あるUSBコネクタのどれに接続しても問題ありません。LANケーブルは有線LANでルータやハブ†に接続する場合に必要ですが、無線LAN（Wi-Fi）だけで使う場合には必要ありません。SDカードにはスプリング機構がないので、取り出すときにはカードの端をつまんで引っ張り出す必要があります。

> **ルータやハブ**
> 家庭でインターネットに接続するために用意されている機器。

2-1-2　必須ソフトウェアの準備

ソフトウェアでまず必要になるものはOSです。ところでOSとは何でしょうか。

OSとは「Operating System」の略で、画面の表示とかネットワークとの接続などの面倒を見てくれるプログラムを動かすための土台となるプログラム群のことで、パソコンのWindowsと同じような働きをするものです。

ラズパイにインストールするOSは「Rasbian」（ラズビアン）と呼ばれていて、元はLinux（リナックス）†で構成されています。

> **Linux**
> リーナス・ベネディクト・トーバルスが独自に開発し1991年に公開した。リヌックス、ライナックスとも呼ばれることがある。詳しくは付録A参照。

このLinuxというのは、むかしむかし、まだコンピュータが高価で誰でもが使えるという状況ではないとき、せめてソフトウェアだけは無料で使えるようにしようということで、大学などの研究者達がボランティアで作り上げたOSで、現在でも大勢のボランティアの開発者たちに支えられています。

では早速、ラズパイ用のOSを手に入れましょう。OSは通常のインターネットにつながっているWindowsパソコンを使ってダウンロードし、SDカードにコピーする必要があります。ただしSDカードはラズパイに合うようにフォーマットをする必要があるので、専用のフォーマットプログラムを使います。これらの手順は次のようにします。

1 SDカードフォーマットプログラムをダウンロードしインストールする

WindowsパソコンでSDカードをフォーマットするためのプログラム「SDFormatter v4.0」をダウンロードしインストールします。ダウンロードは下記サイトからできます。

http://www.sdcard.org/jp/downloads/formatter_4/eula_windows/

このサイトに進むと「エンドユーザー使用許諾契約書」というページが表示されます。そのページの一番下側にある［同意します］というボタンをクリックすると、「SDFormatterv4.zip」というファイルがダウンロードされるので、適当なフォルダに保存します。

ダウンロードした圧縮ファイルを解凍してすべて展開します。解凍結果には「setup.exe」というファイルが展開されているので、これを実行します。あとは表示されるダイアログにしたがってインストールを完了します。

2 SDカードをパソコンにセットしフォーマットする

SDカードをパソコンにセットしてから、SDFormatterを起動すると図2-1-3のようなダイアログが表示されます。ここでまずSDカードのドライブ名が正しいかを確認します。フォーマットなので、異なるドライブが指定されているとすべてのデータがなくなってしまいます。くれぐれも注意してください。

次に［オプション設定］のボタンをクリックし、論理サイズ調整を［ON］にします。これをONとすると、SDカードのフルサイズがラズパイで使えるようになります。このあと、［フォーマット］ボタンをクリックすればフォーマットが開始され数秒で完了します。完了したら［終了］ボタンをクリックしてこのプログラムを終わらせます。

●図2-1-3 SDカードのフォーマット

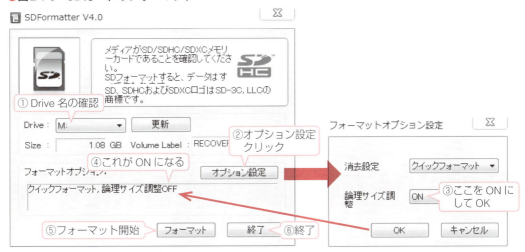

3 OSをパソコンでダウンロードする

必要なOSは必須ソフトウェア群としてまとめられ、さらにインストールしやすいように「NOOBS[†]」(ヌーブス)という名称のインストーラとして提供されています。このNOOBSのダウンロードは下記のサイトから行います。

NOOBS
ラズベリー財団が提供するインストーラでLinuxが簡単にインストールできるようになっている。

https://www.raspberrypi.org/downloads/noobs/

このサイトを開くと図2-1-4のようなページになるので、ここで左側のNOOBSロゴの右側の［Download ZIP］というボタンをクリックしてダウンロードを実行します。

本書執筆時点では、「NOOBS_v2_1_0.zip」というファイルがダウンロードされます（リリース日　2016-11-29）。かなり大きなサイズのファイル（1GB以上）ですので、ダウンロードには結構時間がかかります。

●図2-1-4　NOOBSのダウンロード

4 NOOBSを展開しSDカードにコピーする

ダウンロードしたNOOBSのZIPファイルを解凍しすべて展開します。そして展開した結果をすべてSDカードにそのままコピーします。このときのSDカードにコピーされる中身は図2-1-5のようになります。

●図2-1-5　コピーされるファイル

名前	更新日時	種類	サイズ
defaults	2017/01/04 18:51	ファイル フォルダー	
os	2017/01/04 18:51	ファイル フォルダー	
overlays	2017/01/04 18:51	ファイル フォルダー	
bcm2708-rpi-b.dtb	2017/01/04 18:51	DTB ファイル	14 KB
bcm2708-rpi-b-plus.dtb	2017/01/04 18:51	DTB ファイル	14 KB
bcm2709-rpi-2-b.dtb	2017/01/04 18:51	DTB ファイル	15 KB
bcm2710-rpi-3-b.dtb	2017/01/04 18:51	DTB ファイル	16 KB
bootcode.bin	2017/01/04 18:51	BIN ファイル	18 KB
BUILD-DATA	2017/01/04 18:51	ファイル	1 KB
INSTRUCTIONS-README.txt	2017/01/04 18:51	テキスト文書	3 KB
recovery.cmdline	2017/01/04 18:51	CMDLINE ファイル	1 KB
recovery.elf	2017/01/04 18:51	ELF ファイル	619 KB
recovery.img	2017/01/04 18:51	ディスク イメージ ファイル	2,522 KB
recovery.rfs	2017/01/04 18:51	RFS ファイル	23,128 KB
RECOVERY_FILES_DO_NOT_EDIT	2017/01/04 18:51	ファイル	0 KB
recovery7.img	2017/01/04 18:51	ディスク イメージ ファイル	2,592 KB
riscos-boot.bin	2017/01/04 18:51	BIN ファイル	10 KB

これですべての準備が整いました。OSのインストールを開始します。

2-2 OSのインストール

準備が整ったら必須のソフトウェア群であるOSをインストールしてラズパイが使えるようにします。ラズパイのOSは、もともとはLinuxですが、ラズパイ専用にカスタマイズされた「Rasbian」を使います。

2-2-1 Rasbianのインストール

インストール済みのSDカード
Rasbianインストール済のSDカードを使う場合は、ディスプレイの電源をONしてからラズパイに電源ケーブルを挿入して、2-2-2項の作業から行う。

NOOBSを使ってRasbianをインストールする手順[†]は簡単で、ラズパイにハードウェアを図2-1-2のように接続したあと、次のように進めます。

なお無線LAN（Wi-Fi）が使える場合には有線LAN接続は不要です。余計な接続が必要ないので扱い易くなります。有線LANを使う場合にはLANケーブルを使ってルータかハブに接続します。

1 SDカードの挿入

NOOBSをコピーしたSDカードをラズパイのSDカードソケットに挿入します。

2 電源ON

先にディスプレイの電源をオンとしてからラズパイの電源ケーブルを挿入します。ディスプレイの解像度に自動的に調整するので、ディスプレイが先にオンになっている必要があります。

3 インストールの準備

しばらくすると自動的にインストールが準備されます。

一瞬だけカラーの大きな四角形の画像が表示されたあと、文字が表示されインストール準備が始まります。

画面が図2-2-1のように変わっていき最終的にOSの選択画面で止まります。このとき有線LANが接続されていないと図のように先頭のRasbianだけの表示となりますが、特に問題はありません。無線LAN（Wi-Fi）だけの場合も、まだ無線LAN接続ができていないので同じようにRasbianだけの1行表示となりますが、こちらも問題ありません。

●図2-2-1　インストール開始待ちまでの画面

4 Rasbianを選択してインストール開始

選択待ちの画面になったら、図2-2-2のように一番上のRasbianにチェックを入れてから、左上にあるディスクのアイコン（install）をクリックし、さらにこれで表示される確認ダイアログ（Confirm）で［Yes］としてインストールを開始します。

●図2-2-2　インストールの開始

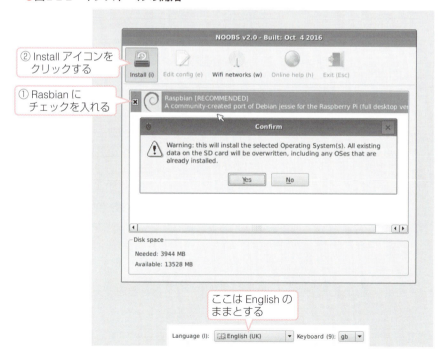

このとき画面の一番下側にある言語選択は「English」のままとしておきます。NOOBSのVer2.1.0では日本語フォントがあらかじめ組み込まれたので、ここで日本語にしても正常に表示されるようになりましたが、日本語入力のアプリケーションは組み込まれていないので、あとから日本語にします。

5 インストール完了を待つ

　インストール中は図2-2-3のように画面にいくつか内蔵アプリケーションの説明画像が表示され、30分ほどでインストールが完了し、完了の画面が表示され確認待ちとなります。

●図2-2-3　インストール中と完了の画面

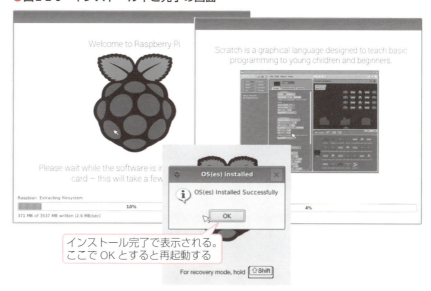

インストール完了で表示される。
ここでOKとすると再起動する

6 確認すると自動的に再起動し、デスクトップ画面となる

　確認待ちの[OK]をクリックすると自動的に再起動します。再起動するとしばらくの間、図2-2-4のようなWelcome画面が表示されます。
　そして最終的に図2-2-4下側のような道路の景色が背景として表示されたデスクトップ画面となって、インストールが完了します。ラズパイを使うときにはこのデスクトップ画面ですべての操作を行います。このデスクトップの左上にあるのがメインメニューのアイコンで、右上にあるアイコンはネットワークや音声、USBメモリのリリースアイコンなどになります。

●図2-2-4　再起動中と完了後のデスクトップ画面

　この先では日本語化や追加のアプリケーションをインストールしますが、すべてインターネット経由になるので、インターネットとの接続を先に完了させる必要があります。

　有線LANのケーブルを接続していた場合には、すでにネットワーク設定は完了していてインターネットのアクセスができる状態に自動的になっているので何もする必要はありません。Wi-Fi接続する場合だけこの次にネットワークの設定を行います。

2-2-2　Wi-Fiの接続

　有線LANだけで無線LAN（Wi-Fi）を使わない場合にはこの手順は省略できるので、2-3節に進んで構いません。

　Raspberry Pi3BにはWi-Fiモジュールがあらかじめ実装されていますから、Wi-Fiを使うと接続ケーブルが少なくなって便利です。Wi-Fiモジュール関連のプログラムは、既に標準でインストールされているので接続手順は簡単です。アクセスポイントを選択してパスワードを入力するだけで、次のように操作します。

❶ 有線LANなしの場合

　有線LANを使っていない場合は、デスクトップの右上にあるネットワークアイコンを左クリックします。これで図2-2-5のように見つかったアクセスポ

イントの一覧が表示されるので、使うアクセスポイントを選択します。
　次に指定したアクセスポイントのパスワードの入力ダイアログが表示されるので、ここにパスワードを入力して［OK］とします。これでネットワークアイコンがWi-Fiアイコンに変わって点滅を開始します。しばらくするとWi-Fiアイコンが連続点灯状態になって、接続が完了したことがわかります。
　今度はこのWi-Fiアイコンにマウスカーソルを移動させると自動的に現在の接続先の情報が表示され、接続中のIPアドレスを知ることができます。「wlan0」がWi-Fiのデバイス名です。「eth0」が有線LANのデバイス名で、こちらはdownとなっていて未使用であることがわかります。
　これでWi-Fiの接続が完了し、次からラズパイを起動したときには自動的にWi-Fiとの接続が行われます。複数のアクセスポイントを切り替えて使うことも可能で、一度パスワードを入力して接続したことがあれば、次回からは自動的にアクセスポイントを選んで接続するようになります。

●図2-2-5　アクセスポイントとの接続

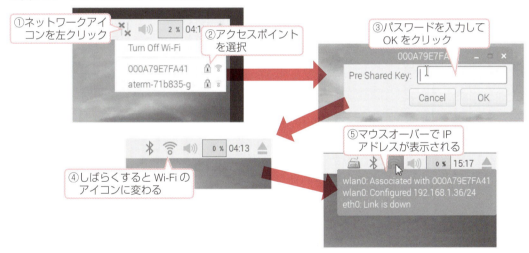

2 有線LANありの場合

　有線LANを使っている場合にWi-Fi接続を追加する場合は、デスクトップ画面の右上にあるネットワークアイコンを右クリックします。これで図2-2-6左上のようなダイアログが表示されますから、ここで［WiFi Networks(dhcpcdui) Settings］の行を左クリックします。
　次に図2-2-6の右側のような［Network Preferences］ダイアログが表示されますから、右端のボックスで［wlan0］を選択してから［Apply］ボタンをクリックします。これでWi-Fiモジュールが有効化されます。

●図2-2-6　Wi-Fiモジュールの有効化

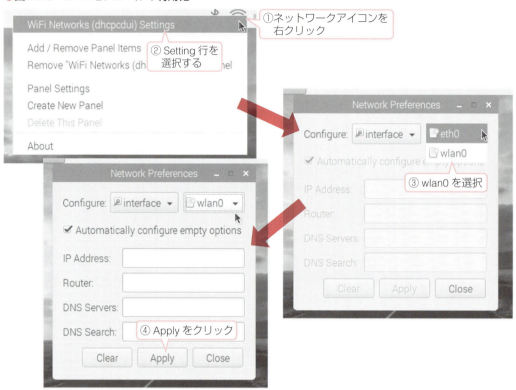

　Wi-Fiを有効化したらちょっと待ってからネットワークアイコンを左クリックすれば、図2-2-5と同じようになるので、ここでアクセスポイントを選択してパスワードを入力すればWi-Fi接続は完了です。

　Wi-Fiが接続できたら有線LANは不要なので、ケーブルを抜いてしまいます。再度Wi-Fiアイコンにマウスオーバーすると、今度は有線LANが切断されていることがわかります。

　これでOSの基本のインストールは完了です。ここまででとりあえずラズパイは使えるようになっていますが、英語版のままです。そこで日本語が使えるようにこの後追加作業をします。

2-3 OSインストール後の追加作業

GUI
Graphical User Interfaceの略。画面上のアイコンやメニューをマウスでクリックする、グラフィカルな表示操作のこと。

CUI
Character User Interfaceの略。コマンドをキーボードから入力して操作する方法。

ここまではすべて英語表示のままで進めてきました。またすべてGUI†ベースでマウス操作だけでできました。ここで、インストール後の追加作業として日本語が使えるようにします。このためには、日本語のフォントと日本語入力ツールをインストールする必要があります。ここからはキャラクタベース（CUI）†の操作になり、コマンド入力作業が必要になります。

もともとLinuxはコンピュータが文字表示しかできなかった時代に開発されたものが継承され続けています。したがってWindowsのようなグラフィック表示でマウス操作ではなく、コマンドを文字で入力して動かすというキャラクタベースが基本となっています。

それでも最近はGUI環境（X Window Systemと呼ばれる）が追加されてGUIベースが主流になりつつありますが、インストールや設定などは相変わらず文字入力によるコマンドで動かすことになっています。このためラズパイを動かすためには、やはりLinuxのコマンドを入力するという作業が付いて回りますから、必要最小限のコマンドは使えるようにする必要があります。これらのコマンドについては、以降の各章で出てきた都度使い方を説明します。

このコマンドを入力するためには、デスクトップ画面の左上にある図2-3-1の「ランチャーアイコン」からターミナルをクリックして開きます。ターミナルの操作については、詳しくは2-4-1項で説明します。

なおランチャーアイコンのMathematica（マセマティカ）は数式処理ソフト、Wolfram（ウルフラム）はMathematicaの記述言語です。本書では使いません。

●図2-3-1　ランチャーアイコン

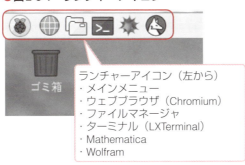

ランチャーアイコン（左から）
・メインメニュー
・ウェブブラウザ（Chromium）
・ファイルマネージャ
・ターミナル（LXTerminal）
・Mathematica
・Wolfram

2-3-1 OSの更新作業

　日本語化する前に、インストールしたOSや多くのツール群のプログラムパッケージを、最新版に更新する作業をします。この作業はお決まりの作業で、この後もときどき実行して最新の状態にするようにします。いわばWindowsのUpdateと同じです。

　ターミナルをクリックすると、以下のようなコマントプロンプト[†]が表示されます。

> **コマンドプロンプト**
> プロンプトともいう。ユーザからのコマンドを待つ状態であることを示す。詳しくは2-4-1項参照。

```
pi@raspberrypi:~ $
```

　OSを更新するには、次の2つのコマンドをキーボードで入力するだけです。

```
sudo apt-get update　（最新版の情報を入手する）
sudo apt-get upgrade（最新版に更新する）
```

　ここでコマンドがいくつか出てきましたが、コマンドの意味は次のようになっています。詳しくは、2-4-4項で説明します。

　　sudo　　：コマンドを管理者権限で実行する（sudo：superuser do）
　　apt-get：指定したパッケージを取得してインストールまたはアップデートする（apt：Advanced Package Tool）

　それぞれのコマンドをターミナルで入力して実行しているときの状態が図2-3-2となります。

　upgradeコマンドのとき、途中でディスク領域を使うが続けるかどうかを聞かれるので「y」として続けます。更新には結構時間がかかります。

　この「Y/n」とYが大文字になっている場合は、Enterキーだけを入力した場合デフォルトで「Y」が選択されることを意味しています。

　なお、更新中にいくつかメッセージが出ることがありますが、その場合は画面の指示に従います。メッセージ表示が途中で止まっている場合には、Enterキーを押せば次のページに進みます。コマンドプロンプトが表示されれば終了です。

●図2-3-2 OSの更新

2-3-2 日本語化の作業

　OSを日本語化するためには、日本語フォントと日本語入力ツール（Anthy）をインストールします。本来はNOOBS Ver2.1.0には日本語フォントが含まれているので、フォントのインストールは省略できます。しかし、本書では製作例の中で、以下でインストールするフォントを使うので、あえて日本語フォントもインストールします。

　日本語化に必要なフォントと変換ツールは、調べるといくつかの種類があってそれぞれ特徴があります。このあたりは好みですので、いずれでも構いません。本書では次の2つのコマンドでフォントと日本語入力ツールをインストールします。インストール途中で、やはりディスク領域を使うが続けるかと聞かれるので「y」として先に進めます。

　　　sudo apt-get install ttf-sazanami-gothic
　　　　　　　　　　　　　　　（日本語フォントをインストールする）
　　　sudo apt-get install scim-anthy（日本語入力ツールをインストールする）

これで日本語化の準備ができたので、設定を日本語環境に変更します。少々長めの手順になりますが、次のようにします。ラズパイの名前などもここで設定します。ターミナルは終了しておきます。

1 メニューから「Configuration」を選択する

図2-3-3のようにデスクトップの左上にある[Menu]をクリックし、ドロップダウンメニューから[Preferences]→[Raspberry Pi Configuration]としてConfiguration設定ダイアログを開きます。

●図2-3-3　OSの環境の設定変更

2 ラズパイの名前とログイン時のパスワードを設定する

ラズパイのデフォルトのパスワードとユーザ名は以下のようになっています。これを変更します。

　　　ユーザ名：pi　　　パスワード：raspberry

図2-3-4のConfigurationのダイアログで[System]タブを選択し、その後[Change Password]で任意のパスワードを入力して[OK]とします。
このパスワードには、英字と数字の組み合わせで7文字以上にする必要があります。

次に［Hostname］欄にこのラズパイの名前を入力します。名前は適当に決めて構いません。次の［Auto Login］にはチェックを入れたままにしておきます。こうすると次項のリモートデスクトップでログインする際のIDが入力した名前ではなく「pi」という名称になります。次の［Overscan］欄は、画面に黒枠があり全画面が使われていないようなときはDisable側にチェックします。黒枠がない場合はEnabledのままで構いません。

● 図2-3-4 名前とパスワードの設定

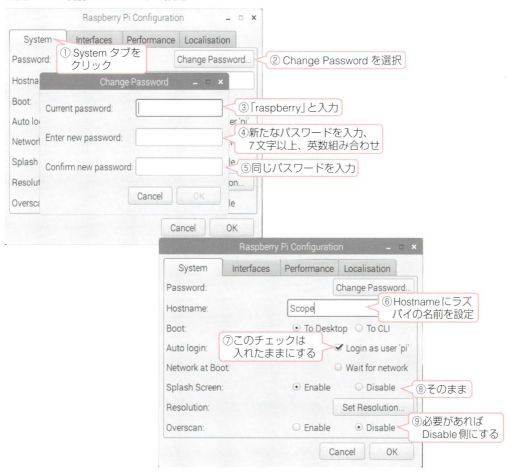

3 Locationで日本を設定する

次に同じConfigurationで［Localisation］タブを選択します。最初に図2-3-5のように［Set Locale］で［ja(Japanese)］を選択して［Language］を日本語とします。

次に［Set Timezone］で［Japan］を選択して［Timezone］を日本時刻に設定します。それぞれでちょっと待たされます。

●図2-3-5　日本の環境に設定

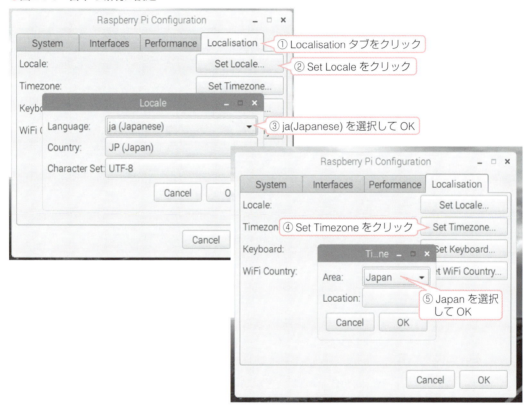

さらに続いて図2-3-6のように［Set Keyboard］で［Japanese(OADG 109A)］を選択してキーボードを日本語キーボードとします。

続いて［Set WiFi Country］で［JP Japan］を選択してWi-Fiの国コードを日本に設定します。

最後に右下のConfigurationの［OK］ボタンをクリックします。これでリブートしてもよいかと聞かれるので［Yes］とすれば再起動処理を開始します。

2-3 OSインストール後の追加作業

●図2-3-6　日本の環境に設定

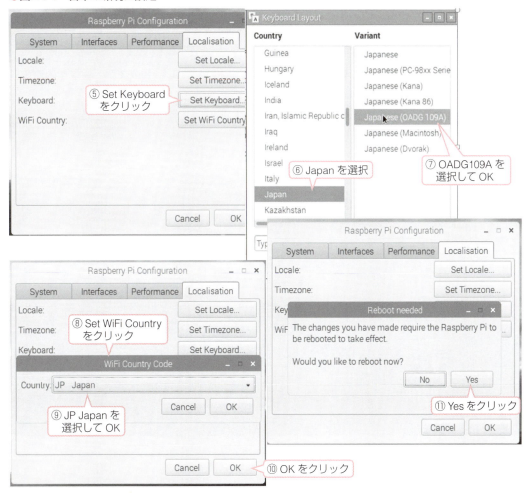

■4 再起動後は日本語のスタート画面に変更されている

再起動後のデスクトップ画面は図2-3-7のようになっています。メニューが日本語になっています。それ以外にターミナルのメッセージも一部日本語で表示されるようになります。通常はここまででインストールは終了ですが、本書ではより便利に使えるようにするためリモートデスクトップ化の設定を追加します。

●図2-3-7　日本語化したデスクトップ画面

■5 終了させる方法

ラズパイを停止させる場合、ラズパイには電源スイッチがありませんから、USBケーブルを抜くしか方法がありません。しかし、ラズパイがプログラム実行中にいきなりUSBコネクタを抜くと、SDカードなどの内容が書き換わってしまう危険性があります。したがって、まず、ラズパイのプログラム実行を終了させてからUSBコネクタを抜くようにします。プログラムを終了させるためには「シャットダウン」という操作をします。

ラズパイをシャットダウンして終わらせるには図2-3-7のMenuの[Shutdown]を選択クリックすると図2-3-8のようなシャットダウン方法の選択ダイアログになりますから、終わらせるのであれば[Shutdown]を、再起動するときには、[Reboot]を選択します。この後パスワードを要求されたら、図2-3-4で設定したパスワードを入力します。

●図2-3-8 ラズパイを終了させる

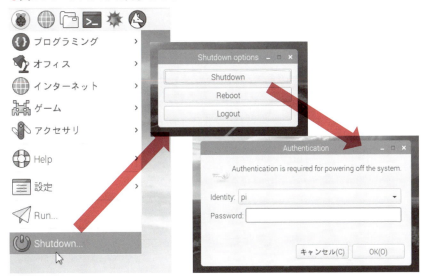

2-3-3 リモートデスクトップ化

リモートデスクトップ
ネットワーク経由で別のコンピュータの画面を見て操作すること。

　追加の設定として、ラズパイの操作をパソコンのリモートデスクトップ[†]で扱えるようにします。これでラズパイからキーボードとマウスを取り外すことができます。Wi-Fiを使うとネットワークケーブルも不要になり、ラズパイには電源ケーブルのみが接続された状態となります。これで扱いが非常に楽になりますし、パソコンのキーボードとディスプレイで扱えますから、パソコンとの連動などのアプリの操作が同じ画面でできるようになって扱いやすくなります。さらに複数台のラズパイを1台のパソコンで扱えるようにもなるので、より便利になります。

xrdp
X Remote Desktop Protocolの略でRDPのサーバソフトウェアのこと。

　リモートデスクトップを可能にするには、「xrdp[†]」というアプリケーションを使います。このアプリケーションをインストールするにはラズパイのターミナルから下記コマンドを実行するだけです。

```
sudo apt-get install xrdp
```

VNC
Vertual Network Computingの略で遠隔操作ソフトのこと。

　NOOBS Ver2.1.0ではVNC[†]サーバが推奨のものになっておらず、リモートデスクトップ接続がエラーになってしまうので、次のコマンドで追加インストールします。

```
sudo apt-get install vnc4server
```

このインストールが完了すればWindowsパソコンからリモートデスクトップで扱えるようになります。

Windowsパソコンでリモートデスクトップからラズパイを使うには図2-3-9のようにします。

■1 パソコンで「リモートデスクトップ接続」を起動し設定する

Windows 10の場合は、［スタート］→［すべてのアプリ］→［Windowsアクセサリ］→［リモートデスクトップ接続］と操作します。

リモートデスクトップ接続のダイアログが開いたら、まずラズパイのIPアドレスを入力します。このIPアドレスはラズパイ側で図2-2-5のようにネットワークアイコンをマウスオーバーすれば表示されます。

入力したら［接続］ボタンをクリックすると「接続しますか？」というダイアログが表示されるのでここで［はい］のボタンをクリックします。

続いて図2-3-9の下側のダイアログが表示されます。ここでusernameには「pi」を、passwordには図2-3-4でラズパイに設定したパスワードを入力してからOKをクリックすれば接続が自動的に開始され、Windowsに新しい窓でラズパイのデスクトップ画面が表示されます。

ここで入力するusernameが「pi」になるのは、ラズパイのConfigurationの設定の際に［Login as user 'pi'］にチェックを入れたままにしているためです。

●図2-3-9　リモートデスクトップ化

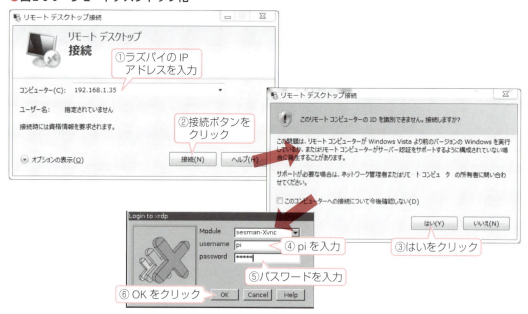

2 リモートデスクトップのキーボードを日本語キーボードにする

リモートデスクトップで接続したラズパイは、キーボードの扱いが英語版になっています。これを日本語キーボードにするため下記のコマンドをリモートデスクトップでターミナルを起動して入力します。この入力の際にはまだ英語版のキーボードになっているため、記号の位置が異なるので注意してください。ただし下記入力時に異なるのは [:] のみで [Shift]＋[;] のキーで入力できます。

以下のコマンドには $ がついていますが、実際に打つのは $[†]を除いた部分です。

```
$ cd /etc/xrdp
$ sudo wget http://w.vmeta.jp/temp/km-0411.ini
$ sudo chown root:root km-0411.ini
$ sudo ln -s km-0411.ini km-e0200411.ini
$ sudo ln -s km-0411.ini km-e0010411.ini
$ sudo service xrdp restart
```

ここで新たに出てきたコマンドの説明をしておきます。

- cd ：ディレクトリの移動
- wget ：インターネットから指定したURLにあるファイルを取得する
- chown ：ファイルやディレクトリの所有者を変更する
- ln ：ファイルやディレクトリにリンクを張る
- service ：指定したアプリを起動、停止させる

最後でxrdpをrestartさせるといったんリモートデスクトップが終了しますから、再度接続し直す必要があります。接続し直せば、ラズパイのテキストエディタなどでも正常に日本語キーボードで記号が入力できるようになっているはずです。

以上でラズパイの設定はすべて終了です。以降の製作ではこの状態のままで、アプリケーションや周辺機器を追加して扱います。

この準備はすべて実行しても1時間程度で完了しますから、万一コマンドなどの操作間違いで動かなくなってしまったとしても、再インストールすれば元に戻って正常に使えるようになります。いつでもすぐ元に戻せますから、どんどん新しいアプリに挑戦してみてください。

3章では、いよいよラズパイでいろいろなプログラム言語を使ってGPIO[†]を動かしてみますが、その前にシェルコマンドについて触れておきます。

$
$がついているのは、一般ユーザの状態で入力という意味。#となっているときはスーパーユーザの状態で入力する。詳しくは2-4-1節参照。

GPIO
General Purpose Input Outputの略でラズパイの外部入出力ピンのこと。

2-4 必須のシェルコマンドと使い方

シェルコマンド
Linuxのカーネルと対話形式での操作を可能とするコマンド群のこと。

ラズパイを動かすために最低限必要となる、ターミナルから入力して使う「シェルコマンド†」とその使い方です。

2-4-1 ターミナルの起動とプロンプト

まずシェルコマンドを入力するために必要なターミナルの起動が必要です。ここまで何度か操作してきましたが、改めて説明しておきます。

ランチャ
launcher。アイコンのマウスクリックで簡単にプログラムを起動できるようにしたもの。

ラズパイの場合には、図2-4-1のようにGUIのデスクトップの左上側のランチャ†にターミナルのアイコンが用意されていますから、これをマウスでクリックするだけで起動できます。また、Menuの中にも用意されていて、［Menu］→［アクセサリ］→［LXTerminal］でも起動できます。シェルコマンドはこのターミナルから入力し、コマンド実行結果もここに表示されます。

●図2-4-1　ターミナルの起動

プロンプト
prompt。命令入力が受け付けられる状態にあることを示すために表示される文字や記号。

スーパーユーザ
すべての権限（管理者権限）をもつユーザ。root。

ターミナルを起動すると最初に表示される部分があります。これを「プロンプト†」と呼んでいます。このプロンプトの表示内容は次のようになっていて、最後の文字が$の場合は現在のユーザが一般ユーザ、#の場合はスーパーユーザ†であることを表しています。ホスト名はRasbianのインストール時に設定したラズパイの名前です。

「ユーザ名@ホスト名:カレントディレクトリ $」

実際のラズパイの例では、「pi@GokanA:~ $」などとなっています。（~は/home/piの略）

コマンドの実行が終了すると必ずこのプロンプトが表示されて、次のコマンドの入力が可能なことを表しています。逆にプロンプトが出ない間はコマンドの実行が継続中であることを示しています。これを強制的に終了させるためには、Ctrl + Cをキー入力します。

2-4-2 ディレクトリを扱うコマンド

最初に必要となるのがディレクトリの移動や内容の一覧を表示するコマンドで、よく使うのは次のようなものです。コマンドそれぞれにオプションがあり、各種の拡張機能が用意されています。

1 ls　ファイル一覧を出力

ディレクトリの指定がある場合は指定されたディレクトリ、ディレクトリ指定が無い場合はカレントディレクトリ内のファイルの一覧を、オプション指定にしたがって表示します。

【書式】　　ls（オプション）（ディレクトリ名）
【オプション】-a：隠しファイル†も表示する
　　　　　　-A：隠しファイルも表示するがカレントと親ディレクトリは表示しない
　　　　　　-1：1列で表示する
　　　　　　-l：詳細情報を表示する
　　　　　　-t：タイムスタンプ順にソート（昇順）して表示する
　　　　　　-r：降順で表示する
　　　　　　-d：引数がディレクトリの場合、そのディレクトリ内に保存されているファイルではなく、そのディレクトリ自体の情報を表示する
　　　　　　-S：サイズが大きい順に並べて表示する
　　　　　　-X：拡張子ごとに並べて表示する

† 隠しファイル
ファイル名が「.」から始まるファイル。

【例】

●図2-4-2　lsとls -lの場合の例

> ターミナル画面の色変更方法
> ターミナルのメニューで［編集］→［設定］→背景色と前景色（フォント）を設定変更する。

```
pi@GokanA: ~
ファイル(F)  編集(E)  タブ(T)  ヘルプ(H)
:~ $ ls
Desktop    Pictures   WebIOPi-0.7.1              aquestalkpi-20130827.tgz.1
Documents  Public     WebIOPi-0.7.1.tar.gz       python_games
Downloads  Templates  aquestalkpi                work
Music      Videos     aquestalkpi-20130827.tgz
:~ $ ls -l
合計 7844
drwxr-xr-x 2 pi   pi      4096 3月 18 17:45 Desktop
drwxr-xr-x 5 pi   pi      4096 1月  1  1970 Documents
drwxr-xr-x 2 pi   pi      4096 3月 18 17:58 Downloads
drwxr-xr-x 2 pi   pi      4096 3月 18 17:58 Music
drwxr-xr-x 2 pi   pi      4096 3月 18 17:58 Pictures
drwxr-xr-x 2 pi   pi      4096 3月 18 17:58 Public
drwxr-xr-x 2 pi   pi      4096 3月 18 17:58 Templates
drwxr-xr-x 2 pi   pi      4096 3月 18 17:58 Videos
drwxr-xr-x 9 pi   pi      4096 2月  5  2015 WebIOPi-0.7.1
-rw-r--r-- 1 root root  213894 2月 10  2015 WebIOPi-0.7.1.tar.gz
drwxr-xr-x 3 pi   pi      4096 4月 25 16:33 aquestalkpi
-rw-r--r-- 1 root root 3880822 8月 28  2013 aquestalkpi-20130827.tgz
-rw-r--r-- 1 root root 3880822 8月 28  2013 aquestalkpi-20130827.tgz.1
drwxr-xr-x 2 pi   pi      4096 1月  1  1970 python_games
drwxr-xr-x 3 pi   pi      4096 5月 15 11:33 work
:~ $
```

> ディレクトリ
> Linuxのディレクトリ構成については付録A-3-1を参照。

2 cd　ディレクトリ†の移動

【書式】　　　　　　　cd （ディレクトリ名）
【ディレクトリの指定】cd ..：1つ上の階層へ移動する
　　　　　　　　　　　cd ~ ：ホームディレクトリへ移動する
　　　　　　　　　　　cd / ：ルートディレクトリへ移動する
【例】　　　　　　　　cd /home/pi

3 pwd　カレントディレクトリの表示

現在位置するディレクトリ名を表示します。

4 mkdir　新規ディレクトリの作成

ディレクトリを作成します。ディレクトリ名の指定がなければカレントディレクトリに作成します。

【書式】 mkdir（ディレクトリ名）
【例】　 mkdir /work
　　　　カレントディレクトリ内に新規にworkディレクトリを作成する

5 rmdir　ディレクトリの削除

指定されたディレクトリにファイルが存在しない場合のみディレクトリを削除します。

【書式】 rmdir（ディレクトリ名）
【例】 rmdir ./work
　　　カレントディレクトリ内のworkディレクトリを削除する

６ rm　ファイルの削除
【書式】　　　rm（オプション）（ファイル名）
【オプション】　-i ：削除する前に確認する
　　　　　　　-f ：アクセス権限のないファイル、存在しないファイルを指定してもエラーメッセージを出さない
　　　　　　　-r ：ディレクトリごと削除する

７ mv　指定ファイルを指定先に移動する
【書式】　　　mv（オプション）（移動元ディレクトリ）（移動先ディレクトリ）
【オプション】-i ：移動先に同じファイルがある場合はコピーするかどうか確認をする
　　　　　　　-f ：移動先に同じファイルがある場合は強制的に上書きする
　　　　　　　-u ：移動先に同じファイルがあり、タイムスタンプが移動元ファイルと同じか移動元より最新なら移動しない

これらのコマンドの使用例が図2-4-3となります。

●図2-4-3　ディレクトリ関連コマンドの使用例

```
pi@GokanA:~ $ pwd
/home/pi
pi@GokanA:~ $ cd ..
pi@GokanA:/home $ cd /
pi@GokanA:/ $ cd ~
pi@GokanA:~ $ ls
Desktop    Public              aquestalkpi
Documents  Templates           aquestalkpi-20130827.tgz
Downloads  Videos              aquestalkpi-20130827.tgz.1
Music      WebIOPi-0.7.1       python_games
Pictures   WebIOPi-0.7.1.tar.gz  work
pi@GokanA:~ $ mkdir ./testdir
pi@GokanA:~ $ ls
Desktop    Templates           aquestalkpi-20130827.tgz.1
Documents  Videos              python_games
Downloads  WebIOPi-0.7.1       testdir
Music      WebIOPi-0.7.1.tar.gz  work
Pictures   aquestalkpi
Public     aquestalkpi-20130827.tgz
pi@GokanA:~ $ rmdir ./testdir
pi@GokanA:~ $ ls
Desktop    Public              aquestalkpi
Documents  Templates           aquestalkpi-20130827.tgz
Downloads  Videos              aquestalkpi-20130827.tgz.1
Music      WebIOPi-0.7.1       python_games
Pictures   WebIOPi-0.7.1.tar.gz  work
pi@GokanA:~ $
```

2-4-3　システム制御コマンド

> **sudo**
> superuser doの略。一時的に管理者権限でコマンドを実行する。

ラズパイなどのLinuxシステムを停止、再起動するためのコマンドです。これらのコマンドは通常管理者権限でないと有効にならないので、sudo[†]を先頭に追加して使います。

1 sudo shutdown　システムの停止または再起動

【書式】　sudo shutdown [-h|-r][-fqs][now|hh:ss|+mins][message]
【オプション】
- -h　　：システムをシャットダウンする
- -r　　：システムを再起動する
- -f　　：再起動の際ファイルシステムのチェックを行わず高速起動する
- -q　　：メッセージを表示しない
- now　：すぐにシャットダウンか再起動を行う
- hh:ss：指定した時間にシャットダウンか再起動を行う
- +mins：現在より指定時間（分）後にシャットダウンか再起動を行う
- message：シャットダウンか再起動時に表示するメッセージ

【例】　sudo shutdown -h now

2 sudo reboot　システムをすぐ再起動

【例】　sudo reboot

2-4-4　アプリケーションインストール関連コマンド

新規にアプリケーションをインストールする場合に必要となるコマンドです。これらのコマンドも大部分管理者権限でないと正常動作しませんから、先頭にsudoを付加して使います。

1 sudo　指定したユーザでコマンドを実行

指定したユーザのデフォルトが一般ユーザになっているため管理者権限でコマンドを実行する場合に使います。
【書式】　sudo（コマンド）
【例】　　sudo apt-get install xrdp

2 apt-get　パッケージを取得してインストール、アップデート

指定されたパッケージがアップロードされているサーバに問い合わせて、指定したパッケージのダウンロードからインストールまでを自動的に実行するコマンドです。動作に必要な依存関係があるパッケージも自動的に入手し

2-4 必須のシェルコマンドと使い方

てインストールします。システムに導入済みのパッケージのアップデートもできます。

【書式】　　apt-get（オプション）（コマンド）（パッケージ名）
【オプション】-y　　：問い合わせがあった場合はすべて「y」と答える
【コマンド】　update　：サーバから最新のパッケージリストを入手する
　　　　　　upgrade：パッケージを最新の状態にアップグレードする
　　　　　　install：パッケージをインストールする
　　　　　　remove：パッケージをアンインストールする
　　　　　　clean　：キャッシャファイルを削除する
　　　　　　なおupdate実行後upgradeすると、インストール済みのパッケージを最新版に更新する。Windowsのupdateと同じ機能を果たす。
【例】　　　図2-4-4がupdateを実行したときの例で、実行途中の状態

●図2-4-4　apt-get updateコマンドの使用例

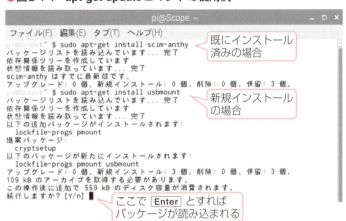

3 wget　URLで指定したファイルをダウンロード

指定ファイルを指定したFTPサーバやWebサーバからダウンロードします。

【書式】　wget（URL）
【例】　　sudo wget http://w.vmeta.jp/temp/km-0411.ini

4 tar　ファイルのアーカイブ化、展開

ファイルをtar.gz、tgz拡張子[†]のファイルに書庫（アーカイブ）化、または展開します。

【書式】　　tar（オプション）（アーカイブ先）（アーカイブ元）
【オプション】c：書庫を新規に作成する
　　　　　　　v：実行結果を表示する

> **tar.gz、tgz**
> tarは複数ファイルを1つにまとめるコマンド（圧縮はしない）。さらにgzipコマンドで圧縮したものにつける拡張子がtar.gzやtgz。

```
            z ：zipとしてアーカイブする
            t ：アーカイブ内容を表示する
            x ：アーカイブからファイルを抽出する
            f ：指定されたファイルにアーカイブデータを出力する
            k ：展開するとき同名のファイルやディレクトリがあるときは
               警告を表示して中止する
【例】       tar xzvf aquestalkpi-20130827.tgz
```

■ コラム

コマンド入力の便利技

シェルにはコマンド入力を楽にしてくれる機能がいくつかあります。

(1) ヒストリ機能

Linuxのシェルにはヒストリ機能という記憶機能があり、過去に入力したコマンドを覚えてくれています。そしてそのコマンドを簡単なキー操作だけで呼び出すことができ、再実行することもできますし、一部だけ変更して実行させるということもできます。このとき役に立つキーが矢印キーで、表2-C-1のように割り付けられています。矢印キー以外にも Ctrl キーと一緒に押すことで同じ機能を果たすキーが用意されています。

▼表2-C-1 コマンドの再呼び出し、編集用キー

矢印キー	機　能	Ctrl キー
↑	1つ前に実行したコマンドを呼び出す。 呼出し後 Enter で実行する	Ctrl + P
↓	次に実行したコマンドを呼び出す。 呼出し後 Enter で実行する	Ctrl + N
←	カーソルを1文字左に移動する。 そこで編集することができる	Ctrl + B
→	カーソルを1文字右に移動する。 そこで編集することができる	Ctrl + F

(2) コマンド補完機能

ヒストリ機能の他にシェルには「コマンド補完」という機能があります。これはコマンドの入力作業を短縮する機能で、コマンドを途中まで入力したあと、Tab キーを押せば、それまでの入力でコマンドが1つに絞られる場合は、自動的に残りの文字列が補完されて表示されます。
例えば、現在のディレクトリの中に「aquestalkpi」というディレクトリがある場合、「cd aq」まで入力して Tab キーを押せば「cd aquestalkpi/」と表示してくれますから、ここで Enter を押せばaquestalkpiのディレクトリに移動します。

第3章
汎用テストボードの製作

本章では、次章でラズパイをいろいろな使い方で試すために必要な汎用のテストボードを製作します。ラズパイのGPIOと呼ばれる入出力インターフェースに接続して使うフルカラーの発光ダイオード（LED）やPICマイコンで制御される液晶表示器などを実装しています。

3-1 汎用テストボードの概要

GPIO
General Purpose Input Outputの略で汎用入出力ピンのこと。

いよいよラズパイを動かしてみますが、何かGPIO†に接続して動かしてみないと動作がわからないので、簡単なGPIOのテスト用に使える汎用のボードを製作します。

製作する汎用テストボードの全体構成と機能の概要について説明します。まず、本ボードの使い方は、ラズパイのGPIOコネクタに接続して表3-1-1のようなテスト機能を実行できるものとします。

ソフトPWM
ソフトウェアによりPWM（パルス幅変調）波形を生成する機能。デューティ分解能は100程度。

▼表3-1-1 汎用テストボードの機能

機能名	機能内容	備考
フルカラーLED表示	GPIOに直接接続されたフルカラーLEDのオンオフ制御動作確認。PWMによる調光制御もできる	ラズパイの各種アプリによるGPIOへの出力機能の確認。ソフトPWM†動作の確認
スイッチ操作	GPIOに直接接続されたスイッチのオンオフをラズパイに入力	ラズパイの各種アプリによるGPIOの入力機能の確認
液晶表示	可変抵抗器による電圧入力をA/D変換し、変換結果の値を液晶表示器に表示する	1行目に表示
データ送信	スイッチS2が押されている間1秒間隔で可変抵抗器の電圧入力のA/D変換データをラズパイに送信する。GPIOをシリアルピンとして使う	シリアル通信†機能の確認
データ受信	ラズパイから送られてくる時分秒のデータを受信し、液晶表示器に表示する	シリアル通信機能の確認。2行目に表示する

シリアル通信
非同期通信、調歩同期通信とも呼ばれる。

これらの機能を実現するため、汎用テストボードを図3-1-1のような構成としました。ラズパイのGPIOとは一部のみしか接続していません。電源もラズパイから供給される3.3Vを使うことにしました。

まずラズパイのGPIOに直接接続された入出力デバイスとしてフルカラーのLEDとスイッチを用意しました。ラズパイのGPIO2、GPIO3、GPIO4ピンにフルカラーLEDを直結してラズパイから直接制御できるようにしています。GPIO17とGPIO18には直接スイッチを接続して、ラズパイにスイッチ入力ができるようにしています。

次にシリアル通信でラズパイとPICマイコンを接続するため、GPIO14とGPIO15をシリアルピンとして使ってPICマイコンとシリアル通信ができるようにします。さらにGPIO27とPICマイコンを接続してオンオフ入出力に使えるようにしています。

3-1 汎用テストボードの概要

I²C
Inter-Integrated Circuit の略で、近距離にあるICやデバイス間の接続に使われる通信方式。

PICマイコンにはI²C†接続の液晶表示器を接続してシリアル通信のテスト用に使います。アナログ電圧を出力できるように可変抵抗器をPICマイコンに接続し、可変抵抗器の電圧出力のA/D変換結果を常時液晶表示器の1行目に表示します。さらに、S2が押されている間だけ1秒間隔でA/D変換結果の値をラズパイに送信します。

逆にラズパイから送られてくる時刻などのデータを受信して液晶表示器に表示します。

また、単独のテストになりますが、スイッチS1のオンオフでGPIO27にHigh/Lowを出力します。

●図3-1-1 汎用テストボードの構成

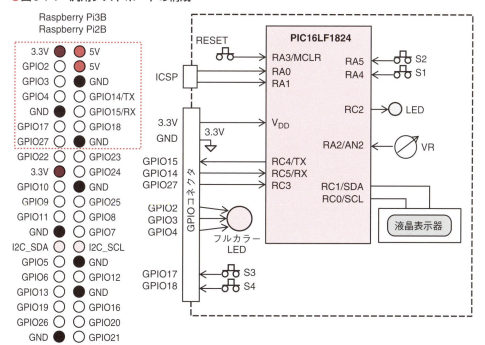

3-2 汎用テストボードのハードウェアの製作

汎用テストボードのハードウェアの製作です。完成した汎用テストボードの外観は写真3-2-1のようになります。簡単なハードウェアですので製作は容易です。

●写真3-2-1　完成した汎用テストボード

3-2-1　液晶表示器の使い方

このボードでは図3-1-1の全体構成で説明したように、PICマイコンにI²C通信で動作する16文字2行のキャラクタ表示の液晶表示器を接続するので、まずこの液晶表示器の使い方から説明します。

本書で使用する液晶表示器の外形と電気的規格は図3-2-1のようになっています。表示には16文字2行以外に、アイコンによる表示ができるようになっています。バックライトは実装されていないので、6ピンから10ピンは使いません。したがって、接続が必要なのは、電源とI²Cの信号線2本とリセットのみです。リセットピンは、電源にプルアップすればよいようになっています。電源は3.3Vが標準となっています。

3-2 汎用テストボードのハードウェアの製作

● 図3-2-1 シリアル接続の液晶表示器の外観と仕様

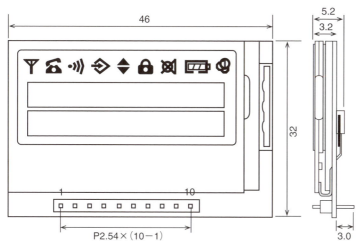

【電気的使用】
1. 電源電圧　　　：2.7V～3.6V
2. 使用温度範囲　：−20～70℃
3. I^2Cクロック　：最大400kHz
4. I^2Cアドレス　：0b0111110（7ビットアドレス）
5. バックライト　：なし
6. コントラスト　：ソフトウェア制御
7. 表示内容　　　：英数字カナ記号256種
　　　　　　　　　アイコン9種、16文字×2行
8. リセット　　　：リセット回路内蔵、外部も可能

　PICマイコンとの接続はI^2Cインターフェースとなっていますから、クロック（SCL）とデータ（SDA）の2本だけで接続します。マイコンからの送信のみで動作しますが、そのデータフォーマットは図3-2-2のようになっています。
　図のように送信するデータには表示データの場合と制御コマンドの場合があり、I^2Cで送る2バイト目のデータのbit6のRビットで区別されます。Rビットが0の場合には続くデータは制御コマンドと見なされ、Rビットが1の場合は続くデータは表示データと見なされます。

● 図3-2-2 I^2Cの送信データフォーマット

(a) 単一データ送信の場合

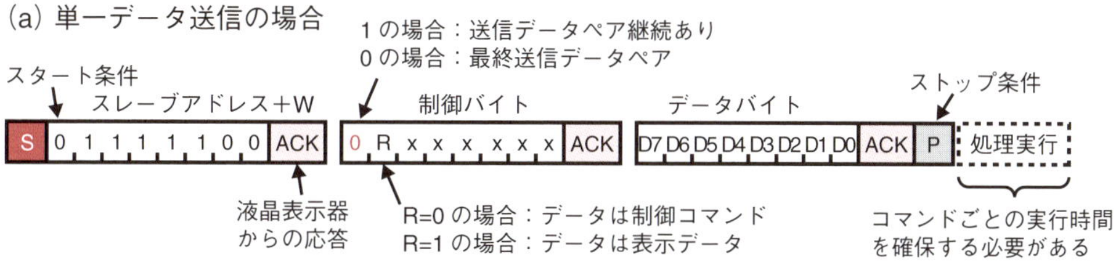

　表示データの場合には8ビットのデータにより図3-2-3のような文字を表示します。

●図3-2-3　表示文字一覧表

アイコン
決まった意味の表示を図形で表示するようにしたもの。

　制御コマンドの場合には多くの制御を行うことができます。この液晶表示器は16文字2行の文字表示以外に上部にアイコン[†]の表示を行うことができます。このアイコン制御を含むため、制御コマンドには大きく分けて標準制御コマンドと拡張制御コマンドとがあります。

　標準制御コマンドには、表3-2-1のような種類があり、基本的な表示制御を実行します。拡張制御コマンドには電源やコントラストなど初期設定に必要

なコマンドとアイコン選択をするためのコマンドの2種類がありISビットで選択します。ISビットが「0」のときの拡張制御コマンドには表3-2-2(a)のようなコマンドがあり、ISビットが「1」のときの拡張制御コマンドには表3-2-2(b)のようなコマンドがあります。

▼表3-2-1 標準制御コマンド一覧表

コマンド種別	DBx								データ内容説明
	7	6	5	4	3	2	1	0	
全消去	0	0	0	0	0	0	0	1	全消去しカーソルはホーム位置へ
カーソルホーム	0	0	0	0	0	0	1	*	カーソルをホーム位置へ、表示変化なし
書き込みモード	0	0	0	0	0	1	I/D	S	表示メモリ(DDRAM)か文字メモリ(CGRAM)への書込方法と表示方法の指定 I/D：メモリ書込で表示アドレスを＋1(1)または－1(0)する。 S：表示全体シフトする(1) しない(0)
表示制御	0	0	0	0	1	D	C	B	表示やブリンクのオンオフ制御 D：1で表示オン 0でオフ C：1カーソルオン 0でオフ B：1ブリンクオン 0でオフ
機能制御	0	0	1	DL	N	DH	0	IS	動作モード指定で最初に設定 DL：1で8ビット 0で4ビット N ：1で1/6 0で1/8デューティ DH：倍高指定 1で倍高 0で標準 IS ：拡張コマンド選択(表8-2-4参照)
表示メモリアドレス	1	DDRAMアドレス							表示用メモリ(DDRAM)アドレス指定 この後のデータ入出力はDDRAMが対象 表示位置とアドレスとの関係は下記 　行　　　　DDRAMメモリアドレス 　1行目　　0x00 ～ 0x13 　2行目　　0x40 ～ 0x53

▼表3-2-2 拡張制御コマンド一覧

(a) 拡張制御コマンド (IS＝0の場合)

コマンド種別	DBx								データ内容説明
	7	6	5	4	3	2	1	0	
カーソルシフト	0	0	0	1	S/C	R/L	*	*	カーソルと表示の動作指定 S/C：1で表示もシフト 　　　 0でカーソルのみシフト R/L：1で右、0で左シフト
文字アドレス	0	1	CCRAMアドレス						文字メモリアクセス用アドレス指定(6ビット) この後のデータ入出力はCGRAMが対象となる

(b) 拡張制御コマンド一覧（IS＝1の場合）

コマンド種別	DBx								データ内容説明
	7	6	5	4	3	2	1	0	
バイアスと内蔵クロック周波数設定	0	0	0	1	BS	F2	F1	F0	バイアス設定 　BS：1で1/4バイアス　0で1/5バイアス 　クロック周波数設定　F<2:0>= 　　100：380kHz　110：540kHz　111：700kHz
電源、アイコン、コントラスト設定	0	1	0	1	IO	BO	C5	C4	アイコン制御　IO：1で表示オン　0で表示オフ 電源制御　BO：1でブースタオン　0でオフ コントラスト制御の上位ビット 　コントラスト設定コマンドとC<5:0>で制御
フォロワ制御	0	1	1	0	FO	R<2:0>			フォロワ制御　FO：1でフォロワオン　0でオフ フォロワアンプ制御 　R<2:0>　LCD用VO電圧の制御
アイコンアドレス指定	0	1	0	0	AC<3:0>				アイコンの選択AC<3:0>とアイコン対応は図3-2-4
コントラスト設定	0	1	1	1	C<3:0>				コントラスト設定 　C5、C4と組み合わせてC<5:0>で設定する

　この拡張制御コマンドを使ってアイコンを表示する場合には、表示をオンオフするアイコンのアドレスとデータビットで指定します。16個のアドレスごとに5ビットの制御ビットで5個のアイコンのオンオフができるようになっているので、最大5×16＝80個のアイコンの制御が可能ですが、実際の液晶表示器は13個のアイコンだけとなっています。アイコン制御コマンドのビット位置と実際の表示アイコンとの対応は、図3-2-4のようになっています。

●図3-2-4　アイコン制御ビットとアイコンの対応

アイコンアドレス	アイコン表示制御データ				
	D4	D3	D2	D1	D0
00H	S1	S2	S3	S4	S5
01H	S6	S7	S8	S9	S10
02H	S11	S12	S13	S14	S15
03H	S16	S17	S18	S19	S20
04H	S21	S22	S23	S24	S25
05H	S26	S27	S28	S29	S30
06H	S31	S32	S33	S34	S35
07H	S36	S37	S38	S39	S40
08H	S41	S42	S43	S44	S45
09H	S46	S47	S48	S49	S50
0AH	S51	S52	S53	S54	S55
0BH	S56	S57	S58	S59	S60
0CH	S61	S62	S63	S64	S65
0DH	S66	S67	S68	S69	S70
0EH	S71	S72	S73	S74	S75
0FH	S76	S77	S78	S79	S80

S1	📶
S11	🔒
S21	))）
S31	◆
S36	▲
S37	▼
S46	🔒
S56	✉
S66	▌
S67	▌
S68	▌
S69	🔋
S76	⏻

　制御コマンドを使ってアイコンを表示、消去する手順は次のようにします。

①ISビットを1にして機能制御コマンドを送信

②拡張制御コマンドでアイコンアドレスを送信
③表示データとしてアイコン制御ビットを送信
　　（ビットを1とすれば表示、0とすれば消去）
④ISビットを0に戻して機能制御コマンド送信

3-2-2　回路設計と組み立て

全体構成を元に作成した回路図が図3-2-5となります。PICマイコンには、14ピンで低消費電力タイプのPIC16LF1824を使っていますが、標準の16F1824でも問題なく使えます。また上位互換のPIC16F1825でも問題なく使えます。

●図3-2-5　回路図

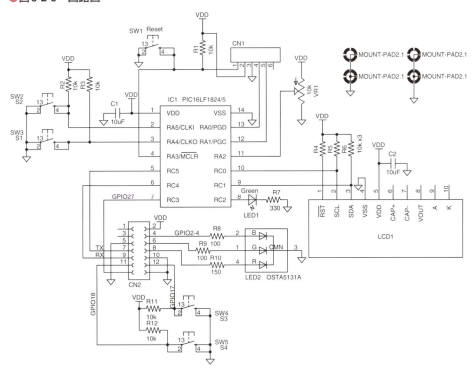

ICSP
In-Circuit Serial Programmingの略。基板にマイコンを実装したままプログラムを書き込む方法。

プルアップ抵抗
電源に接続する抵抗のこと。GNDに接続する場合はプルダウン抵抗と呼ぶ。

PICへのプログラム書き込みは、標準のICSP†方式とし、Pickit3で行います。

回路図中のMOUNTの記号は基板四隅の取り付け用の穴ですが、今回はゴム足にしたので穴は不要です。フルカラーLEDにはカソードコモンのものであれば何でも使えます。スイッチにはすべてプルアップ抵抗†を付加しています。

この汎用テストボードに必要な部品は表3-2-3となります。入手が特に難しいものは無いと思います。なお、巻末に掲載したWebサイトより、部品のキットや完成品を購入できます。

▼表3-2-3　部品表

記号	品名	値・型名	数量
IC1	PICマイコン	PIC16(L)F1824-I/SP または　PIC16(L)F1825-I/SP	1
LED1	発光ダイオード	3φ　赤	1
LED2	発光ダイオード	フルカラーLED　OSTA5131A	1
LED2用	キャップ	LED光拡散キャップ　5mm白	1
R1、R2、R3、R4、R5、R6、R11、R12	抵抗	10kΩ　1/6W	8
R7	抵抗	330Ω　1/6W	1
R8、R9	抵抗	100Ω　1/6W	2
R10	抵抗	150Ω　1/6W	1
VR1	可変抵抗器	10kΩ　3386K-EY5-103TR	1
C1、C2	チップセラミック	10μF　16Vまたは25V	2
CN1	ピンヘッダ	6ピン　L型シリアルピンヘッダ	1
CN2	ピンヘッダ	7ピン2列ピンヘッダ	1
SW1、SW2、SW3、SW4、SW5	タクトスイッチ	小型基板用	5
LCD1	液晶表示器	SB1602B　(I^2C接続)(ストロベリーリナックス社)	1
LCD1用	ピンヘッダ	10ピン　ピンヘッダ、ピンソケット	各1
IC1用	ICソケット	14ピン	1
	接続ケーブル	14ピンフラットケーブル(コネクタ付き、7ピン2列)	1
	基板	サンハヤト感光基板P10K	1
その他	ゴム足		

基板の自作
版下のPDFデータが本書サポートサイトからダウンロードできる。市販の感光基板に紫外線で露光し、現像、エッチング、穴開けして作成する。

組み立てはプリント基板を自作†して行いました。組み立ては図3-2-6の組立図に基づいて行います。組み立て順を次のようにするとやりやすいと思います。

❶ **ジャンパ線の実装**

5本のジャンパ線を錫メッキ線か抵抗のリード線の切れ端で実装します。スイッチ部のジャンパはスイッチ本体で行われるので配線は不要です。

❷ **チップコンデンサの実装**

表面実装タイプの2個のチップコンデンサをはんだ面側に実装します。

❸ **抵抗の実装**

抵抗は足を曲げて穴に挿入してから基板を裏返してからはんだ付けすれば、自然に固定された状態となるのでスムーズにできます。

❹ **ICソケット、スイッチ、CN1の実装**

高さが同じものを順次実装します。

❺ **LCD用ピンヘッダの実装**

LCD本体側をピンソケットにしたので、ピンヘッダ(オス)側を基板に実装します。

3-2 汎用テストボードのハードウェアの製作

❻ CN2、可変抵抗器VR1、LEDの実装

最後に背の高い残りの部品を実装します。

● 図3-2-6　組立図

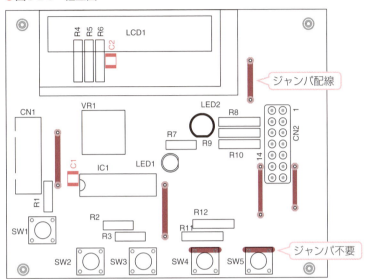

組み立てが完了した基板の部品面が写真3-2-2、はんだ面が写真3-2-3となります。液晶表示器はソケットに挿入して固定します。

● 写真3-2-2　部品面

● 写真3-2-3　はんだ面

組み立てが完了したら、PICマイコンを実装する前に、電源とグランドがショートしていないかどうかだけテスタで確認しておきます。

これでハードウェアの製作は完了です。

3-3 汎用テストボードのプログラムの製作

プログラム
完成したプログラムを、本書のサポートサイトからダウンロードできる。

ハードウェアの製作が完了したら、これを動かすためのプログラム†を製作します。ラズパイと連携した動作を確認するためのプログラムになります。

3-3-1 全体の構成

プログラムの機能としては表3-1-1の機能を実現することになります。プログラムの全体構成を図3-3-1のようにしました。プロジェクト名を「TestBoard」としました。液晶表示器を使うための関数をまとめて別ファイルのライブラリにしました。さらにI^2Cの通信も独立のライブラリとしました。ここではI^2Cライブラリは液晶表示器のライブラリからしか使いませんが、汎用なので、I^2C通信を使う場合にはそのままで他の用途にも使えます。フルカラーLEDとS3とS4のスイッチ2個は直接GPIOに接続されているので、PICマイコンでは何もしていません。

●図3-3-1 ファームウェアの全体構成

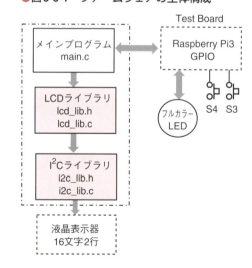

3-3 汎用テストボードのプログラムの製作

EUSART
Enhanced Universal Synchronous Asynchronous Receiver Transmitterの略、でシリアル通信をサポートするPICマイコンの周辺モジュールの1つ。

このプログラムの動作をフロー図で表すと、図3-3-2のようにメイン関数と、タイマ2とEUSART[†]の受信の割り込み処理関数で構成しています。

メイン関数（main.c）では次のような機能を実行しています。
① 可変抵抗器の電圧をA/D変換し、常時液晶表示器の1行目に表示し、S2が押されている間、タイマ2の割り込みで生成される1秒ごとに変換結果をラズパイに送信する
② S1のオンオフでGPIO27にHigh/Lowを出力
③ UARTで受信したデータを液晶表示器の2行目に表示

● 図3-3-2　プログラムフロー

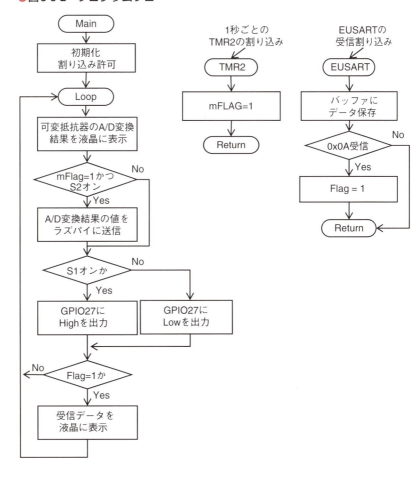

3-3-2　MCCによるプログラム自動生成

MPLAB X IDE
PICマイコン用の統合開発環境。フリーで提供されている。入手先やインストール方法については付録C参照。

MPLAB XC8 Cコンパイラ
フリー版も用意されている。有料版よりプログラムが少し大きくなるが、本書での利用には支障はない。

MPLAB Code Configurator
PICマイコンの周辺モジュール関連の設定を自動的に生成するツール。フリーで提供されている。

　本章のプログラム製作は、「MPLAB X IDE[†]＋MPLAB XC8 Cコンパイラ[†]＋MPLAB Code Configurator（MCC）[†]」という開発環境で行います。特に新しい開発ツールのMCCを使うと、各モジュールの設定をGUI環境ででき、設定やモジュールの制御関数を自動生成してくれますから、レジスタ等を意識せずに手早くプログラムを製作できます。
　MCCを使ったプログラムの製作手順は次の順序で行います。

①MPLAB X IDEで空のプロジェクト「TestBoard」を作成する
②MCCで各モジュールの設定を行う
　・クロックとコンフィギュレーションの設定
　・I/Oポートの入出力モードの設定と名称の設定
　・TMR2モジュールの設定
　・A/Dコンバータモジュールの設定
　・EUSARTモジュールの設定
③MCCでGenerateを実行してコードの自動生成を行う
④main関数、タイマ2とUART受信の割り込み処理に必要なプログラムを記述する
⑤コンパイルし書き込む

　以上の手順で製作しますが、ここではMCCのインストールと起動方法から説明します。

■1 プロジェクトの作成

プロジェクトの作成
付録Cの、MPLAB X IDEの使い方を参照のこと。

　まずMPLAB X IDEで通常の手順でプロジェクト「TestBoard」を作ります[†]。ソースファイル等は何も登録されていない空の状態です。使うデバイスはPIC16LF1824です。

■2 MCCのインストールと起動

MCC
MCCの全体像については章末のコラム参照。

　MCC[†]はMPLAB X IDEのPlug Inとして用意されているツールですので、これを最初にインストールする必要があります。MCCは矢継ぎ早にバージョンアップが行われていますが、互換性が無い機能もありますので、本書では、「MCC Ver3.15」に限定して説明します。このVer3.15をインストールする手順は次のようになります。
　まずMCC Ver3.15をマイクロチップ社のホームページからダウンロードします。
　マイクロチップ社のホームページで、MCCで検索すると表示されるMCCのページで、下の方にある図3-3-3のような「Archive Download」タブを選択し、

その中から「MCC v3.15」を選択してダウンロードします。

　ダウンロードファイルはZIP形式の圧縮ファイルになっているので、これを解凍します。解凍したフォルダを覚えておいてください。

●図3-3-3　MCCのダウンロード

　次にMPLAB X IDEのPluginとしてこれをインストールします。手順は図3-3-4のような手順となります。

　メインメニューから、[Tools]→[Plugins]で表示されるダイアログで[Downloaded]を選択します。その切り替わったダイアログで[Add Plugins...]ボタンをクリックします。

　これで開くファイルダイアログで先に解凍したフォルダを選択してV3.15の拡張子が「nbm」のファイルを選択します。これでPluginsが追加されましたから、[Install]ボタンをクリックしてインストールを開始します。認証の確認などのダイアログの後インストールが始まります。インストールが終了すれば、メインメニューバーにMCCのアイコンが追加され使える状態になります。

●図3-3-4　MCCのインストール

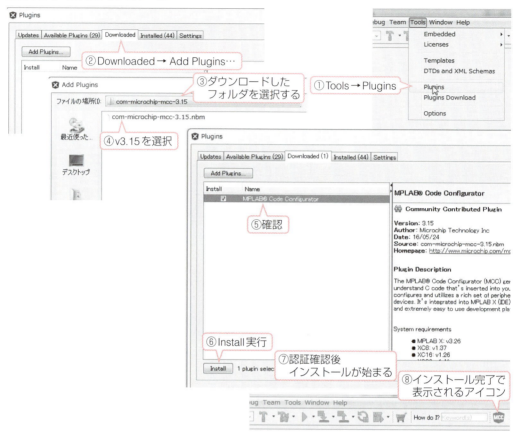

3 クロックとコンフィギュレーションの設定

　MCCを起動すると最初にクロックの設定状態となっていますが、あとから選択するときは、図3-3-5①のように[Project Resource]欄で[System Module]を選択すると右側に表示されます。

　このクロック設定では②のように[INTOSC]で[16MHz]とし、③[PLL Enable]のチェックをはずします。さらに④のように[Low-voltage programming Enable](LVP)はチェックを外して無効とします。これでPICkit3[†]からの通常のプログラム書き込みができるようになります。以上でクロックは16MHzとなり、命令や周辺モジュールはこの1/4の4MHzで動作することになります。

　またデフォルト[†]でウォッチドッグタイマ(WDT[†])は[WDT disable]と停止となっているので、このままとします。

　通常はこの次に、その他の動作条件を設定するコンフィギュレーションの設定をするのですが、ここではすべてデフォルトのままで問題なく動作するので省略します。

PICkit3
PCとつないでプログラムをPICマイコンに直接書き込むための道具。PICkit3は簡易で安価。

デフォルト
あらかじめ決められている状態のこと。

WDT
コンピュータが正常に動作しているか常に監視するタイマ。名前の由来は番犬。

●図3-3-5　クロックの設定

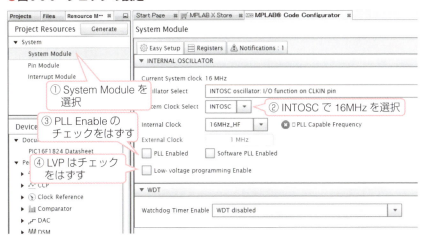

4 I/Oピンの入出力モードと名称設定

図3-3-6の①のように左側の[Project Resources]欄で[Pin Module]を選択し、図3-3-6下側のような[Pin Manager]を表示します。ここで、②のように各ピンの入出力モードを回路図にしたがってGPIOの[input]と[output]欄に設定します。RA2はA/Dコンバータで使うので設定は不要です。RC0とRC1はI²Cモジュールで使うので設定は不要、RC4とRC5もEUSARTモジュールで使うので設定は不要です。

●図3-3-6　入出力ピンの設定

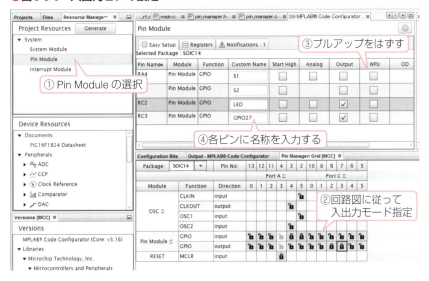

入出力ピンの設定をすると自動的に上側の[Pin Module]欄に設定したピンが追加されていきます。ここでは図の③のようにプルアップ(WPU)はすべてチェックをはずします。これはすべてのスイッチにはプルアップ抵抗をハードウェアで付加しているためです。

次に[Pin Module]の表で、④のように各ピンの名称を入力します。名称を入力すると、プログラムの中でこの名称で扱えるようになります。回路図と同じ名称にしておけば、あとでわかりやすくなります。

5 タイマ2の設定

次はタイマ2の設定です。このタイマ2を50msec周期のタイマとし、その割り込みが20回入ったら1秒ごとの処理を実行するようにする必要があります。

まず図3-3-7の①のように[Device Resources]欄でTimerの中のTMR2をダブルクリックします。これで②のように[Project Resource]欄にTMR2が移動し、右側の欄にタイマ2の設定ダイアログが表示されます。

ここでは③④のようにタイマ2のプリスケーラ、ポストスケーラ†と呼ばれる分周器に最大の1:64と1:16を選択します。この設定で右側の⑤の欄の時間の設定可能範囲が変わります。次に⑤のようにタイマの周期を50msec周期とするため「50ms」と入力します。これだけでタイマ2は50msec周期で動作するようになります。

さらに⑥で割り込みを有効化するようチェックをいれ、⑦で「20」と入力して50msec×20＝1秒ごとに割り込み処理を実行するようにします。

> **プリスケーラ、ポストスケーラ**
> タイマのカウント値の上限を引き上げるために、タイマの前段、後段にいれるカウンタ。

● 図3-3-7　タイマ2の設定

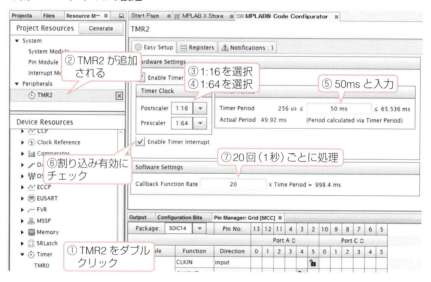

3-3 汎用テストボードのプログラムの製作

6 A/Dコンバータの設定

次にA/Dコンバータの設定で図3-3-8の画面となります。

まず図①のように[Device Resources]欄でADCをダブルクリックします。これで②のように[Project Resources]としてADCが移動し右側の欄に設定ダイアログが表示されます。

ここで③のようにクロック分周比には[Fosc/32]を選択します。これはA/D変換用のクロックTADを決める設定で、データシートによればTADは$1\mu sec$から$9\mu sec$の間の値になるようする必要があるので、16MHz/32＝0.5MHz（$2\mu sec$）とします。

次に④で[right]を選択します。これは変換結果の10ビットのデータを、2バイトのレジスタに右詰めで入れるよう指定しています。

⑤はA/D変換する上限と下限のリファレンスを決める設定ですが、ここはデフォルトのままのV_{DD}とV_{SS}、つまりグランド（0V）から電源電圧（3.3V）の範囲でA/D変換するように指定します。これで可変抵抗器から入力される電圧と同じ範囲となるので、可変抵抗器の電圧入力が0から1023の範囲でA/D変換されることになります。

●図3-3-8　A/Dコンバータの設定

最後に⑥のように入力チャネルを選択します。今回はRA2だけですのでADC欄のRA2にチェックをいれるだけです。複数チャネルがある場合にも対応するピンにチェックをいれるだけです。

7 EUSARTモジュールの設定

次がシリアル通信に使うEUSARTモジュールの設定で、図3-3-9のようにします。このPICマイコンは強化版のEUSARTモジュールとなっているので、①のようにEUSARTをダブルクリックすると②のように[Project Resources]に移動して右側に設定用ダイアログが表示されます。

ここで③のように[Enable Transmit]にチェックを入れて送信を有効にします。さらに④のように[Enable Continuous Receive]にチェックを入れて連続受信を有効にします。

●図3-3-9　EUSARTモジュールの設定

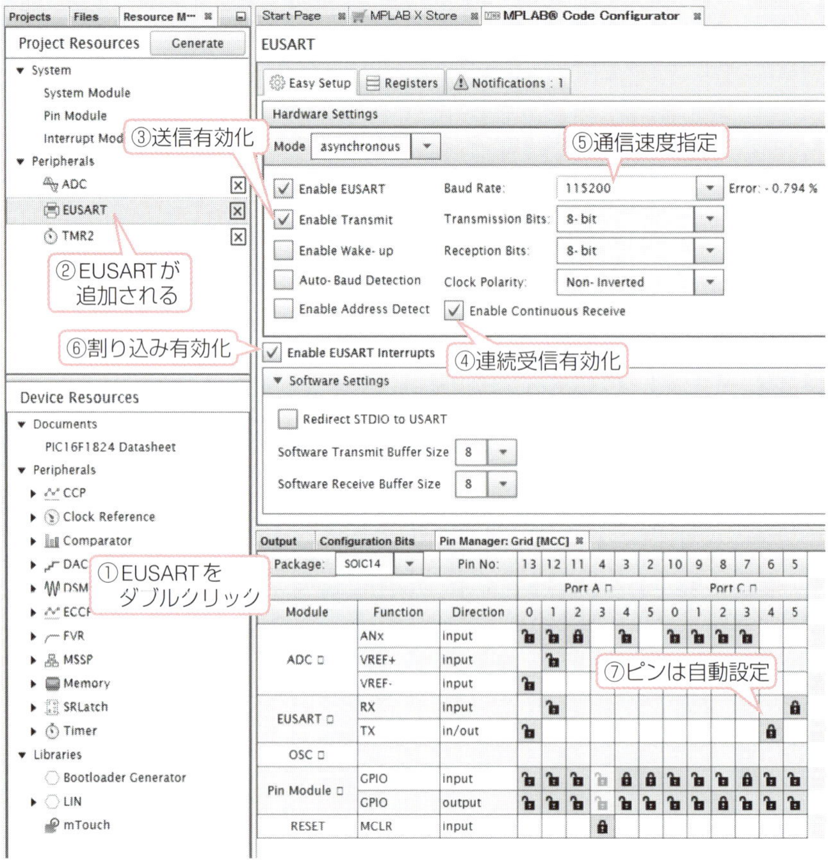

次に⑤で通信速度を選択しますが、ラズパイの速度がデフォルトで115200bpsとなっているのでこれに合わせます。最後に⑥［Enable EUSART Interrupt］にチェックを入れて割り込みを有効化します。使用する入出力ピンは⑦のように自動的に設定されます。これだけの設定でEUSARTを使うことができます。

8 I²Cモジュールの設定

最後のモジュールがI²Cモジュールで図3-3-10となります。同じように①でMSSPをダブルクリックして②のように移動させます。

次に通信速度を③のように［Standard Speed］を選びます。さらに④の欄に数値を入力して通信速度が100kHz近辺になるような値とします。ここでは0x27とするとちょうど100kHzとなります。MSSPモジュールが使うピンは⑤のように自動的に設定されます。これだけでI²Cモジュールの設定は完了です。

●図3-3-10　MSSP（I²C）モジュールの設定

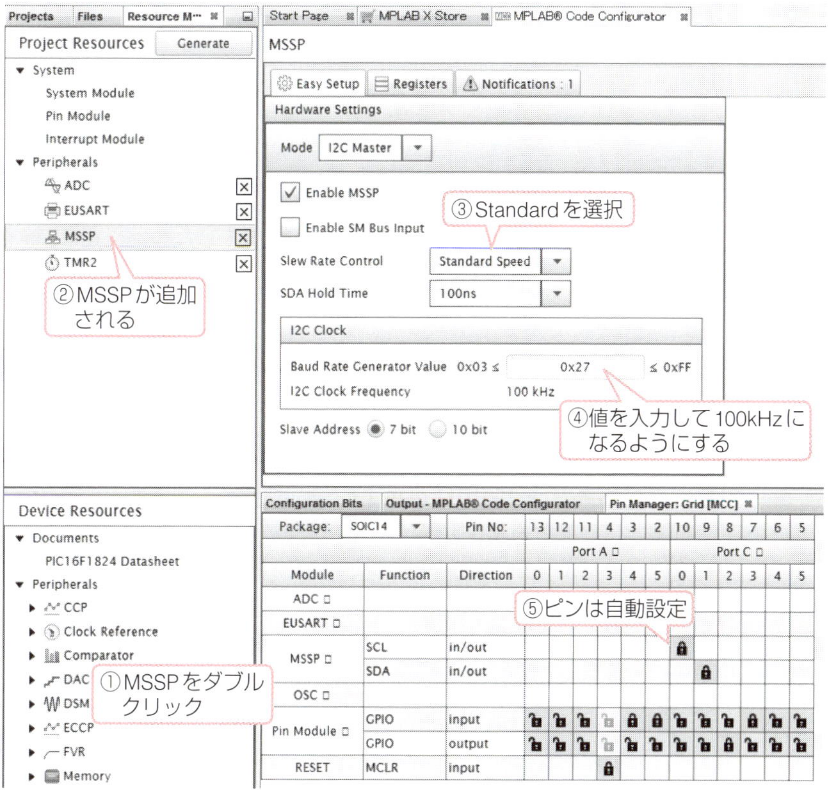

以上ですべてのモジュールの設定が完了しました。ここで左上にある［Generate］のボタンをクリックすると、コードが自動生成されます。

生成後［Project］タグを選択してプロジェクトの内容を見ると、図3-3-11のように自動生成されたファイルが登録されていることがわかります。main関数も自動生成されています。この自動生成されたコードの中には、モジュールごとのファイルの中に初期化関数と制御用関数が含まれています。

●図3-3-11　自動生成されたソースファイル

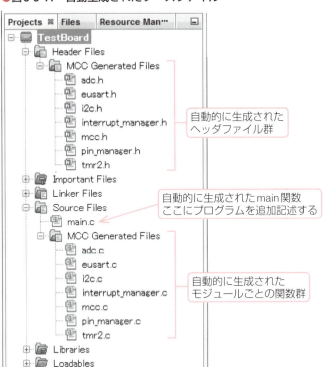

　これら自動生成された関数の関係は図3-3-12のようになっています。
　最初の初期化はmain.cの「SYSTEM_Initialize」関数から始まり、mcc.cにあるシステム初期化関数がmain関数から呼び出されると、そこからそれぞれのモジュールの初期化関数が呼び出されて全モジュールの初期化を実行します。
　main関数の初期化のあとは、割り込みの許可禁止の設定だけでそのあとはwhileのメインループだけとなっています。このmain関数の中に必要なユーザ処理を追加するのですが、そこでモジュールを使う場合には、モジュールの中に用意されている制御関数を呼び出せばよいようになっています。したがってモジュールごとに生成された関数を見て使い方を調べる必要があります。
　残りは割り込み処理の記述で、割り込みを許可したモジュールの中にCallback関数が用意されていて、その中に割り込み処理として必要な内容を記述します。

● 図3-3-12　MCCで自動生成された関数の関連図

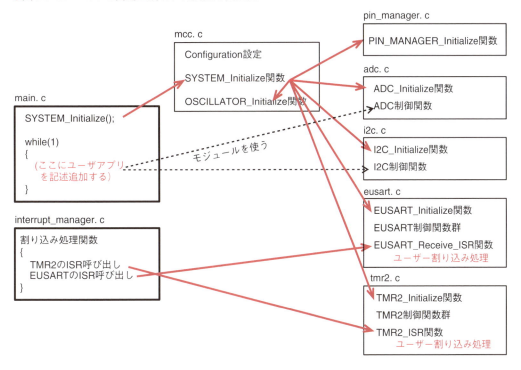

このようにMCCで生成したプログラムをあとから再度開きたい場合には、次のようにします。

❶ 既存のプロジェクトを開く

［File］→［Open Project...］で開くダイアログで、プロジェクトを指定します。

❷ 既存のMCCファイルを開く

［File］→［Open File...］で開くダイアログで、プロジェクトフォルダの中にある、拡張子が「mc3」というファイルを開きます。このあとで、MCCアイコンでMCCを起動すれば、設定済みのMCCを開くことができます。

3-3-3　液晶表示器ライブラリの使い方

MCCでモジュールの初期化と関数は用意されましたが、本製作例では液晶表示器を使います。外部機器である液晶表示器はMCCでは扱えないので、初期化も関数も別に用意する必要があります。そこで液晶表示器用にライブラリを別に用意しました。

この液晶表示器用ライブラリには表3-3-1のような関数が用意されています。文字表示や制御用の関数があります。最初に初期化のlcd_init()関数を実行しておけば、そのあとは他の関数が自由に使えます。アイコン制御の関数がありますが、使用した液晶表示器には16文字×2行の表示以外に、アイコン表示機能が用意されているため、用途に合わせてアイコンを使うことができます。

▼表3-3-1　LCDライブラリの関数

関数名	機能と書式
lcd_init	液晶表示器の初期化処理を行う 【書式】void lcd_init(void);
lcd_cmd	液晶表示器に対する制御コマンドを出力する 【書式】void lcd_cmd(unsigned char cmd); 　　　　cmd：8ビットの制御コマンド 【例】lcd_cmd(0xC0);　　//2行目にカーソルを移動する
lcd_data	液晶表示器に表示データを出力する 【書式】void lcd_data(unsigned char data); 　　　　data：ASCIIコードの文字データ 【例】lcd_data('A');　　//文字Aを表示する
lcd_clear	液晶表示器の表示を消去しカーソルをHomeに戻す 【書式】void lcd_clear(void); 　　　　lcd_cmd(0x01);と同じ機能
lcd_str	ポインタptrで指定された文字列を出力する 【書式】void lcd_str(unsigned char* ptr); 　　　　ptr：文字配列のポインタ、文字列直接記述はWarningとなる 【例】StMsg[]="Start!!";　　//文字列の定義 　　　lcd_str(StMsg);　　//文字列の表示
lcd_icon	指定したアイコンの表示のオンオフを行う 【書式】void lcd_icon(unsigned char num, unsigned char onoff) 　　　　num：アイコンの番号指定（0から13） 　　　　onoff：1＝表示オン　　0＝表示オフ 【例】lcd_icon(10, 1);　　// BAT容量少表示

I^2Cの制御関数はMCCでも用意されますが、本書ではもう少し使いやすいように別にI^2Cのライブラリを用意しました。表3-3-2がI^2Cのライブラリに含まれる関数です。ここではLCDライブラリだけから使っていて、メインプログラムから直接使うことはありません。I^2Cモジュールの初期化はMCCで自動生成されているので、下記の初期化関数は使う必要はありません。

▼表3-3-2 I²Cライブラリの関数

関数名	機能と書式
InitI2C	I²Cモジュールの初期化 （MCCで自動生成されているので実行不要） 【書式】void InitI2C(void); 【例】initI2C();　　//パラメータなし
SendI2C	I²C通信で1バイトのデータを送信する（スタート、ストップ付き） 【書式】void SendI2C(unsigned char Adrs, unsigned char Data); 　　　　Adrs：デバイスのアドレス　　Data：送信データ 【例】SendI2C(0xEC, 0xE1);　　// Send start Reg address
CmdI2C	I²C通信でレジスタ指定によりコマンドを送信する 【書式】void CmdI2C(unsigned char Adrs, unsigned char Reg, unsigned char Data); 　　　　Adrs：デバイスのアドレス　Reg：レジスタ指定 　　　　Data：コマンドデータ 【例】CmdI2C(0x7C, 0x00, cmd);　　　// LCDへコマンド送信
GetDataI2C	I²C通信で指定バイト数だけ受信してバッファに格納する 【書式】void GetDataI2C(unsigned char Adrs, unsigned char *Buffer, unsigned char Cnt); 　　　　Adrs：デバイスのアドレス 　　　　*Buffer：格納バッファのポインタ 　　　　Cnt：受信データ数 【例】SendI2C(0xEC, 0x88);　　　　// Send start Reg address 　　　GetDataI2C(0xEC, buf, 24);　// Get from 0x88 to 0x9F

3-3-4　プログラム詳細

ファイルの追加
MPLAB X IDEでのファイルの追加方法は、付録Cを参照。

まずMCCで自動生成した後のプロジェクトのソースファイルとヘッダファイルに、別途用意した次のライブラリを追加†します。

① Header Files　→　i2c_lib.h と lcd_lib.h
② Source Files　→　i2c_lib.c と lcd_lib.c

次にmain関数と割り込み処理関数にユーザ処理部を追加します。プログラム全体のフロー図は図3-3-2のようにしたので、これに合わせてプログラムを製作します。モジュールを使うときは、MCCが自動生成した関数かLCDライブラリの関数を使います。

■1 メイン関数の宣言部と初期化部

実際に作成したプログラムのメイン関数の宣言部と初期化部がリスト3-3-1となります。ここでは宣言部でメッセージのバッファと変数を定義しています。

メインループでは周辺モジュールの初期化の後、液晶表示器の初期化と開始メッセージを表示してから、割り込みを許可するため`Enable`の2行のコメントを外して有効化しています。これでタイマ2とEUSARTの受信の割り込みが有効となります。

リスト 3-3-1　main初期化部の詳細（main.c）

```c
/**************************************************
 *  Raspberry Pi3    汎用テストボード用プログラム
 *   TestBoard
 *  常時可変抵抗の値を読み込んで液晶に表示
 *  1秒間隔で可変抵抗の値をRaspberryに送信
 *  スイッチS1でGPIO17をオンオフ
 *  EUSART受信データを液晶に表示
 **************************************************/
#include "mcc_generated_files/mcc.h"
#include "lcd_lib.h"
/*** グローバル変数 ***/
unsigned char StMsg[] = "Start Test      ";
unsigned char Line1[] = "POT=xxxx    SW= ";
unsigned char Line2[] = "                ";
unsigned char SendBuf[] = "Data=xxxx¥n";
unsigned char Buffer[32] = {0,0,0,0,0,0,0,0,0,0,0,0,0,0,0,0};
char Flag, mFlag;
int Value, Index;
double Volt;
/*** 関数プロトタイピング ***/
void SendStr(unsigned char* str);
void itostring(unsigned char digit, unsigned int data, unsigned char *buffer);
/*********** Main application  **************/
void main(void)
{
    // initialize the device
    SYSTEM_Initialize();
    /* 液晶表示器の初期化と開始メッセージ表示 */
    lcd_init();
    lcd_str(StMsg);
    __delay_ms(1000);
    INTERRUPT_GlobalInterruptEnable();
    INTERRUPT_PeripheralInterruptEnable();
    mFlag = 1;                              // フラグリセット
    Flag = 0;
    for(Index=0; Index<32; Index++)         // 受信バッファクリア
        Buffer[Index] = 0;
```

注釈：
- メッセージ、変数の定義
- 初期化実行
- LCDの初期化と開始メッセージ表示
- 割り込み許可
- 変数、バッファクリア

2 メインループ部

　次にメインループ部がリスト3-3-2となります。ここではフローチャートに従って、まず可変抵抗器の接続されているチャネルAN2をA/D変換して値を取得し、それを文字に変換して液晶表示器の1行目に表示しています。そのあとは1秒インターバルになっていて、S2がオンだったら、同じ内容をEUSARTでラズパイに送信します。

　次はS1がオンかオフによりGPIO17の出力をオンオフしています。

　続いてEUSARTの受信データを1行分受信完了していた場合には、それを液晶表示器の2行目に表示しています。

3-3 汎用テストボードのプログラムの製作

リスト　3-3-2　メインループ部の詳細（main.c）

```
/****** メインループ *******************/
    while (1)
    {
        /*** 可変抵抗の読み出しと表示 *****/
        Value = ADC_GetConversion(2);         // AN2のA/D変換
        itostring(4, Value, Line1+4);         // 文字に変換
        lcd_cmd(0x80);                        // 1行目指定
        lcd_str(Line1);                       // 1行目のデータ表示
        /** 1秒間隔の場合 **/
        if(mFlag){                            // 1秒フラグオンの場合
            mFlag = 0;                        // フラグリセット
            LED_Toggle();                     // 目印LED点滅
            if(S2_GetValue() == 0){           // スイッチS2オンの場合
                Line1[14] = '2';              // LCDに表示追加
                itostring(4, Value, SendBuf+5); // データを文字列に変換
                SendStr(SendBuf);             // ラズパイにデータ送信
            }
            else                              // 1秒フラグオフの場合
                Line1[14] = ' ';              // LCD追加表示消去
        }
        /****** S1でGPIO17出力 ************/
        if(S1_GetValue() == 0){               // S1オフの場合
            GPIO27_SetHigh();                 // GPIO27にHigh出力
            Line1[13] = '1';
        }
        else{                                 // S1オンの場合
            GPIO27_SetLow();                  // GPIO27にLowを出力
            Line1[13] = ' ';
        }
        /****** EUSART受信で液晶に表示 ******/
        if(Flag){                             // 受信完了フラグオンの場合
            Flag = 0;                         // フラグリセット
            lcd_clear();                      // 液晶消去
            lcd_cmd(0xC0);                    // 2行目指定
            lcd_str(Buffer);                  // 受信データ表示
        }
    }
}
```

注釈:
- 可変抵抗の電圧をA/D変換しLCDに表示
- 1秒間隔の場合
- S2が押されていたらA/D変換値を送信実行
- LCDの目印消去
- S1が押されていたらGPIO27をHigh
- S1が押されていなければGPIO27をLow
- 受信完了の場合
- 受信データをLCDの2行目に表示

以上がメイン関数の詳細です。

3 タイマ2の割り込み処理

残りはEUSARTとタイマ2の割り込み処理部分ですが、タイマ2のほうがリスト3-3-3となります。ここではTMR2_CallBack関数の中でmFlagをセットしているだけです。ただしmFlag変数はmainのファイルで定義していますから、外部変数としてextern定義する必要があります。

リスト　3-3-3　タイマ2のCallBack関数（tmr2.c）

```
extern char mFlag;          // main関数で定義
void TMR2_CallBack(void)
{
```

```
        // Add your custom callback code here
        mFlag = 1;
```
この1行のみ追記
```
        // this code executes every TMR2_INTERRUPT_TICKER_FACTOR periods of TMR2
        if(TMR2_InterruptHandler)
        {
            TMR2_InterruptHandler();
        }
    }
```

4 EUSARTの受信割り込み処理部

　残りはEUSARTの受信割り込み処理部でリスト3-3-4となります。このEUSARTの割り込み受信処理関数「EUSART_Read_ISR()」の中に記述追加します。この関数の中身は実はMCCで自動生成されているのですが、メインで定義したBufferに格納するため自動生成した部分は削除して新たに記述追加します。ここで使う変数、Flag、Buffer、Indexはmain関数で定義しているのでextern定義が必要です。

リスト 3-3-4　EUSARTの受信割り込み処理関数（eusart.c）

mainで定義している変数なので外部定義とする
```
extern char Flag;
extern unsigned char Buffer[32];
extern int Index;
void EUSART_Receive_ISR(void)
{
    if(1 == RCSTAbits.OERR)
    {
        // EUSART error - restart
        RCSTAbits.SPEN = 0;
        RCSTAbits.SPEN = 1;
    }
    /*** 機能追加 ***/
```
新規追加部分
受信データ最後の場合
バッファ準備
```
    if(RCREG == 0x0A){          // 改行コード受信で終了
        Flag = 1;               // フラグをセット
        Buffer[Index] = 0;      // 0x00 を追加
        Index = 0;              // バッファインデックスリセット
    }
    else{
```
順次受信データをバッファに格納
```
        if(Index < 32)
            Buffer[Index++] = RCREG;
    }
    // buffer overruns are ignored
```
自動生成部は削除
```
//    eusartRxBuffer[eusartRxHead++] = RCREG;
//    if(sizeof(eusartRxBuffer) <= eusartRxHead)
//    {
//        eusartRxHead = 0;
//    }
//    eusartRxCount++;
}
```

　以上でテストボードのプログラムが完成します。MCCを使うとモジュールの処理は大部分自動生成されるので、メイン関数で自動生成された関数を使って記述するだけになります。

3-3-5 動作確認

作成したテストボードをラズパイに接続して動作の確認をします。ラズパイ側をいろいろな方法で動かして試すので次章で順次確認します。

■コラム

MPLAB Code Configurator (MCC) とは

　MPLAB Code Configurator (MCC) はマイクロチップ社が提供する最新の開発ツールで、各周辺モジュールの設定をGUI環境で行うだけで設定関数やモジュールの制御関数を自動生成してくれますから、レジスタ等を意識せずに手早くプログラムを製作できます。

　MCCはMPLAB X IDEのPlug-inとして用意されているので、MPLAB X IDEから簡単にインストールできます。

　使うときには、あらかじめ「プロジェクト」(MPLAB X IDEで関連する一連のプログラム群を「プロジェクト」としてまとめ、管理する。作り方は付録C-1-3参照)だけは先に作成してからMCCを起動します。MCCを起動したときの画面が図3-C-1のようになります。通常のMPLAB X IDEの画面全体を覆うように表示されます。

●図3-C-1　MCCの画面

操作手順は、最初はクロックとコンフィギュレーションの設定で、[Project Resources] の欄の [System Module] を選択して右側の窓に表示される項目で設定します。
　次に、入出力ピンは [Pin Module] を選択すると設定できるようになり、ここでInput/Outputの設定を回路図などにしたがって行います。
　あとは [Device Resources] の窓で使う周辺デバイスをダブルクリックして選択すると、[Project Resource] の窓にその周辺デバイスが追加され、右側の窓に設定用の窓が表示されます。ここで周辺デバイスの設定をします。
　すべての周辺モジュールの設定が完了したら [Generate] のボタンをクリックするとコードの自動生成が行われ、ソースファイルとしてプロジェクトに自動的に登録されます。
　自動生成されるコードは次のようなものです。

❶ 初期設定関数
　コンフィギュレーション設定、入出力ピンのモード設定がシステムの初期化関数として生成され、周辺モジュールごとの初期設定も各周辺モジュールのコードの中に初期化関数として生成されます。これらの初期設定の関数はすべてメインの初期化関数から呼び出されるようになっているので、初期化はすべて自動的に完了します。

❷ メイン関数
　初期化関数呼び出しと割り込み許可/禁止、メインループのひな形が生成されますが、初期化関数呼び出し以外は空の状態となっています。

❸ 割り込み処理関数
　割り込みを使う場合には、その周辺モジュールの割り込み処理関数を呼び出すような関数を生成します。複数の周辺モジュールが割り込みを使う場合も管理してくれます。

❹ 周辺モジュールの制御関数
　周辺モジュールごとに独立のソースファイルが生成され、初期化関数、Read/Write 関数など実際に使う場合に必要な関数が自動生成されます。割り込みを使う場合には、割り込み処理関数も自動生成されます。ただし、割り込み処理関数の処理内容はひな形だけで内容は空となっています。

　以上がMCCの機能で、これまでレジスタ内容をデータシートに従って設定していたことが、何を設定すればよいかだけ理解していればレジスタ内容を見る必要はなくなりました。

第4章
ラズパイのGPIOの使い方

本章では、ラズパイのGPIOを実際に使う方法を説明します。前章で製作した汎用テストボードを使って、実際に動かしながら解説していきます。
GPIOを動かす方法にはいくつかあり、それらの使い方をそれぞれインストールの方法から説明していきます。

4-1 ラズパイのGPIOの使い方の種類

ラズパイの2B以降のモデルでは、汎用で使える入出力ピンが写真4-1-1のように40ピン用意されています。この入出力ピンのことをGPIO（General Purpose Input Output）と呼んでいます。このGPIOピンはデジタルの入力、出力だけでなく、PWM[†]の出力ピンとしても使えます。さらに特定のピンはUART[†]やI²C、SPI[†]などのシリアル通信用のピンとしても使えるようになっています。

PWM
Pulse Width Modulationの略でパルス幅変調のこと。デューティにより各種の量を0%から100%の可変ができる。

UART
Universal Asynchronous Receiver Transmitterの略で非同期シリアル通信のこと。

SPI
Serial Peripheral Interfaceの略で高速のシリアル通信方式。

●写真4-1-1　Raspberry Pi3 Model BのGPIO

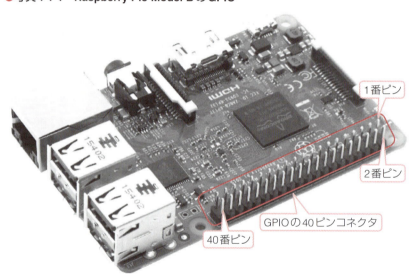

このGPIOを動かすにはシェルコマンドで直接動かす方法もありますが、本書ではプログラムから動かす方法を説明します。プログラムでGPIOを動かす方法には、次のようないくつかの方法があります。

❶Pythonスクリプトと「RPi.GPIOモジュール」で動かす

Python[†]のモジュールの1つにRPi.GPIOというGPIO制御用モジュールがあり、これらを組み合わせて動かす方法です。高速動作には不向きですが、Pythonスクリプトで簡単に動かせます。

Python
簡潔で読みやすい文法を特徴とする汎用の高水準プログラミング言語。

❷ C言語と「Wiring Piライブラリ」で動かす

いろいろな言語で使えるGPIO制御用ライブラリとしてWiring Piライブラリが用意されています。C言語†でもこれを使うことができるので、これを使ってC言語プログラムで制御する方法です。

❸「WebIOPiアプリケーション」を使って動かす

ラズパイのGPIOを動かすためにWebIOPiというアプリケーションが用意されています。このアプリでは、ブラウザからGPIOを動かすことができます。さらにJavascript†でGPIOを制御することもできますから、ネットワーク環境でGPIOを使うのに適しています。

❹ Pythonスクリプトと「PySerialモジュール」でGPIOを使う

PySerialモジュールはPythonのライブラリの1つで、GPIOをシリアル通信用のポートとして使うためのものです。これとPyrthonスクリプトを組み合わせてシリアル通信で動かします。

本章ではこれらのそれぞれについて、インストールの方法から、これらを使って実際にGPIOを動かして汎用テストボードを動かす方法を説明します。

C言語
汎用のプログラミング言語で組み込み用途では最もよく使われている。本書でもPICマイコン用のプログラムはC言語。

Javascript
ウェブページに組み込まれたプログラムをブラウザ上で実行するために使われるプログラミング言語。

4-2 RPi.GPIOモジュールの使い方

Pythonスクリプト
詳しくは付録Bを参照。

PythonスクリプトでGPIOを使う場合には、「RPi.GPIO」というPythonのモジュールを使うのが簡単です。このモジュールを使うと、Pythonスクリプトから直接GPIOピンの入出力制御ができます。このモジュールの詳細はPython本家の下記ウェブサイトにあります。

https://pypi.python.org/pypi/RPi.GPIO

本書執筆時点のバージョンでは、GPIOを下記のような条件で使えるようになっています。
- デジタルのHigh/Lowの入出力は全ピンで可能
- ソフトウェアPWMは全ピンで可能
- SPI、I^2C、シリアル通信、ハードウェアPWMは未対応

インポート
他のソフトウェアを取り込んで使えるようにすること。

このモジュールはラズパイのOSに同梱されているPythonに標準で含まれているので、インポートするだけで使えるようになります。ただし、GPIOの制御は管理者モードでないと使えないので、Pythonスクリプトを管理者モードで起動する必要があります。

インポートするにはPythonスクリプトの最初に下記を記述します。この例ではインスタンス名にGPIOという名称を使っています。インポートしたあとはこの「GPIO」という名称で記述することができます。以下の例題ではこのGPIOを使います。

インスタンス
あらかじめ定義されたプログラムやデータ構造(これをオブジェクトと呼ぶ)をメインメモリ上に展開して実際に実行可能にしたもの。

```
import RPi.GPIO as GPIO
```

4-2-1 初期設定と使い方

RPi.GPIOモジュールを使う場合には初期設定によりピンの使用モードを指定する必要があります。その手順と書式は次のようになります。

❶ GPIOのピンの指定方法の設定

BCM
Broadcomの略。

実際の入出力の際にはGPIOピンを特定して指定する必要がありますが、その指定方法にBCMとBOARDの2つのモードがあります。BCMはGPIOの番号で指定する方法で、BOARDはコネクタピン番号での指定です。下記のいずれかの記述を最初に追加して、どちらのモードにするかを指定する必要があります。ここで使用している「GPIO」という名称はインポートで取得したイン

スタンス名ですから、異なることもあります。

```
GPIO.setmode(GPIO.BCM)    #GPIOの番号で指定する
GPIO.setmode(GPIO.BOARD)  #コネクタのピン番号で指定する
```

このGPIOのコネクタピン番号とGPIO番号の関係は図4-2-1のようになっています。コネクタのピン番号で指定するのはわかりにくいので、多くの場合GPIOの番号（BCM）を使います。

●図4-2-1　Raspberry Pi3のGPIO番号とコネクタピン番号の対応

コネクタピン番号	BCM番号		BCM番号	コネクタピン番号
01	3.3V DC Power		DC Power 5V	02
03	GPIO02(SDA1,I²C)		DC Power 5V	04
05	GPIO03(SCL1,I²C)		Ground	06
07	GPIO04(GPIO_GCLK)		(TXD0) GPIO14	08
09	Ground		(RXD0) GPIO15	10
11	GPIO17(GPIO_GEN0)		(GPIO_GEN1)GPIO18	12
13	GPIO27(GPIO_GEN2)		Ground	14
15	GPIO22(GPIO_GEN3)		(GPIO_GEN4)GPIO23	16
17	3.3V DC Power		(GPIO_GEN5)GPIO24	18
19	GPIO10(SPI_MOSI)		Ground	20
21	GPIO09(SPI_MISO)		(GPIO_GEN6)GPIO25	22
23	GPIO11(SPI_CLK)		(SPI_CE0_N)GPIO08	24
25	Ground		(SPI_CE1_N)GPIO07	26
27	ID_SD(I²C ID EEPROM)		(I²C ID EEPROM) ID_SC	28
29	GPIO05		Ground	30
31	GPIO06		GPIO12	32
33	GPIO13		Ground	34
35	GPIO19		GPIO16	36
37	GPIO26		GPIO20	38
39	Ground		GPIO21	40

2 出力モードの設定と使い方

出力ピンとして使う場合は、最初に出力モードに設定する必要があり、次のようにsetup関数で記述します。

```
GPIO.setup (channel, GPIO.OUT, initial = GPIO.HIGH)
```

channelにはモードに合わせてGPIOの番号かコネクタのピン番号を指定します。

GPIO.OUTは出力モードであることを指定します。

initial記述はオプションで、初期状態をHighにするかLowにするかを指定できます。GPIO.HIGHかGPIO.LOWのどちらかで指定します。

出力モードにしたピンを実際に制御するにはoutput関数で記述します。

```
GPIO.output(channel, GPIO.HIGH)   #デジタルでHighの出力とする
GPIO.output(channel, GPIO.LOW)    #デジタルでLowの出力とする
```

3 入力モードの設定と使い方

入力ピンとして使う場合には、最初に入力モードに設定する必要があり、次のようにsetup関数で記述します。

```
GPIO.setup (channel, GPIO.IN, pull_up_down= GPIO.PUD_UP)
```

channelにはモードに合わせてGPIOの番号かコネクタのピン番号を指定します。GPIO.INで入力モードを指定します。

pull_up_down以降はオプションで、プルアップ(GPIO.PUD_UP)またはプルダウン(GPIO.PUD_DOWN)のどちらかで指定できます。

実際に入力するにはinput関数で記述します。

```
value = GPIO.input(channel)
```

ポーリング†でピンの入力変化を待つときは、下記のようにif文で記述します。

```
if GPIO.input(channel) == GPIO.HIGH:    (High時の処理)
```

> **ポーリング**
> プログラムセンス方式ともいう。割り込みを使わず、プログラムで問い合せる方式。

4 イベントの検出と割り込み処理

GPIOの入力変化を割り込みイベントとして扱うには、次の設定記述を使います。

```
GPIO.add_event_detect (channel, GPIO.RISING, callback = myFunc,
bouncetime = 200)
```

channelにはモードに合わせてGPIOの番号かコネクタのピン番号を指定します。

イベント検出の方法として立ち上がり(GPIO.RISING)、立ち下がり(GPIO.FALLING)、両方(GPIO.BOTH)のいずれかを指定できます。

callbackで指定した関数myFuncは、イベント検出時に実行する関数でイベントにより起動される割り込み処理関数となります。myFuncの名称は自由に決められます。

bouncetimeは接点のチャッタリング†を回避するための時間指定でmsec単位となります。イベント検出後、ここで指定した時間だけ次のイベントの検出を行わないようにします。これでスイッチのチャッタリングなどによる余計なイベント検出を回避します。

このイベント検出を終了させるには次の記述で行います。

```
GPIO.remove_event_detect（channel）
```

> **チャッタリング**
> スイッチには機械的なバネが使われている。スイッチが押されると、バネが弾んでごく短い時間にオンオフを繰り返してから安定する。

5 GPIO指定のリセット

スクリプト終了時には、GPIOの設定を初期化して、入力モードでプルアップダウンなしの状態に戻しておくため、最後に次の1行を追加して開放する必要があります。

```
GPIO.cleanup()
```

また、RPi.GPIOのプログラムを実行したとき、「This channel is already in use.」という警告がでることがあります。これを出ないようにするためには下記記述を最初の初期化の部分に追加します。

```
GPIO.setwarnings（False）
```

永久ループを「Ctrl + C」で強制終了させたときやアプリケーションを終了させたとき、下記のようにしてcleanup関数を必ず実行するように例外処理とします。

```
try
    while True
        （繰り返し処理）
    except KeyboardInterrupt    #キー入力で抜ける
        pass
    GPIO.cleanup()              #GPIOの開放
```

6 PWMモードの使い方

RPI.GPIOモジュールではすべてのピンをPWMモードで使うことができます。しかし、このPWMはソフトウェアで実現しているPWMなのでデューティ比は低分解能です。またソフトウェアで実現しているので、オブジェクト†のインスタンスを取得することが必要です。オブジェクトのインスタンス取得は次の記述で行います。

> **オブジェクト**
> あらかじめ定義されたプログラムやデータ構造のこと。

```
p = GPIO.PWM(channel, frequency)
```

pが取得したインスタンスを代入する変数で、以降ではこのpで記述できます。

channelにはモードに合わせてGPIOの番号かコネクタのピン番号を指定します。

frequencyにはPWMの周波数をHz単位の実数で指定します。1Hz以下も可能です。

インスタンス（ここでは例としてpとしている）を取得したあとは下記の関数が使えます。

```
p.start(dc)    # PWM出力を開始する
```

dcはデューティ比の指定で0から100の数値（%になる）で指定します。

```
p.ChangeFrequency(freq)    # PWMの周波数の変更
```

freqはHz単位の実数で指定します。1Hz以下も可能です。

```
p.ChangeDutyCycle(dc)    #デューティの変更
```

dcはデューティ比の指定で0から100の数値で指定します。

```
p.stop()    # PWM出力の停止
```

【注意】PWMとして使うピンは、setup関数でOUTに設定しておく必要があります。

4-2-2 実際の使用例

Rpi.GPIOモジュールの動作を汎用テストボードで試してみましょう。汎用テストボードをラズパイと接続すると、図4-2-2のように、GPIOピンに直接フルカラーのLEDとスイッチが2個接続されるようになっているので、これをラズパイから直接制御してみます。

●図4-2-2　GPIOと汎用テストボードの接続

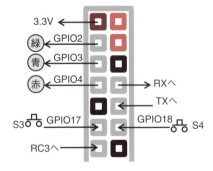

テストプログラムはPythonスクリプトで作成します。このPythonスクリプトの作成には、Pythonの開発環境であるIDLEは使わず、テキストエディタを使っています。

先にプログラムを格納しておくディレクトリを作成します。ラズパイのデスクトップでファイルマネージャを開き、「Test_RPi」というディレクトリを新規作成します。次のようなディレクトリになります。

　　/home/pi/Test_RPi

1 基本の入出力

ここで入出力の基本的な使用例として次のページのリスト4-2-1のようなスクリプトを作成します。入力し終わったらファイル名を「sample1.py」として上記Test_RPiディレクトリに保存します。内容を詳しく見てみましょう。

スクリプトの最初の行は日本語が使えるようにするためのPythonのおまじないです。続いてRPi.GPIOモジュールとsleep時間を使うためtimeモジュールをインポートしています。

次にGPIOのモードの初期設定をします。GPIO17を入力モードにし、GPIO2、3、4とも出力として初期状態をLowにして3色のLEDを消去状態とします。

メインループでは、GPIO17の入力ピンをチェックしてGPIO17のHigh、Lowにより出力ピンをGPIO2（青）とGPIO4（赤）を切り替えて0.5秒間隔でオンオフを出力するということを繰り返しています。

try文は例外チェックで、永久ループ中にキーボードが押されたことを検出して停止させるために使っています。このときはGPIOをリセットして終了させています。

このsample1.pyを実行するには次のようにターミナルからコマンド入力します。GPIOを制御するため管理者モードとする必要があるので、sudoを付けて実行します。

```
cd ./Test_RPi
sudo python sample1.py
```

これでS2のオンオフで色が変わるはずです。終了するには「Ctrl + C」を入力します。

リスト 4-2-1　基本の入出力の使用例（sample1.py）

- ライブラリのインクルード
- I/Oの初期設定
- 出力ピン設定
- 入力
- 点滅出力
- 点滅出力
- リセット

```python
#-*-coding:utf-8-*-
#RPiライブラリのインポート
import RPi.GPIO as GPIO                      #RPiライブラリ
from time import sleep                       #sleepライブラリ
#初期化
GPIO.setwarnings(False)                      #警告禁止
GPIO.setmode(GPIO.BCM)   #GPIOピン番号指定
GPIO.setup(17, GPIO.IN, pull_up_down=GPIO.PUD_UP)
GPIO.setup(2, GPIO.OUT, initial=GPIO.LOW)    #Blue
GPIO.setup(3, GPIO.OUT, initial=GPIO.LOW)    #Green
GPIO.setup(4, GPIO.OUT, initial=GPIO.LOW)    #Red
#メインループ
try:
    while True:
        if(GPIO.input(17) == 1):
            GPIO.output(4, GPIO.HIGH)        #Red
            sleep(0.5)
            GPIO.output(4, GPIO.LOW)
            sleep(0.5)
        else:
            GPIO.output(2, GPIO.HIGH)        #Green
            sleep(0.5)
            GPIO.output(2, GPIO.LOW)
            sleep(0.5)
#例外処理
except KeyboardInterrupt:
    pass
GPIO.cleanup()            #GPIOをリセット
```

2 イベントによる割り込み処理

　次に、イベントによる割り込み処理のテストプログラムを作成します。スクリプトファイルはリスト4-2-2でファイル名を「sample2.py」としました。
　このテストでは、スイッチのS3（GPIO17）を押すとGreenのLEDが3秒間点灯します。スイッチのS4（GPIO18）を押すとBlueのLEDが3秒間だけ点灯します。S4（GPIO18）のほうはポーリングでイベントを待つので、Greenが点灯中にS4を押しても入力は受け付けられず3秒後には消灯します。しかしS3の方は割り込みで処理されるので、Blueが点灯中にS3を押すと次の割り込みが入って待っていて、1回目の3秒点灯後にすぐ2回目が始まって連続で2回、つまり6秒間点灯します。

リスト 4-2-2　イベントによる割り込み処理の例（sample2.py）

```python
#-*-coding:utf-8-*-
#RPiライブラリのインポート
import RPi.GPIO as GPIO                                    #RPiライブラリ
from time import sleep                                     #sleepライブラリ
#割り込み処理関数
def onoff(channel):
    if channel == 17:
        GPIO.output(3, GPIO.HIGH)                          # Blue On
        sleep(3)
        GPIO.output(3, GPIO.LOW)                           # Blue Off
#初期化
GPIO.setwarnings(False)  #警告禁止
GPIO.setmode(GPIO.BCM)   #GPIOピン番号指定
GPIO.setup(17, GPIO.IN, pull_up_down=GPIO.PUD_UP)          #GPIO17 入力ピン
GPIO.setup(18, GPIO.IN, pull_up_down=GPIO.PUD_UP)          #GPIO18 入力ピン
#GPIO17イベント検出許可
GPIO.add_event_detect(17, GPIO.RISING, callback=onoff, bouncetime=300)
#LED出力設定
GPIO.setup(2, GPIO.OUT, initial=GPIO.LOW)                  # Green LED
GPIO.setup(3, GPIO.OUT, initial=GPIO.LOW)                  # Blue LED
GPIO.setup(4, GPIO.OUT, initial=GPIO.LOW)                  # Red LED
#メインループ　GPIO18の検出待ち
try:
    while True:
        #GPIO18イベントポーリング
        chan = GPIO.wait_for_edge(18, GPIO.RISING, bouncetime=300)
        if chan == 18:
            GPIO.output(2, GPIO.HIGH)                      #Green On
            sleep(3)
            GPIO.output(2, GPIO.LOW)                       #Green Off
#例外処理
except KeyboardInterrupt:
    pass
GPIO.remove_event_detect(17)#イベント処理待ち終了
GPIO.cleanup()                                             #GPIOをリセット
```

注釈：
- ライブラリのインクルード
- 割り込み処理関数
- Greenの点灯
- I/Oの初期設定
- GPIO17のイベント許可
- 出力ピン設定
- GPIO18の変化待ち
- Blueの点灯
- 例外の場合すぐ次へ
- GPIOのリセット

3 PWMモード

PWMモードのテストプログラムがリスト4-2-3で、ファイル名を「sample3.py」としました。

GPIO2ピンをPWM出力とし、周期を200Hzとします。つまりGreenのLEDの調光制御を行います。100ステップのデューティを1ステップずつ0.1秒間隔で順次大きくして明るくし、100になったら今度は1ずつ小さくして、順次暗くするということを繰り返します。range関数は、例えばrange(m, n, d)とした場合、dが正ならmからn-dまでの数値をd置きに確保します。すべてに正負いずれの値も使うことができます。

例えばrange(0, 101, 1)の場合は0、1、2、3、・・・100という値を確保します。range(100, -1, -1)の場合は、100、99、98、・・・・0という値を確保します。

リスト 4-2-3　PWMモードの使用例（sample3.py）

```python
#-*-coding:utf-8-*-
#RPiライブラリのインポート
import RPi.GPIO as GPIO
import time
#初期設定
GPIO.setmode(GPIO.BCM)
GPIO.setup(3, GPIO.OUT, initial=GPIO.LOW)
GPIO.setup(2, GPIO.OUT, initial=GPIO.LOW)
GPIO.setup(4, GPIO.OUT, initial=GPIO.LOW)
#PWMモード初期化とスタート
p = GPIO.PWM(2, 200)      #Green  200Hz
p.start(0)
#メインループ
try:
    while True:
        for dc in range(0, 101, 1):
            p.ChangeDutyCycle(dc)
            time.sleep(0.1)
        for dc in range(100, -1, -1):
            p.ChangeDutyCycle(dc)
            time.sleep(0.1)
#例外処理
except KeyboardInterrupt:
    pass
p.stop()
GPIO.cleanup()
```

- ライブラリのインクルード
- I/O初期設定
- PWMモード設定
- デューティのアップ
- デューティのダウン
- リセット

4-3 Wiring Piライブラリの使い方

次はC言語プログラムでラズパイのGPIOの制御を実行してみましょう。C言語プログラムでラズパイのGPIOを制御するためにライブラリが用意されています。このライブラリは「Wiring Pi」と呼ばれるもので、このライブラリ自身もC言語で記述されています。

このWiring Piライブラリには、GPIOの制御だけでなく、シリアル、I^2C、SPIの通信用インターフェースも独立のライブラリとして用意されていますが、本書ではGPIOの制御に限定して説明します。Wiring Piの本家のサイトは下記となります。

http://wiringpi.com/

4-3-1 WiringPiの入手とインストール

GIT
元はバージョン管理システムで、オープンソースの管理用として使われている。

まずライブラリを入手してラズパイにインストールします。Wiring Piのプログラムは下記コマンドにより、プログラムを一括で保存しているGIT[†]サーバから入手でき、git cloneコマンドで複製を生成することができます。

```
sudo git clone git://git.drogon.net/wiringPi
```

ビルド
必要なプログラムをコンパイルし、リンクして実行ファイルを生成すること。

ダウンロードが完了するとwiringPiというディレクトリが生成されるので、このディレクトリに移動してからビルド[†]を実行します。

```
cd wiringPi
sudo ./build
```

これだけでインストールは完了です。正常にインストールできたかは下記コマンドでバージョンとGPIOピンリストを表示させれば確認できます。

```
gpio -v        #バージョンの表示要求コマンド
gpio readall   #GPIOリストの出力要求コマンド
```

これで図4-3-1のようなリストが表示されれば正常に動作しています。このGPIOピンリストでは全GPIOの名前と現在のモードと状態が表示されています。40ピンすべてのピンが表示されていて、ピン番号の指定モードによる番号

BCM
Broadcomの略。

RPi.GPIO
GPIOピンの入出力制御をPythonスクリプトで行うモジュール。4-2節参照。

の違いも表示されています。ここでBCM†欄がRPi.GPIO†モジュールで使っているGPIO番号、wPi欄がWiring Piで使っている番号、Physical欄がコネクタの物理的なピン番号になります。

● 図4-3-1　Wiring Piのバージョン表示例

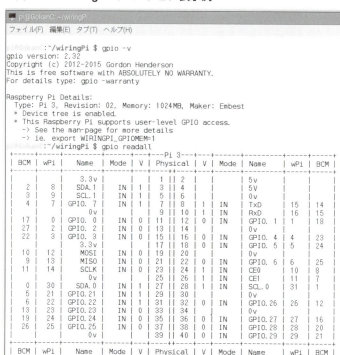

4-3-2　WiringPiの使い方

　C言語でWiring Piを使う方法を説明します。まずWiring Piに用意されている関数の使い方です。

1 インクルード宣言とライブラリ追加

　C言語プログラムでWiring Piを使うときには、プログラムの先頭で下記のようにヘッダファイルのインクルードが必要となります。これでWiring Piの関数が使えるようになります。

```
#include <wiringPi.h>
```

2 コンパイル方法

プログラムを製作したあと、コンパイルするときには、Wiring Piのライブラリを付加するように下記のようなコマンドでコンパイルする必要があります。gccがコンパイラ本体です。

```
sudo gcc filename.c -o objname -lwiringPi
```

`filename.c`がコンパイルするソースファイル名で、`objname`が出力されるオブジェクトのファイル名で拡張子は不要です。-l（エル）オプションでWiringPiのライブラリを含めてコンパイルします。

コンパイル後の実行は下記のようにします。

```
sudo ./objname
```

3 設定用関数

WiringPiのライブラリには、初期化を行いGPIOの各ピンの指定方法を設定するための関数が表4-3-1のように用意されています。プログラムの最初にこれらの関数を使って入出力モードの設定をする必要があります。

それぞれの関数で使うピン番号には、コネクタピン番号、BCMのGPIO番号、Wiring Piの番号の3種類がありますが、このピン番号の対応は図4-3-2のようになっています。図のように、どの指定方法を取るかによって番号が全く異なっているので、注意が必要です。この場合も、RPi.GPIOモジュールと同じように、GPIO番号を使うのが一番わかりやすいと思います。

▼表4-3-1 WiringPiピン番号設定用関数

関数名	機能と書式
wiringPiSetup	GPIOピンの指定にwiring Piの番号を使う。 正常に設定されたら0を返す　異常の場合は-1を返す 【書式】int wiringPiSetup(void);
wiringPiSetupGpio	GPIOピンの指定にBCMのGPIO番号を使う。 正常に設定されたら0を返す。異常の場合は-1を返す 【書式】int wiringPiSetupGpio (void);
wiringPisetupPhys	GPIOピンの指定にコネクタの物理的なピン番号を使う。 正常に設定されたら0を返す。異常の場合は-1を返す 【書式】int wiringPisetupPhys (void);

●図 4-3-2　GPIO ピンの番号対応

WiringPi	コネクタピン番号	BCM番号			BCM番号	コネクタピン番号	WiringPi
	01	3.3V DC Power			DC Power 5V	02	
SDA 8	03	GPIO02(SDA1,I²C)			DC Power 5V	04	
SCL 9	05	GPIO03(SCL1,I²C)			Ground	06	
GPIO7 7	07	GPIO04(GPIO_GCLK)			(TXD0) GPIO14	08	15 TxD
	09	Ground			(RXD0) GPIO15	10	16 RxD
GPIO0 0	11	GPIO17(GPIO_GEN0)			(GPIO_GEN1)GPIO18	12	1 GPIO1
GPIO2 2	13	GPIO27(GPIO_GEN2)			Ground	14	
GPIO3 3	15	GPIO22(GPIO_GEN3)			(GPIO_GEN4)GPIO23	16	4 GPIO4
	17	3.3V DC Power			(GPIO_GEN5)GPIO24	18	5 GPIO5
MOSI 12	19	GPIO10(SPI_MOSI)			Ground	20	
MISO 13	21	GPIO09(SPI_MISO)			(GPIO_GEN6)GPIO25	22	6 GPIO6
SCLK 14	23	GPIO11(SPI_CLK)			(SPI_CE0_N)GPIO08	24	10 CE0
	25	Ground			(SPI_CE1_N)GPIO07	26	11 CE1
SDA 30	27	ID_SD(I²C ID EEPROM)			(I²C ID EEPROM) ID_SC	28	31 SCL,0
GPIO21 21	29	GPIO05			Ground	30	
GPIO22 22	31	GPIO06			GPIO12	32	26 GPIO26
GPIO23 23	33	GPIO13			Ground	34	
GPIO24 24	35	GPIO19			GPIO16	36	27 GPIO27
GPIO25 25	37	GPIO26			GPIO20	38	28 GPIO28
	39	Ground			GPIO21	40	29 GPIO29

4 基本の制御関数

　Wiring Pi ライブラリで用意されている制御関数には、表4-3-2のようなものがあります。C言語のプログラムではこの関数を使ってGPIOの入出力を行うことができます。

　PWM制御はGPIO18ピンに限定されたハードウェアPWMとなっています。

　最後のアナログの入出力関数はラズパイ単体では使えず、別途オプションボードの追加が必要です。

▼表4-3-2　Wiring Piの基本の制御関数

関数名	機能と書式
pinMode	指定したピンを指定した動作モードに設定する 【書式】 void pinMode(int pin, int mode); 　　　　　 mode：下記のいずれか 　　　　　 INPUT、OUTPUT、PWM_OUTPUT (pin1 (GPIO18) のみ) 　　　　　 GPIO_CLOCK (pin7 (GPIO4) のみ) 【例】　　pinMode(2, OUTPUT);
pullUpDnControl	指定したピンのプルアップ、プルダウンの設定 【書式】 void pullUpDnControl(int pin, int pud); 　　　　　 pud：下記のいずれか 　　　　　 PUD_OFF、PUD_DOWN、PUD_UP 【例】　　pullUpDnControl(3, PUD_UP);
digitalWrite	GPIOピンに出力する 【書式】 void digitalWrite(int pin, int value); 　　　　　 value：下記のいずれか 　　　　　 HIGH、LOW、1、0 【例】　　digitalWrite(2, HIGH);
pwmWrite	pin1 (GPIO18) のハードウェアPWM出力のデューティ設定 【書式】 void pwmWrite(int pin, int value); 　　　　　 value：0～1023の範囲
digitalRead	GPIOピンから入力する 【書式】 int digitalRead(int pin); 　　　　　 戻り値：HIGH、LOW、1、0のいずれか 【例】　　if(digitalRaed(3))
analogRead	ラズパイ単体では使えない。別途アナログデバイスを実装したボードを追加する必要がある
analogWrite	

4-3-3　WiringPiを使ったC言語プログラム例

　実際にC言語プログラムとWiring Piを使ってGPIOを制御するプログラムを作成してみます。

　GPIO2、GPIO3、GPIO4にフルカラーのLEDを接続して3色のLEDを一定間隔で順に点滅させるプログラムとします。さらにGPIO17の入力のHigh/Lowで一定間隔を0.5秒と1秒を切り替えて点滅させるようにします。

　まずファイルマネージャでホームディレクトリに「Test_wiringPi」というディレクトリを新規に追加します。次にテキストエディタを開いてプログラムを作成し、このディレクトリ内に保存するようにします。このようにして作成したプログラムがリスト4-3-1で「sample10.c」という名前で保存しています。

　リストの内容は、最初にWiring Piのヘッダファイルをインクルードし、初期設定ではBCMのピン番号で扱うことにしています。

　モード設定で、GPIO2、3、4ピンを出力に、GPIO17を入力に設定してからメインループに入ります。

メインループの最初でGPIO17（スイッチS3）のチェックをして1秒と0.5秒を切り替えています。あとは緑、青、赤の順で順番に点灯し指定間隔後に消灯させて次の色に移るということを繰り返しています。

リスト 4-3-1 WiringPiのテストプログラム（sample10.c）

```c
/* Wiring PiによるGPIOの制御 */
#include <wiringPi.h>
/****** main ****/
int main(void){
    int Interval;

    wiringPiSetupGpio();        // BCM指定
    pinMode(2, OUTPUT);         // 出力ピン設定
    pinMode(3, OUTPUT);
    pinMode(4, OUTPUT);
    pinMode(17, INPUT);         // 入力ピン指定
    pullUpDnControl(17, PUD_UP); // プルアップ
    /**** メインループ ****/
    while(1){
        if(digitalRead(17) == 0)// 入力Lowの場合
            Interval = 1000;    // 間隔1秒
        else                    // 入力Highの場合
            Interval = 500;     // 間隔0.5秒
        /***** On/Off LOOP ******/
        digitalWrite(2, HIGH);  // Green
        delay(Interval);
        digitalWrite(2, LOW);
        digitalWrite(3, HIGH);  // Blue
        delay(Interval);
        digitalWrite(3, LOW);
        digitalWrite(4, HIGH);  // Red
        delay(Interval);
        digitalWrite(4, LOW);
    }
    return 0;
}
```

- ライブラリのインクルード
- I/O初期設定
- GPIO17の入力とHigh/Lowチェック
- 間隔の変更
- 緑点灯後に消灯
- 青点灯後に消灯
- 赤点灯後に消灯

これをコンパイルして実行します。コンパイルはターミナルから下記コマンドとなります。まずディレクトリを移動してからコンパイルを実行します。

```
cd ./Test_wiringPi
sudo gcc sample10.c -o sample10 -lwiringPi
```

コンパイル後の実行は下記のようにします。sudoの付加を忘れないようにします。

```
sudo ./sample10
```

また終了は「Ctrl + C」と入力します。

これでGPIO17がHighのときは0.5秒間隔で、Lowのときは1秒間隔で緑、青、赤の順序で点灯します。

このようにC言語プログラムでGPIOを制御するのも、Wiring Piを使えばいとも簡単にできてしまいます。

4-3-4　GPIOコマンドユーティリティ

Wiring Piと同梱されている中に、「GPIOコマンドユーティリティ」というライブラリがあります。このライブラリはGPIOの制御をシェルコマンド、あるいはシェルスクリプトとして実行できるコマンド群を提供しています。したがって、ターミナルからいきなりコマンドを入力するだけでGPIOの入出力ができるようになります。このユーティリティで提供しているGPIOを制御するコマンドには表4-3-3のようなものがあります。

このユーティリティにはGPIOの制御だけでなく、SPIモジュールやI^2Cモジュールをロードして動かすためのコマンドも用意されています。

▼表4-3-3　GPIOユーティリティのコマンド

コマンド名	機能と書式
gpio -v	Wiring Piのバージョン番号を出力する
gpio mode	GPIOの入出力モードを設定する 【書式】gpio [-g] mode pin mode 　　　　　pin：ピン番号指定 　　　　　-gオプションありでピン番号にBCMを使う 　　　　　オプションなしの場合はWiringPi番号となる 　　　　　mode：in、out、pwm、up、down、tri　のいずれか
gpio write	指定したGPIOピンに出力する 【書式】gpio [-g] write pin state 　　　　　pin：ピン番号指定 　　　　　-gオプションありでピン番号にBCMを使う 　　　　　オプションなしの場合はWiringPi番号となる 　　　　　state：0または1
gpio pwm	指定したGPIOピン（pin 1（GPIO18）に限定）にPWMのデューティ値を出力する 【書式】gpio [-g] pwm pin value 　　　　　pin：ピン番号指定 　　　　　-gオプションありでピン番号にBCMを使う 　　　　　オプションなしの場合はWiringPi番号となる 　　　　　value：0 〜 1023
gpio read	指定したGPIOピンの状態を入力する 【書式】gpio [-g] read pin 　　　　　pin：ピン番号指定 　　　　　-gオプションありでピン番号にBCMを使う 　　　　　オプションなしの場合はWiringPi番号となる 　　　　　戻り値：0または1
gpio readall	アクセス可能な全ピンの状態とピン番号を出力する ピン番号はWiringPiピン番号とBCM番号の両方を出力する

このコマンドを使って実際にGPIO2、GPIO3、GPIO4（BCM）に接続したフルカラーのLEDの点滅をシェルコマンドとして実行した例がリスト4-3-2となります。
　またGPIO17のスイッチS2の状態入力動作もテストしています。

リスト　4-3-2　Wiring Piのコマンド使用例

4-4 WebIOPiアプリケーションの使い方

IoT
Internet of Thingsの略。物のインターネットということで、すべての物をネットワークに接続してクラウドに情報を集め、新たな情報を提供しようという試み。

本章で使うWebIOPiというアプリケーションは、Eric Ptak氏が開発しているアプリケーションで、IoT†を実現させるためのフレームワークとなるソフトウェアです。これを使うとラズパイがウェブサーバのような動作をすることになり、ネットワークに接続されたパソコンのブラウザからラズパイのGPIOを制御できるようになります。

4-4-1 WebIOPiの概要

WebIOPiの本家のサイトは次のサイトで、多くの例題と関数ライブラリの情報などがあります。

http://webiopi.trouch.com/

ウェブサーバ機能
ブラウザで呼び出されたとき表示するページの情報や操作に対する応答を提供する機能。

WebIOPiアプリケーションの動作を簡単に表すと図4-4-1のようになっています。WebIOPiをインストールするとラズパイ側にウェブサーバ機能†が組み込まれ、パソコンのブラウザとのやり取りを実行します。そしてブラウザからの要求に基づいて、あらかじめ組み込まれたHTMLファイルからWebIOPiアプリを呼び出してGPIOの入出力を実行します。

●図4-4-1　WebIOPiの基本動作

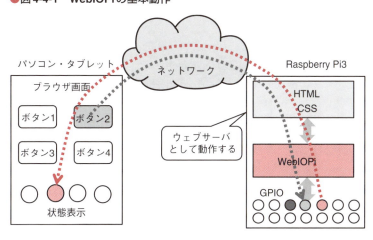

HTML
Hyper Text Markup Languageの略でインターネット上に文書を公開するために文書に目印をつけるための言語。

このようにWebIOPiをインストールすると、あらかじめ基本のウェブサーバとしての機能を持ったHTML†ファイルが用意されているので、インストールするだけでブラウザからGPIOをコントロールできるようになります。

4-4-2 WebIOPiのインストール

WebIOPiのインストールは次の手順で行います。すべてラズパイ本体かリモートデスクトップでターミナルを開き、コマンド入力で行います。

1 WebIOPiのダウンロード

WebIOPiのホームページから最新版をダウンロードします。本書執筆時点の最新版は「WebIOPi-0.7.1」で、「wget」コマンドでダウンロードします。

```
sudo wget https://sourceforge.net/projects/webiopi/files/WebIOPi-0.7.1.tar.gz
```

2 圧縮ファイルを解凍

「tar」というコマンドで圧縮ファイルを解凍します。これで新たなディレクトリ「WebIOPi-0.7.1」が生成され、そこにファイルが展開されます。

```
sudo tar xvzf WebIOPi-0.7.1.tar.gz
```

3 パッチを適用する

このWebIOPi-0.7.1のバージョンはまだRaspberry Pi2B、3Bには対応していなくてすべてのGPIOピンを制御することはできません。次の方法でパッチファイルをダウンロードしパッチ†を適用して修正する必要があります。

```
cd WebIOPi-0.7.1        （ディレクトリの移動）
wget https://raw.githubusercontent.com/doublebind/raspi/master/webiopi-pi2bplus.patch
patch -p1 -i webiopi-pi2bplus.patch
```

パッチ
バグや改良のために、すでにあるプログラムの一部を修正すること。

4 セットアップスクリプトの実行

同じディレクトリのままでセットアップスクリプトを実行します。

```
sudo ./setup.sh
```

これにはしばらくかかります。最後に、「Do you want to access WebIOPi over Internet? [y/n]」とインターネット経由で使うかと聞かれますが、これは目的が異なるので「n」とします。これを「y」とすると「Weaved IoT Kit」という機能を追加する手順に進みます。これは外部ネットワークからWebIOPiに直

4-4 WebIOPiアプリケーションの使い方

接アクセスできるようにする機能で、より簡単にIoTを実現し便利に使おうとする試みのようです。

5 リブートする

```
sudo reboot
```

このリブートコマンドによりラズパイが再起動してWebIOPiの動作準備が整います。

6 WebIOPiの起動と停止

WebIOPiの開始と停止は次のようにします。

リブートしたあと、デバッグモード†でWebIOPiを開始する場合には次のコマンドで開始します。デバッグモードでは自作HTMLを使う場合など不具合があるとターミナルにメッセージとして出力されるので、間違いが見つけやすくなります。

```
sudo webiopi -d -c /etc/webiopi/config
```

この場合の停止は「Ctrl + C」を使います。

通常起動する場合は次のコマンドで起動します。この場合はバックグラウンド†で動作するので、起動後に他のコマンドの実行が可能になります。

```
sudo /etc/init.d/webiopi start
```

停止は下記コマンドで行うことができます。

```
sudo /etc/init.d/webiopi stop
```

> **デバッグモード**
> プログラムの動作状態を確認しながら実行できるようにする機能。

> **バックグラウンド**
> 通常動作を継続しながら、同時に並行して動作させること。

4-4-3 WebIOPiの基本の使い方

WebIOPiを起動したら早速動作確認をしてみましょう。WebIOPiを起動するとラズパイがウェブサーバとして動作し、あらかじめ標準で用意されているページをブラウザで開くことができます。

このときのURL†は下記となります。ここでIPアドレス†は現在接続しているラズパイのIPアドレスとします。ポート番号†を8000にしてページを呼び出します。IPアドレスはデスクトップの右上にあるネットワークアイコンをマウスオーバーすると表示されます。

http://IPアドレス:8000

このURLが正常に受け付けられると認証を求められるので下記のように入力します。

ユーザ名：webiopi　　パスワード：raspberry

> **URL**
> Uniform Resource Locatorの略でWebページのアドレスを示す文字列。

> **IPアドレス**
> ネットワーク上でノードを区別するための4バイトで構成されたアドレス。

> **ポート番号**
> IPアドレスの下位に設けられた補助アドレスのことでアプリケーションの識別に使われる。

これで図4-4-2左側のようなページが開きます。「GPIO Header」をクリックすると図4-4-2の右側のページが開きます。このGPIO HeaderのページからGPIOを直接制御することができます。

　図4-4-2右図のようにINとかOUTとか表示されているボタンをクリックすると、IN、OUTが交互に書き換わり、対応するピンの入力と出力の機能が切り替わります。

　次にGPIOnとなっている数字のボタンをクリックするとOUTとしたGPIOピンにはHighとLowの信号が交互に出力されて、ボタンの色がHighでオレンジ、Lowで黒色となります。同様にINとした入力ピンの場合もピンを3.3VかGROUNDのピンに接続すれば、それに応じて数字のボタンの色が変わります。

●図4-4-2　WebIOPiの基本画面

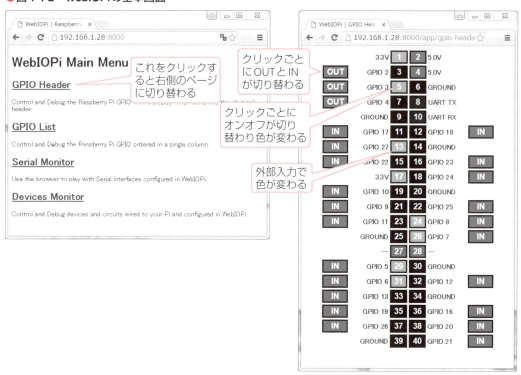

　この動作を実際に汎用テストボードで試してみます。

　汎用テストボードの接続ができたら、WebIOPiを起動してGPIO2、3、4をOUTにして番号のボタンをクリックすれば、GPIO2は緑、GPIO3は青、GPIO4は赤の色が点灯あるいは消灯することになります。

　ブラウザからの制御ですから、同じネットワークに接続している機器であれば、パソコンでもタブレットやスマホでも、どこからでもLEDを制御する

ことができます。

同様にGPIO17と18をINにセットして汎用テストボードのS3かS4のスイッチを押せば、17と18のボタンの色が変わることで確かに入力ができていることがわかります。

4-4-4　WebIOPiからGPIOを自由に使う

JavaScript
ウェブページに組み込まれたプログラムをブラウザ上で実行するために使われるプログラミング言語。

WebIOPiにはHTMLで使えるJavaScript[†]のライブラリがあらかじめ用意されているので、容易にウェブサーバの機能を書き換えることができるようになっています。したがってラズパイ側に独自のHTMLファイルを作成すれば、パソコンやタブレットのブラウザからそのHTMLページを呼び出し、表示されたボタンなどをタップすることで、ラズパイのGPIOを制御したり、逆にラズパイのGPIOの状態変化によりブラウザの状態表示内容を変えたりすることが自由にできます。

さらにWebIOPiのJavaScriptでHTMLのボタンにPythonのマクロ関数を関連づけできるようになっていて、Pythonスクリプトのマクロ関数を呼び出せるようにもできます。

Pythonスクリプトを使えばGPIOの制御だけでなく、音声応答や動画ストリーミングなどの他のアプリケーションも動かすことができますから、ブラウザからGPIO以外のものも動かすことができるようになります。このようにWebIOPiを使うとネットワーク経由でラズパイを自由に操ることができるようになります。

以上のようにWebIOPiを使ってウェブサーバを構成し、自由にラズパイを操るときの動作には大きく二通りの流れがあり、図で表すと図4-4-3のようになります。いずれの場合もWebIOPiが提供するJavaScript関数を使います。

●図4-4-3　WebIOPiのウェブサーバの動作

(a) WebIOPiで直接実行

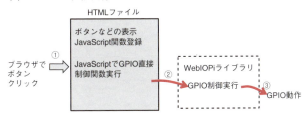

●図4-4-3 WebIOPiのウェブサーバの動作（つづき）

(b) Pythonマクロ経由で実行

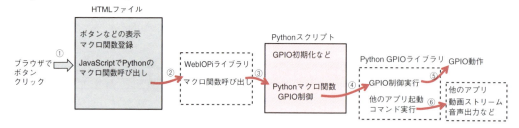

1 WebIOPiで直接実行

1つ目はWebIOPiライブラリから直接GPIOを制御する方法で、図4-4-3の(a)の流れで表されます。単純な制御の場合はこれで十分の機能を果たすことができます。この場合の動作は次のようになります。

①ブラウザでこのサーバを呼び出すとHTMLファイルでページを表示。表示された画面でボタンをクリックする
②HTMLファイルでJavaScriptが実行されWebIOPiライブラリを使ってGPIOを直接制御する
③実際のGPIOが動作する

2 Pythonマクロ経由で実行

もう1つの方法は、HTMLファイルとWebIOPiのライブラリとPythonスクリプトを使う方法で、図4-4-3 (b)のような流れで、より高度な動作をプログラムすることができます。この場合の動作は次のようになります。

①ブラウザでこのサーバを呼び出すとHTMLファイルでページを表示。表示された画面でボタンをクリックする
②HTMLファイルでJavaScriptが実行されPythonのマクロ関数を呼び出す
③WebIOPiライブラリ経由でPythonスクリプト内のマクロ関数が呼び出される
④マクロ関数では、Python用のGPIOライブラリを使ってGPIOの制御を実行する
⑤実際のGPIOが動作する
⑥マクロ関数で他のアプリ起動も可能

> **シェルコマンド**
> Linuxのカーネルと対話形式での操作を可能とするコマンド群のこと。

Pythonのマクロ関数を使うと、GPIOの制御だけでなく、シェルコマンド†を実行できます。このため、音声応答や動画ストリーミングなどの他のアプリケーションを起動したり、シャットダウン機能を組み込んだりするなど、より高度な機能を実現することができます。

4-4-5 JavaScriptライブラリ

WebIOPiが提供するHTML内で使えるJavaScript関数はたくさんあり、使い方も含めて下記サイトに多くの情報があります。

http://webiopi.trouch.com/JAVASCRIPT.html

このライブラリに含まれる代表的な関数には表4-4-1 (a)、(b) のようなものがあります。この表に示す関数は代表的なものですべてではありません。表の説明ではインスタンス名を「IOPI」としていますが、これは初期化関数によるインスタンス生成の際に任意の名前にできます。

表4-4-1 (a) の関数は初期設定と直接GPIOを制御する関数で、表4-4-1 (b) の関数はボタン生成とマクロ関数関連の関数です。

▼表4-4-1 WebIOPiで提供される代表的なJavaScript関数

(a) 初期化とGPIO直接制御関数

関数名	機能と書式
webiopi	WebIOPiのオブジェクトインスタンスを生成し戻り値として返す `IOPI = webiopi()`
IOPI.ready	HTMLファイルが呼び出されたときに実行される初期化関数。このcallback関数の中でボタンやスライダなどの生成を行う 【書式】`IOPI.ready(callback)` 　　　　`callback`は`function(){ }`関数として`callback`の中で定義する
setFunction	GPIOの機能の設定で、IN、OUT、PWMのいずれか 【書式】`IOPI.setFunction(gpio, func[, callback])` 　　　　`gpio`：GPIOの番号（0〜53） 　　　　`func`：IN、OUT、PWMのいずれか 　　　　`callback`：戻って来たとき呼び出すマクロ関数
digitalWrite	GPIOをHighかLowに制御する 【書式】`IOPI.digitalWrite(gpio, value[, callback])` 　　　　`gpio`：GPIO番号（0〜53） 　　　　`value`：`IOPI.HIGH`か`IOPI.LOW` 　　　　`callback`：呼び出すマクロ関数
digitalRead	GPIOの状態を入力する 【書式】`IOPI.digitalRead(gpio[, callback])` 　　　　`gpio`：GPIO番号（0〜53） 　　　　戻り値：`IOPI.LOW`か`IOPI.HIGH` 　　　　`callback`：戻って来たとき呼び出すマクロ関数
toggleValue	GPIOの出力のHigh/Lowを反転する 【書式】`IOPI.toggleValue(gpio)` 　　　　`gpio`：GPIO番号（0〜53）

関数名	機能と書式
createRatioSlider	PWMのデューティ値(0.0〜1.0)を出力するスライダの生成 【書式】IOPI.createRatioSlider(gpio, duty) 　　　gpio：GPIO番号(0〜53)　ソフトPWMにセット 　　　duty：PWMのデューティの初期値(float)
pulseRatio	PWMのデューティ値を設定する 【書式】IOPI.pulseRatio(gpio, ratio[, callback]) 　　　gpio：GPIO番号　ソフトPWMにセット 　　　ratio：PWMのデューティ値(0.0〜1.0) 　　　callback：戻って来たとき呼び出すマクロ関数

(b) ボタン生成とマクロ関連関数

関数名	機能と書式
createButton	オンオフ別にマクロ関数呼び出しのできるボタンを生成する 【書式】IOPI.createButton(id, label [, mousedown [,mouseup]]) 　　　id：ボタンに付与するID(英数任意) 　　　label：ボタンに表示するラベル(英数かな漢字任意) 　　　mousedown：マウスでボタンオン時に実行するマクロ関数 　　　mouseup：マウスでボタンリリース時に実行するマクロ関数
createGPIOButton	特定のGPIOに対応したボタンを生成する。クリックごとにオンオフを反転する。あらかじめsetFunctionでOUTの特性を設定しておく必要がある 【書式】id = IOPI.createGPIOButton(gpio, label) 　　　gpio：GPIOの番号(0〜53) 　　　label：ボタンに表示するラベル(英数かな漢字任意) 　　　戻り値id：生成したボタンに付与するID(英数任意)
createMacroButton	特定のマクロ関数を呼びだすためのボタンを生成する 【書式】IOPI.createMacroButton(id, label, macro, args) 　　　id：ボタンに付与するID(英数任意) 　　　label：ボタンに表示するラベル(英数かな漢字任意) 　　　macro：呼び出すマクロ関数名 　　　args：引数とする文字列
callMacro	マクロ関数を直接呼び出して実行する 【書式】IOPI.callMacro(macro, [args[, callback]]) 　　　macro：呼び出すマクロ関数名 　　　args：引数とする文字列 　　　callback：戻って来たとき実行する関数
setLabel	指定したボタンのラベル(表示文字)を変更する 【書式】IOPI.setLabel(id, label) 　　　id：ボタンに付与するID(英数任意) 　　　label：ボタンに表示する新ラベル(英数かな漢字任意)

4-4-6　基本のボタンの例題

実際の基本的な例でWebIOPiとJavaScriptの使い方を説明します。まず図4-4-4のようなウェブページを作成し、3色のLEDのオンオフ制御をするようなウェブサーバを製作してみます。ボタンがオレンジ色のときにLEDが点灯しています。ここではRedとBlueがオレンジの状態です。

●図4-4-4　テストするページ

先にテストファイルを格納するディレクトリを新規作製します。デスクトップでファイルマネージャを開き、「Test_webiopi」をホームディレクトリに追加します。以下で作成するHTMLファイルはこのディレクトリ(/home/pi/Test_webiopi)の中に保存します。

1 HTMLファイルの作成

作成するHTMLでは、まずHTMLが呼び出されたときにボタンを生成する必要があります。このためにはready関数を使います。ready関数の中でGPIOを直接制御するボタンを生成する関数である「createGPIOButton()」と、GPIOの入出力モードを設定する関数である「setFunction()」を使って作ります。

実際に作成したHTMLファイルの内容がリスト4-4-1となります。最初はページのタイトルで、続いてWebIOPiのJavaScriptを使う宣言をしてからスクリプトを記述します。

スクリプトでは、このHTMLファイルが呼び出されたときに実行する初期設定をHTMLのHead部に記述します。最初にWebIOPiのインスタンス「IOPI」を生成し、以降はこのIOPIを使います。続いてIOPI.ready関数のfunctionの中で3個のボタンを出力モードに設定し、さらに特定のGPIOピンに割り付け、表示名称を指定しています。このとき生成したボタンの関数に名称(GrnBtn、BleBtn、RedBtn)を付与しています。

次の$で始まる部分は、あとで作成する実際のボタンに上記で作成したボタンの関数を関連付けするJavaのjQuery[†]の関数で次のフォーマットとなります。

$(#ID).append(Func)　　IDで指定されたオブジェクトに関数Funcを関連づける

> **jQuery**
> John Resig氏によって開発されたJavaScript用のライブラリでより容易にコードを書けるようにしたもの。$はjQueryであることを表す。

ここまででスクリプトの記述は終了です。次は通常のHTMLの記述で、スタイルシートでボタンのサイズと表示位置、名称の文字サイズを指定しています。続いて実際に表示するページのフォーマットの記述で、表題の設定と3個のボタン表示を設定しています。

これだけの記述だけで実際にGPIOに出力を出し、フルカラーLEDをオンオフ制御できてしまいます。

リスト 4-4-1 テストのウェブページ（webiopi1.html）

```html
<html>
  <head>
    <meta http-equiv="Content-Type"content="text/html; charset=UTF-8">
    <title>WebIOPi Test No1</title>
    <!- WebIOPiのJavascriptの使用宣言 -->
    <script type="text/javascript" src="/webiopi.js"></script>
    <!- ボタンの生成、機能の設定と名称設定 -->
    <script type="text/javascript">
        IOPI = webiopi();
        IOPI.ready(function(){
            IOPI.setFunction(2, "OUT");
            IOPI.setFunction(3, "OUT");
            IOPI.setFunction(4, "OUT");
            var GrnBtn = IOPI.createGPIOButton(2, "Green");
            var BleBtn = IOPI.createGPIOButton(3, "Blue");
            var RedBtn = IOPI.createGPIOButton(4, "Red");
            $("#grnbtn").append(GrnBtn);
            $("#blebtn").append(BleBtn);
            $("#redbtn").append(RedBtn);
        });
    </script>
    <!- スタイルシート定義　ボタンの形状指定 -->
    <style type="text/css">
        button{
            font-size:2em;
            width:150px;
            height:70px;
            margin-left:10px;
            float:left;
        }
    </style>
  </head>
  <!- ページの生成 -->
  <body> <br>
    <p style="text-align:left;　margin-left:100px;">
    <font size=6>[WebIOPi Test No1]</font><br></p>
    <p style~"align:center">
    <div id="redbtn"></div>
    <div id="grnbtn"></div>
    <div id="blebtn"></div>
    </p>
  </body>
</html>
```

- WebIOPiのJavascriptの使用を宣言
- WebIOPiのインスタンス生成
- WebIOPiの初期設定
- 3個のボタンを出力モードに設定
- 3個のボタンの生成 名称とGPIOの指定 関数に名前付与
- 実際のボタンと関数の関連付け
- ボタンのサイズと文字サイズ指定
- 表題設定
- 3個のボタンの表示

4-4 WebIOPiアプリケーションの使い方

作成したHTMLファイルをTest_webiopiディレクトリに「webiopi1.html」という名称で保存します。これでHTMLファイル作成は完了です。

2 コンフィギュレーションファイルの変更

しかし、まだ作業が残っています。ウェブサーバとして呼び出されたとき、このHTMLファイルを返すようにする必要があります。これには、WebIOPiのコンフィギュレーションファイル†を一部変更する必要があります。

まず下記コマンドでコンフィギュレーションファイルをnanoエディタ†で開きます。

> **コンフィギュレーションファイル**
> プログラムの動作や構成を決めるファイル。

> **nanoエディタ**
> ラズパイに標準で搭載されているテキストエディタ。

```
sudo nano /etc/webiopi/config
```

これで開くファイルの[HTTP]という個所でリスト4-4-2のように3か所の追加修正をします。

①ウェブサーバのポート番号を8030に変更して標準の8000と重ならないようにする
②HTMLファイルのあるディレクトリ(/home/pi/Test_webiopi)を指定
③HTMLファイルのファイル名(webiopi1.html)を特定

これでラズパイがブラウザからポート番号8030で呼ばれたとき「/home/pi/Test_webiopi/webiopi1.html」のファイルが返されることになります。

追加修正が完了したら、「Ctrl + O」を押すと「File Name to write:/etc/webiopi/config」と確認されますので Enter で上書きし、「Ctrl + X」でnanoエディタを終了します。

リスト 4-4-2　WebIOPiのコンフィギュレーション修正

```
[HTTP]
# HTTP Server configuration
enabled = true
port = 8030        ← ①ページのポート番号を8030に変更する

# File containing sha256(base64("user:password"))
# Use webiopi-passwd command to generate it
passwd-file = /etc/webiopi/passwd

# Change login prompt message
prompt = "WebIOPi"

# Use doc-root to change default HTML and resource files location
#doc-root = /home/pi/webiopi/examples/scripts/macros
doc-root = /home/pi/Test_webiopi    ← ②HTMLファイルのあるディレクトリを指定する

# Use welcome-file to change the default "Welcome" file
#welcome-file = index.html
welcome-file = webiopi1.html        ← ③HTMLファイル名を指定する
```

次にWebIOPiを、コマンドを使って起動します。もし以前に起動している
WebIOPiがあったら停止させる必要があるので、念のため次のようにして起
動します。

 sudo /etc/init.d/webiopi stop
 sudo /etc/init.d/webiopi start

これでパソコンなどのブラウザから

 「http://IPアドレス:8030」

を呼び出せば、図4-4-4の画面が表示され、ボタンクリックで制御が実行でき
るはずです。正常に動作すればLEDが動作するとともに、ボタンの色がオレ
ンジか黒で変わるようになります。

4-4-7 マクロ関数呼び出し付きボタンの例題

次に、図4-4-3(b)のようにPythonのマクロ関数を呼び出す場合のHTMLファ
イルの作り方を説明します。WebIOPiのJavaScriptのライブラリのマクロ関数
呼び出し付きのボタン作成関数「createButton()」を使って記述します。

例えば例として、図4-4-5のようなウェブページを用意し、3個のいずれか
のボタンを押している間だけ対応するLEDを点灯させるような機能を持たせ
ることにします。

●図4-4-5　マクロ関数付きテストページ

この場合には、ウェブページの各ボタン上で、マウスの左ボタンをオンし
たときLEDを点灯させるマクロ関数を呼び出し、左ボタンをリリースしたと
きLEDを消灯させるマクロ関数を呼ぶようにします。

1 HTMLファイルの作成

実際に作成したHTMLファイルがリスト4-4-3となります。最初にWebIOPi
のJavaScriptライブラリを使う宣言をしてから、スクリプトを記述しています。

4-4 WebIOPiアプリケーションの使い方

初期設定のready関数の中でcreateButton関数を使って3色に対応したボタンを定義し、それぞれに対応するGPIOのID、表示する名称、オン時とリリース時に呼び出すマクロ関数名をそれぞれ定義しています。次にjQueryの$関数で実際のボタンに関数を関連付けしています。

次は生成するボタンのスタイルシートで、サイズと配置を決めています。最後が実際のページのフォーマットを決める部分で、表題のあとに3つのボタンを生成するようにしています。

リスト 4-4-3 マクロ関数付きテストページのHTML（webiopi2.html）

```html
<html>
<head>
    <meta http-equiv="Content-Type"content="text/html; charset=UTF-8">
    <title>WebIOPi Test No2</title>
    <!-- WebIOPiのJavascriptの使用宣言 -->
    <script type="text/javascript" src="/webiopi.js"></script>
    <!-- ボタンの生成、機能の設定と名称設定 -->
    <script type="text/javascript">
        IOPI = webiopi();
        IOPI.ready(function(){
            var GrnBtn = IOPI.createButton("Grn", "Green",
                function(){IOPI.callMacro("grnon");},
                function(){IOPI.callMacro("grnof");}
            );
            var BleBtn = IOPI.createButton("Blu", "Blue",
                function(){IOPI.callMacro("bluon");},
                function(){IOPI.callMacro("bluof");}
            );
            var RedBtn = IOPI.createButton("Red", "Red",
                function(){IOPI.callMacro("redon");},
                function(){IOPI.callMacro("redof");}
            );
            $("#grnbtn").append(GrnBtn);
            $("#blebtn").append(BleBtn);
            $("#redbtn").append(RedBtn);
        });
    </script>
    <!-- スタイルシート定義　ボタンの形状指定 -->
    <style type="text/css">
        button{
            font-size:2em;
            width:150px;
            height:70px;
            margin-left:10px;
            float:left;
        }
    </style>
</head>
<!-- ページの生成 -->
<body> <br>
    <p style="text-align:left;　margin-left:100px;">
    <font size=6>[WebIOPi Test No2]</font><br></p>
    <p style~"align:center">
```

注釈:
- WebIOPiのJavascriptの使用を宣言
- WebIOPiのインスタンス生成
- 初期設定関数
- 3個のボタンごとに名称とオンとオフごとに呼び出すマクロ関数の指定
- ボタンに関数を関連付け
- ボタンのサイズと文字サイズ指定
- 表題設定

```
        <div id="redbtn"></div>
        <div id="grnbtn"></div>
        <div id="blebtn"></div>
    </p>
</body>
</html>
```

「3個のボタンの表示」

この例題ではHTMLファイルだけでは動作しません。HTMLファイルが出来上がったら、次は呼び出し先のPythonのマクロ関数を作成します。

2 Pythonスクリプトの作成

HTMLファイルから呼び出されて実行するPythonのマクロ関数を含むPythonスクリプトの作り方です。まず、この場合のPythonスクリプトの基本構成はリスト4-4-4のようにします。最初に必要なライブラリをimportします。GPIOを直接制御する場合にはGPIOのインスタンスを生成しておく必要があります。次にグローバル変数が必要な場合には定義します。GPIOのポート番号などもここで定義します。

setup()関数はスクリプトが呼ばれたとき一度だけ実行される関数で、ここで初期化を行います。初期化ではGPIOの入出力モードの設定や変数の初期設定などを行います。

loop()関数はC言語のメインループと同じで、常時実行する処理を記述します。スイッチのイベントなどの監視をして何らかの処理をするような場合です。常時実行すべきことが無い場合には省略可能です。

destroy()関数は、スクリプトを終了させたとき、起動したすべてのオブジェクトを終了させるようにして、変なリソースが残らないようにします。

このあとにマクロ関数が必要な場合に、その記述を追加します。マクロ関数の定義には、「@webiopi.macro」という行を先頭に追加します。これでその直下で定義される関数がマクロ関数として定義されます。

リスト　4-4-4　Pythonスクリプトの基本の形

```
import webiopi           # WebIOPiライブラリの読み込み
webiopi.setDebug()       # コンソールにデバッグ文出力許可
GPIO = webiopi.GPIO # GPIOを制御する場合のインスタンス生成
（グローバル変数、定数定義）

def setup():             # 初期化処理
    （初期設定関連）

def loop():              # メインループと同じ
    （常時繰り返し処理）

def destroy():           # 終了時にすべて終了させる
    （終了処理）
# 以下はマクロ関数が必要な場合に追加する
@webiopi.macro           # マクロ関数はいくつでも定義可能
```

```
def FuncName1(para1):
    (マクロ処理)
@webiopi.macro
def FuncName2(para2):
    (マクロ処理)
```

　今回の例題をリスト4-4-4の構造に従って作成したPythonスクリプトがリスト4-4-5となります。最初にGPIOの番号を名称で定義しています。次に初期化関数ではGPIOを出力モードにしています。あとは色ごとのオンとオフのマクロ関数で、それぞれGPIOをHighかLowにしているだけです。この関数名はHTMLで呼び出すように設定した名称と同じになっていることが必要です。

　loop部はここでは必要ないので省略しています。最後に終了時のdestroy処理で、ここではすべてLowにしてLEDを消灯しています。

リスト　4-4-5　Pythonスクリプトの実際の例（webiopi2.py）

```
import webiopi
webiopi.setDebug()
GPIO = webiopi.GPIO           ← WebIOPiのインスタンス生成
#GPIOの割付
Green = 2
Blue = 3                      ← GPIOピンの定義
Red = 4
#初期化関数    GPIOを出力モードに設定
def setup():                  ← 初期設定
        GPIO.setFunction(Green, GPIO.OUT)
        GPIO.setFunction(Blue, GPIO.OUT)    ← 出力モードに設定
        GPIO.setFunction(Red, GPIO.OUT)
#マクロ関数    GPIOをOnまたはOff
@webiopi.macro
def grnon():
        GPIO.digitalWrite(Green, GPIO.HIGH)
@webiopi.macro                ← 緑用マクロ関数
def grnof():
        GPIO.digitalWrite(Green, GPIO.LOW)
@webiopi.macro
def bluon():
        GPIO.digitalWrite(Blue, GPIO.HIGH)
@webiopi.macro                ← 青用マクロ関数
def bluof():
        GPIO.digitalWrite(Blue, GPIO.LOW)
@webiopi.macro
def redon():
        GPIO.digitalWrite(Red, GPIO.HIGH)
@webiopi.macro                ← 赤用マクロ関数
def redof():
        GPIO.digitalWrite(Red, GPIO.LOW)
#終了関数    すべてOff
def destroy():
        GPIO.digitalWrite(Green, GPIO.LOW)
        GPIO.digitalWrite(Blue, GPIO.LOW)   ← リセット
        GPIO.digitalWrite(Red, GPIO.LOW)
```

3 コンフィギュレーションファイルの変更

ここでも作成したHTMLファイルとPythonスクリプトの2つを使ったウェブサーバとするための設定が必要になります。HTMLファイルもPythonスクリプトファイルも、/home/pi/Test_webiopiのディレクトリに保存されているものとします。

WebIOPiのコンフィギュレーションを修正します。まずコマンドでコンフィギュレーションファイルをnanoエディタで開きます。

```
sudo nano /etc/webiopi/config
```

次にリスト4-4-6のように追加修正を行います。

①Pythonスクリプト（webiopi2.py）を記述例に従ってフルパスで指定
②ポート番号を8030に（別のポート番号でも可）
③HTMLファイルのあるディレクトリ（/home/pi/Test_webiopi）の指定
④ウェブサーバが呼ばれたとき返すHTMLファイル（webiopi2.html）を指定

リスト 4-4-6　WebIOPiのコンフィギュレーションの修正

```
[SCRIPTS]
# Load custom scripts syntax :
# name = sourcefile
#   each sourcefile may have setup, loop and destroy functions and macros
#myscript = /home/pi/webiopi/examples/scripts/macros/script.py
myscript = /home/pi/Test_webiopi/webiopi2.py
#-----------------------------------------------------------------------#
[HTTP]
# HTTP Server configuration
enabled = true
port = 8030
# File containing sha256(base64("user:password"))
# Use webiopi-passwd command to generate it
passwd-file = /etc/webiopi/passwd
# Change login prompt message
prompt = "WebIOPi"
# Use doc-root to change default HTML and resource files location
#doc-root = /home/pi/webiopi/examples/scripts/macros
doc-root = /home/pi/Test_webiopiwork
# Use welcome-file to change the default "Welcome" file
#welcome-file = index.html
welcome-file = webiopi2.html
```

①スクリプトをフルパスで指定する
②ポート番号は同じとする
③HTMLファイルのあるディレクトリを指定する
④HTMLファイル名を指定する

追加修正が終わったら、「Ctrl + O」で上書き保存し、「Ctrl + X」エディタをで終了します。

いよいよWebIOPiを起動します。

```
sudo /etc/init.d/webiopi stop
sudo /etc/init.d/webiopi start
```

4-4　WebIOPiアプリケーションの使い方

これでWebIOPiが正常に開始したら、パソコンやスマホで「http://IPアドレス:8030」を開きます。正常に開けば認証を求められるので、ユーザ名に「webiopi」、パスワードに「raspberry」を入力すれば、図4-4-5の画面が開くはずです。今度は図4-4-4とは異なり、ボタンを押している間だけLEDは点灯し離すと消えますが、ボタンの色はオレンジにはならずグレーのままです。

4-4-8　スライダを使った例題

次の例題ではスライダを使い、LEDの明るさを調整できるようにしてみます。実際のブラウザの画面構成を図4-4-6のようにするものとします。この図はブラウザにIEを使った場合で、Chromeではちょっと表示と動作が異なります。

●図4-4-6　スライダのテストページ

1 HTMLファイルの作成

スライダを表示させるHTMLファイルがリスト4-4-7となります。初期設定のready関数の中でcreateRatioSlider関数を使って3色に対応したスライダを定義し、それぞれに対応するGPIOを指定しています。次にjQueryの$関数で、実際のスライダに関数を関連付けしています。

次は生成するスライダのスタイルシートで、サイズと配置を決めています。最後が実際のページのフォーマットを決める部分で、表題のあとに3つのスライダをラベル付きで生成するようにしています。

リスト **4-4-7** スライダを表示するHTMLファイル（webiopi3.html）

```html
<hrml>
<head>
    <meta http-equiv="Content-Type"content="text/html; charset=UTF-8">
    <title>WebIOPi Test No3</title>
    <!-- WebIOPiのJavascriptの使用宣言 -->
    <script type="text/javascript" src="/webiopi.js"></script>
    <!-- スライダーの生成、機能の設定と名称設定 -->
    <script type="text/javascript">
        IOPI = webiopi();
        IOPI.ready(function(){
            var GrnSlider = IOPI.createRatioSlider(2);
            var BleSlider = IOPI.createRatioSlider(3);
            var RedSlider  = IOPI.createRatioSlider(4);
            $("#green").append(GrnSlider);
            $("#blue").append(BleSlider);
            $("#red").append(RedSlider);
        });
    </script>
    <!-- スタイルシート定義　スライダの形状指定 -->
    <style type="text/css">
        input[type="range"]{
            display:block;
            width:400px;
            height:60px;
        }
    </style>
</head>
<!-- ページの生成 -->
<body> <br>
    <p style="text-align:left;  margin-left:80px;">
    <font size=5>[WebIOPi Test No3]<br>
    <div id="red"><label>Red</label></div>
    <div id="green"><label>Green</label></div>
    <div id="blue"><label>Blue</label></div>
    </font></p>
</body>
</html>
```

注釈（左側）：
- WebIOPiのJavascriptの使用を宣言
- WebIOPiのインスタンス生成
- 初期設定関数
- 3個のスライダを生成し名前を付与
- 実際のスライダに関数を関連づけ
- スライダの形状の指定
- 実際の表題とスライダの表示

2 Pythonスクリプトの作成

　HTMLの製作が終わったら次はPythonスクリプトです。作成したスクリプトがリスト4-4-8となります。簡単な構成で、3つのGPIOピンをPWMモードに設定しているだけです。

リスト **4-4-8** スライダのPythonスクリプト（webiopi3.py）

```python
import webiopi
GPIO = webiopi.GPIO
GREEN = 2
BLUE = 3
RED = 4
def setup():
    GPIO.setFunction(RED, GPIO.PWM)
```

注釈（左側）：
- WebIOPiのインスタンス生成
- GPIOのピン指定

4-4 WebIOPiアプリケーションの使い方

```
                GPIO.setFunction(GREEN, GPIO.PWM)
                GPIO.setFunction(BLUE, GPIO.PWM)
            def destroy():
                GPIO.pwmWrite(GREEN, 0)
                GPIO.pwmWrite(BLUE, 0)
                GPIO.pwmWrite(RED, 0)
```

- 初期設定でPWMモード指定
- 終了時デューティリセット

❸ コンフィギュレーションファイルの変更

ここでも作成したHTMLファイルとPythonスクリプトの2つを使ったウェブサーバとするための設定が必要になります。HTMLファイルもPythonスクリプトファイルも、/home/pi/Test_webiopiのディレクトリに保存されているものとします。

WebIOPiのコンフィギュレーションを修正します。まずコマンドでコンフィギュレーションファイルをnanoエディタで開きます。

```
sudo nano /etc/webiopi/config
```

ここで次のように変更します。

①Pythonスクリプト（webiopi3.py）をフルパスで指定
②ポート番号は8030（別のポート番号も可）
③HTMLファイルのあるディレクトリ（/home/pi/Test_webiopi）の指定
④ウェブサーバが呼ばれたとき返すHTMLファイル（webiopi3.html）を指定

追加修正が終わったら、「Ctrl + O」で上書き保存し、「Ctrl + X」でnanoエディタを終了します。

ここでWebIOPiを起動します。

```
sudo /etc/init.d/webiopi stop
sudo /etc/init.d/webiopi start
```

これでWebIOPiが正常に開始したら、パソコンやスマホで「http://IPアドレス:8030」を開きます。正常に開けば認証を求められるので、ユーザ名に「webiopi」、パスワードに「raspberry」を入力すれば、図4-4-6の画面が開くはずです。

ブラウザがIEの場合は、スライダを動かせば追従して明るさが変化しますが、Chromeの場合は、スライダを移動して離した時点で明るさが変化します。

以上がWebIOPiを使った実際の例題です。

4-5 ラズパイのシリアル通信の使い方

EUSART
Enhanced Universal Synchronous Asynchronous Receiver Transmitterの略で、シリアル通信をサポートするPICマイコンの周辺モジュールの1つ。

これまではラズパイのGPIOを単純にHigh/Lowだけのデジタルインターフェースとして使ってきましたが、ここで、GPIOをシリアル通信で使います。PICマイコン側はEUSART†モジュールを使います。

4-5-1 ラズパイのシリアル通信を有効化する

ラズパイはもともとコンソール用にシリアル通信を使っています。ここでこれをGPIOでシリアル通信ができるように変更設定します。この設定にはRaspberry Pi3Bにだけ必要となる設定もあるので、注意が必要です。次の手順で有効化します。

1 ラズパイのシリアル通信を有効に設定する

デスクトップのメインメニューから、[設定]→[Raspberry Piの設定]として図4-5-1のように[インターフェース]タブを選択してから[シリアル]の有効を選択して[OK]とします。すると再起動を要求されるので[はい]として再起動します。

●図4-5-1 Raspberry Piの設定でシリアルを有効化

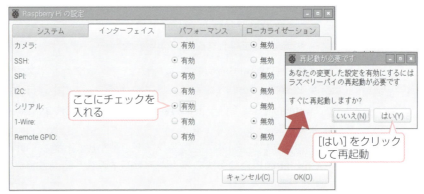

2 ファイルの修正　シリアルコンソールの無効化作業

再起動したら起動ファイルの修正をします。これは、ラズパイのデフォルトではシリアルポートがコンソール用になっているため、これを変更しないと外部機器とのシリアル接続ができません。Raspberry Pi3はさらにこのシリアルポートをBluetoothに使っているのでBluetoothを無効にしないと使えません。これらを起動ファイルの修正をして無効化します。

❶cmdline.txtの変更

次のコマンドで「cmdline.txt」を読み出してnanoエディタで内容を変更します。

```
sudo nano /boot/cmdline.txt
```

下記の行を修正します。実際には長い1行の文となっています。

```
dwc_otg.lpm_enable=0 console=serial0,115200 console=tty1
    root=/dev/mmcblk0p7 rootfstype=ext4 elevator=deadline rootwait
```

シリアルポートの"serial0"を含む記述部、ここでは「console=serial0,115200」の部分を削除します。修正後は下記のようになります。

```
dwc_otg.lpm_enable=0 console=tty1 root=/dev/
    mmcblk0p7 rootfstype=ext4 elevator=deadline rootwait
```

修正したら「Ctrl + O」を押すと「File Name to write:/boot/cmdline.txt」と確認されますのでEnterで上書きし、「Ctrl + X」でエディタを終了します。

❷Bluetoothの無効化のためコンフィギュレーションファイルに追記

Raspberry Pi3ではBluetoothの無効化と、CPUクロック周波数の自動変更を禁止するようにコンフィギュレーションファイルを修正します。ここでCPUクロックの自動変更を禁止するのは、負荷によりCPUクロック周波数が変わるとシリアル通信のボーレートが変わってしまうためです。次のコマンドでファイルを読み出します。

```
sudo nano /boot/config.txt
```

このファイルの最後に図4-5-2のように下記2行を追加し、上書き保存します。

```
core_freq=250
dtoverlay=pi3-miniuart-bt
```

●図4-5-2　コンフィギュレーションファイルに追加

この2行を追加する
最後の行は自動追加されたもの

❸再起動

　これで再起動すればGPIOをシリアルインターフェースとして使えるようになります。GPIO14がRXで受信ピン、GPIO15がTXで送信ピンとなります。フロー制御†はありません。

> フロー制御
> データ通信の信頼性を確保するためのしくみ。

❸ 汎用テストボードと接続する

　シリアル通信を確認するため汎用テストボードを使います。汎用テストボードでは次のようなシリアル通信機能を組み込んでいるので、これでテストします。

- ラズパイから受信したデータを液晶表示器の2行目に表示する
- スイッチS2を押している間1秒間隔で可変抵抗のA/D変換結果を送信する

　このテストのため、ラズパイ側にプログラムを作成する必要があります。

4-5-2　PySerialモジュールの使い方

　ラズパイでシリアル通信をプログラムで使うにはいくつかの方法がありますが、本書ではPythonスクリプトで作成することにします。Pythonでシリアル通信を扱うときには、「PySerial」というモジュールが用意されているので、これを使って作成します。

　ラズパイのRasbianにはあらかじめPySerialも含まれているので、インポートするだけで使えます。

　PySerialで用意されている主な関数には表4-5-1のようなものがあります。

基本的な使い方は、シリアルポートを設定し、あとはwriteかreadで送受信を行うだけなので簡単です。

▼表4-5-1　PySerialの主な関数

関数名	機能と書式
Serial	指定ポートを指定動作モードに設定してインスタンスを生成する 【書式】con = serial.Serial (port, baud, [timeout]) 　　　　port：ポートの指定　通常は'/dev/ttyAMA0' 　　　　baud：通信速度　デフォルトは115200 　　　　timeout：待ち時間 秒で指定 (float) 　　　　　　　　0でノンブロッキング、受信データが無いとNULLを返す 【例】　import serial 　　　　con = serial.Serial('/dev/ttyAMA0', 9600, timeout = 0.1)
write	文字か文字列の送信 【書式】con.write(str) 　　　　str：送信データ文字列または1バイトデータ 【例】　con.write(0x40) 　　　　con.write("Hello!")
read	指定文字数の受信 【書式】c = con.read(size) 　　　　size：受信するバイト数　省略時は1バイト 　　　　timeout時間内に受信できた分だけ返す
readline	改行(¥n)まで連続受信 【書式】line = con.readline()
close	オブジェクトのクローズ 【書式】con.close()

　Pythonでシリアル通信をテストするプログラムがリスト4-5-1となります。

　最初にPythonお決まりの日本語フォント指定をしてから、必要なモジュールをインポートしています。ここではserialモジュールと時間とスリープのモジュールをインポートしています。

　mainの最初でシリアルポートの初期設定とインスタンスの生成をしています。デバイス指定と速度を115200bpsとし、timeoutを0にしてノンブロッキング動作[†]としています。

　次がメインループで、送受信を0.5秒間隔で実行します。まず送信テストで現在時刻の時分秒を送信しています。PICマイコン側ではこれを受信すると2行目に表示します。

　次が受信テストで、PICマイコン側でS2スイッチをオンにしている間1秒間隔で可変抵抗のA/D変換値を送信するので、、これを1行分受信してターミナルに出力します。ノンブロッキングで使っているので、readline関数では受信データが無いときもあります。これを区別して、受信データがあるときだけターミナルに出力しています。

ノンブロッキング動作
終了を待たない動作とすること。

リスト 4-5-1　Pythonのシリアル通信のテストプログラム

```python
#! /usr/bin/env python
# coding:utf-8
import serial
import datetime
from time import sleep
#************** メイン関数 **********
def main():
    #*** 初期設定とインスタンス生成
    con=serial.Serial('/dev/ttyAMA0', 115200, timeout=0)
    print con.portstr
    #********* メインループ *********************
    while True:
        #*** 送信のテスト
        dt=datetime.datetime.now()
        con.write(dt.strftime("%H,%M,%S¥n"))
        #**** 受信のテスト
        str = con.readline();
        if str != "":
            print str
        sleep(0.5)
#******************
if __name__ == '__main__':
    main()
```

- 日本語の扱い
- 必要なモジュールのインポート
- シリアルポートの初期設定
- 時刻データを送信
- 1行受信で受信したら表示出力
- 0.5秒間隔で実行
- ターミナルから起動の場合に実行

　以上がPySerialモジュールを使ってGPIOをシリアル通信で使う方法の説明です。

4-5-3　USBでシリアル通信をする方法

　ここまではPySerialモジュールを使ってGPIOをシリアルピンとして使いましたが、Raspberry Pi3Bには4個のUSBソケットが実装されています。これをシリアル通信用に使う方法があります。これを実現するには次のようにします。

❶ Raspberry Pi側の設定作業

　Raspberry pi3B側の設定は簡単です。リスト4-5-1のテストプログラムの次の行を変更するだけで、USBによるシリアル通信が可能になります。

```
con=serial.Serial('/dev/ttyAMA0', 115200, timeout=0)
```

この行を下記のように変更する

```
con=serial.Serial('/dev/ttyUSB0', 115200, timeout=0)
```

どのUSBコネクタに接続しても問題なく通信が可能になります。

4-5 ラズパイのシリアル通信の使い方

2 PICマイコンとの接続

PCマイコンとの接続には、写真4-5-1のようなUSBシリアル変換ケーブルを使います。このケーブルはUSBコネクタの中にUSBインターフェース用のICが組み込まれていて、ケーブルの反対側はTTLインターフェースとなっているので、PICマイコンのピンと直接接続ができます。

●写真4-5-1　USBシリアル変換ケーブル

実際の接続は図4-5-3のようにすれば、シリアル通信用の信号だけでなく、5Vの電源も供給されます。このためGPIO接続の場合と同じように、Raspberry Pi3Bから電源を供給してもらうこともできます。

CTSピンとRTSピンはハードウェアフロー制御用の信号ですが、フロー制御なしとして使いますから、直接接続して折り返しとしてもよいですし、何も接続しないままでも特に問題はありません。

●図4-5-3　USBケーブルとPICとの接続方法

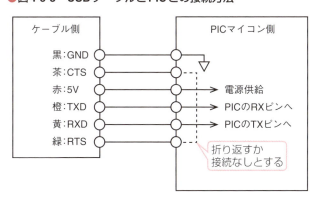

■ コラム

USBメモリの使い方

　ラズパイのUSBコネクタにUSBメモリを挿入してファイルを保存、読み出しする方法を説明します。

　USBメモリを使うと、特に何もせずにWindowsパソコンとファイルを共有できるので、ラズパイに保存したファイルをWindowsパソコンにコピーすることができるようになります。もちろん逆もできます。これでWindowsパソコンとラズパイの間でファイルを自由にやり取りできるようになります。

　USBメモリを使う方法は、単にラズパイのUSBソケットにUSBメモリを挿入するだけです。
　USBソケットにWindowsでフォーマットしたUSBメモリを挿入すれば図4-C-1右下のようなダイアログで起動アプリの選択を促されますから、ファイルマネージャ（ラズパイの標準アプリとして用意されている）を指定してOKとします。

●図4-C-1　USBメモリを挿入したときの操作

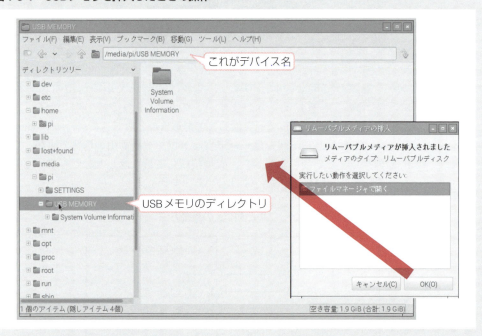

　ファイルのコピー、移動、削除はWindowsのエクスプローラと同様にマウス操作だけで可能です。

ラズパイからUSBメモリを引き抜くときは、その前にリムーブ操作（外部メモリを抜く前にする操作）をする必要があります。これを忘れると、次に挿入したとき認識してくれなくなってしまうので注意が必要です。

　リムーブ操作は図4-C-2のようにします。デスクトップの右上端のリムーブアイコンをクリックすると、現在挿入されているデバイスが表示されますから、引き抜くデバイスをクリックします。そうすると認証を求められますから、ログイン時のパスワードを入力します。これで安全にUSBメモリを引き抜くことができます。

●図4-C-2　USBメモリを抜くときの操作

第5章
おしゃべり時計の製作

　本章では、ラズパイとPICマイコンをGPIOで接続して、しゃべる壁掛け時計を作ります。ラズパイのテキスト読み上げアプリケーションを利用した製作例です。
　PICマイコンの制御ボードでは、1秒ごとにラズパイからシリアル通信で送られてくる現在時刻を受信し、4桁の7セグメントLED（数字を7個の部分に分けて表示する、各部分は1個のLEDとして光るようになっている）に表示します。さらにPICマイコンにドップラセンサ（ミリ波を使ったドップラ効果で物体の動きを検出するセンサ）の情報を入力し、人が近づいて来たことを検知したら、ラズパイにそれをGPIO経由で通知します。ラズパイはその通知で音声により現在時刻と天気予報を出力します。

5-1 おしゃべり時計の概要

　本章では、ラズパイとPICマイコンをGPIOのシリアル通信で接続して、しゃべる壁掛け時計を作ります。PICマイコンでは常時現在時刻をLED表示するとともに、人が近づいて来たことをドップラセンサで検知してラズパイに通知します。これによりラズパイをテキスト読み上げ用の高機能部品として使って「こんにちは」などの挨拶と現在時刻、さらにグレードアップで天気予報も音声でしゃべってくれる時計を製作します。

　完成したおしゃべり時計の外観は写真5-1-1のようになります。

●写真5-1-1　完成したおしゃべり時計の外観

5-1-1 全体構成

ドップラセンサ
ミリ波を使ったドップラ効果で物体の動きを検出するセンサ。

7セグメントLED
数字を7個の部分に分けて表示する、各部分は1個のLEDとして光るようになっている。

製作するおしゃべり時計システムの全体構成は図5-1-1のようになります。

ドップラセンサ†や4桁の7セグメントLED†などを実装しPICマイコンで制御する「時計制御ボード」に、スピーカアンプを一緒に実装して製作します。これにラズパイをGPIOで接続し、ラズパイを正確な時刻を取得し、しゃべらせるための部品として使うことにします。

PICマイコンで制御する時計制御ボードでは、1秒ごとにラズパイから送られてくる現在時刻をシリアル通信で受信し、7セグメントLEDに表示します。さらにPICマイコンにドップラセンサの情報を入力し、人が近づいて来たことを検知したらラズパイにそれをGPIO経由で通知します。ラズパイはその通知により音声で現在時刻を出力します。この音声出力を時計制御ボードのパワーアンプで増幅して、スピーカから音として出力します。

ラズパイ側はPythonスクリプトでプログラムを作成し、GPIOの入力とテキスト読み上げの制御をします。さらにグレードアップで天気予報をネットから取得して音声で出力します。

●図5-1-1　おしゃべり時計の全体構成

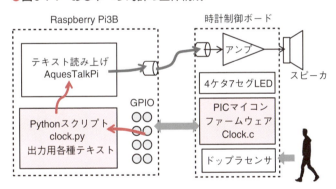

テキストを読み上げてくれるアプリケーションとして、(株)アクエストから提供されている「AquesTalk」を使います。本来は有料のアプリケーションなのですが、ラズパイ用に特別に「AquesTalk Pi」というバージョンを提供していて、個人で非営利使用の範囲であれば無料で使うことを許可してくれているので、これを使ってみます。

(株)アクエストではこのソフトウェアだけでなく、テキスト読み上げ機能をICに組み込んだ「音声合成LSI　ATP30xxシリーズ」も提供しています。これらは、秋葉原のお店で入手可能で、こちらはICの価格にライセンス料も含まれていますから自由に使うことができます。

5-1-2 インターフェース

ラズパイとPICマイコンで製作した時計制御ボードとの接続は、ラズパイのGPIOをシリアル通信とデジタルHigh/Lowで使ってPICマイコンと接続しています。GPIOのピンごとに表5-1-1のような機能を持たせることにしました。

プログラム作成の前に、GPIOのシリアルインターフェースを有効化するため、あらかじめ第4-5節で説明した手順を実行しておく必要があります。つまり/boot/cmdline.txtファイルの一部修正と、/boot/config.txtファイルへの追記です。

特別な機能として、GPIO4ピンをラズパイのシャットダウントリガとして使うことにしました。ラズパイはキーボードもマウスも接続せずに使うため、シャットダウンができなくなってしまいますから、時計制御ボードのスイッチS1とS2を同時に押したらラズパイのシャットダウンができるようにしました。

▼表5-1-1　ラズパイとPICマイコンの接続

PICポート	向き	ラズパイGPIO	機能
RC7/RX	←	GPIO14/TX	時刻情報
RC6/TX	→	GPIO15/RX	未使用
RC3	→	GPIO2	人が接近
RC2	---	GPIO3	未使用
RC1	→	GPIO4	シャットダウン

さらにシリアル通信でラズパイから送信するデータのフォーマットは、表5-1-2のようにするものとします。

▼表5-1-2　シリアル通信データフォーマット

向き	機能とフォーマット
ラズパイ→PIC	時刻データ（ASCII文字データ） hh,mm,ss¥n　（hh=時　mm=分　ss=秒）

5-2 ラズパイのプログラム製作

まず、ラズパイ側のテキスト読み上げアプリを動かしたり、毎秒時刻を送信したりするためにPythonスクリプトを作成します。

5-2-1 全体構成

1 プログラムの全体構成

ラズパイ側のプログラム全体構成は図5-2-1のようにしました。全体を次のプログラムで構成しています。

①起動用シェルスクリプト（start_clock.sh）
②全体制御をするPythonスクリプト（clock.py）
　この中で使う主なモジュール：PySerial、RPi.GPIO
③各種音声出力用テキストファイル
　あらかじめ用意しているものと自動生成するものがある
④テキスト読み上げアプリケーション（AquesTalk Pi）

2 プログラムの流れ

プログラムは大きく次のような流れで動かします。

①シェルスクリプトで起動時にPythonスクリプト（clock.py）を自動起動させる
②1秒ごとにPySerialモジュールを使って時刻データをシリアル通信で時計制御ボードに送信する
③時計制御ボードからのGPIO2のトリガにより、挨拶と自動生成した現在時刻のテキストファイルを使って音声出力をする
④天気予報をインターネットから取得し、テキストファイルを生成して音声で出力する（別途グレードアップで追加する）
⑤時計制御ボードからのGPIO4のトリガでシャットダウンを実行する

以下でそれぞれの動作を詳しく説明します。

●図5-2-1　ラズパイのプログラム構成

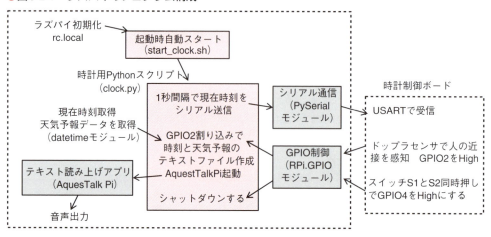

5-2-2　テキスト読み上げアプリ「AquesTalkPi」の使い方

　テキストを読み上げてくれるアプリケーションとして、（株）アクエストから提供されている「AquesTalk」を使うので、これを入手してインストールします。
　アプリケーションのダウンロードサイトは次のサイトで、ここから自由にダウンロードできます。

　　「AquesTalk Pi」（http://www.a-quest.com/products/aquestalkpi.html）

　また詳しい使い方について、同社の次のブログサイトで説明しています。

　　「N.Yamazaki's blog」　http://blog-yama.a-quest.com/?eid=970157

１ インストールと設定

　実際の使い方です。まず、ラズパイにAqeusTalkPiをインストールしてテキスト読み上げ機能を追加します。ここでは通常の手順でRasbianをインストールしただけのラズパイに、音声読み上げアプリをダウンロードしてインストールします。ダウンロードはターミナルから次のwgetコマンドでできます。1行で入力します。

```
sudo wget http://www.a-quest.com/download/package/
    aquestalkpi-20130827.tgz
```

　ダウンロードしたアプリを次のコマンドで解凍すればインストールは完了です。

```
tar  xzvf aquestalkpi-20130827.tgz
```

解凍が完了したら、次のコマンドを実行してラズパイの音声出力をイヤホンジャックにするように設定します。これをしないとジャックからは音が出ません。

```
amixer cset numid=3 1
```

ジャックではなくHDMIコネクタに出したい場合には次のコマンドとします。

```
amixer cset numid=3 2
```

2 読み上げの方法

次に、実際にテキストを音声読み上げで出力するには、次の例のようにaquestalkpiのディレクトリに移動してから出力コマンドを実行します。ここで実際に音になるのは、ダブルクウォート間のテキストです。また「|」記号は、「パイプ[†]」という機能を果たすもので、出力先をaplay[†]にするという意味になります。

> **パイプ**
> パイプラインともいう。コマンドの結果を次のコマンドの入力にして複数のコマンドを連結すること。
>
> **aplay**
> aplayはLinuxの定番のオーディオ入出力用ライブラリである「ALSA」を使うためのコマンドの1つ。

```
cd aquestalkpi
./AquesTalkPi   "漢字も読めます。"|aplay
```

実に簡単にテキストを音声に変換して出力してくれます。しかも長い文章でも1行であれば問題なく読み上げてくれますから、いろいろな会話レベルのこともできそうです。

3 コマンドのフォーマット

このテキスト読み上げコマンドの基本のフォーマットは次のようになっています。

【書式】`./AquesTalkPi ［オプション］文字列 ［ ＞ 出力ファイル］`

基本フォーマットでの出力先はファイルなのですが、出力ファイルの部分をパイプに置き換えてaplayにリダイレクト[†]すると、直接音声出力となります。

ファイルに出力した場合には、WAV形式の音声ファイルとして出力されますから、あとからメディアプレーヤ[†]などで再生することもできます。

コマンド内のオプションには次のような種類があります。

> **リダイレクト**
> シェルが扱う入出力先を変更すること。
>
> **メディアプレーヤ**
> 動画や音声のファイルを再生するためのアプリケーション。

【オプション】 ① `[-f filename|string]`：出力内容の指定

`string`：発声する文字列（UTF-8）。かな漢字も使える

`-f filename`：文字列をファイルで指定する。文字列は改行までなので、文章は1行とする必要がある

　　　　　【例】./AquesTalkPi -f test.txt | aplay
　　　　　　　（test.txtはaquestalkpiであらかじめ用意されているファイル）
　　② **[-o out.wav]**：WAVファイルとして出力する。ファイル名指定なし
　　　　　　　の場合は標準出力に出力
　　③ **[-t]**：WAVファイルではなく音声記号列[†]を出力とする場合
　　④ **[-k]**：発生する文字列を音声記号列とする場合
　　⑤ **[-v f1|f2]**：声種を指定する。f1が女声1　f2が女声2
　　⑥ **[-b]**：棒読み指定。すべて平板アクセントとなる
　　⑦ **[-g volume]**：音量設定。0～100。デフォルトは100で、100が最大
　　⑧ **[-s speed]**：発話速度指定。50～300。デフォルトは100で、大き
　　　　　　　い値ほど高速
　　⑨ **[-h]**：ヘルプメッセージ表示

> 音声記号列
> 生成する音声を、ひらがなにアクセント＋区切り記号を加えて表記したもの。

5-2-3　おしゃべり時計のPythonスクリプト製作

■1 GPIOの変化をトリガにしてアプリを起動するには

　実際のおしゃべり時計のPythonスクリプトを考えてみます。PICマイコンの時計制御ボードからの入力はGPIOの入力になるので、このGPIOの変化をイベントとしてAquesTalkPiの音声出力をするようにします。

　GPIOの変化をイベントとしてとらえるためには、第4-2節で説明したPythonの「RPi.GPIO」というライブラリを使います。このライブラリを使うと、Pythonスクリプトから直接GPIOピンの入出力ができます。このライブラリはPythonに標準で含まれているので、importするだけで使えるようになります。特にGPIOピンの変化を割り込みでチェックすることができるので、変化を見逃さずにすぐ応答でき、便利に使えます。

　次にGPIOなどの変化をトリガとして、テキストを読み上げるような他のアプリケーションを起動する場合の記述の仕方をPythonでどうするかを考えます。トリガでテキストを読み上げようという場合には、AquesTalkPiのコマンドだけではできません。

　ここでは第5章のコラムで説明しているように、PythonのsubprocessモジュールでシェルコマンドをPythonで実行するという方法があるので、これを使います。

　このsubprocessで「**shell=True**」オプションを追加してシェル経由で実行すればパイプライン[†]も正常に実行されるため、AquesTalkPiの場合のようなパイプが必要なコマンドも正常に実行されます。これで、AquesTalk PiをPythonスクリプトで呼び出すための記述は次のコマンドのようになります。ただし、この例題ではPythonスクリプトもテキストファイルもAquesTalk Piと同じディレクトリにあるものとしています。subprocはsubprocessのイン

> パイプライン
> コマンドの入出力を別のコマンドに渡して連結動作をさせること。

スタンス名です。

```
subproc.call ("./AquesTalkPi -f test.txt|aplay", shell=True)
```

これでGPIOの変化などのイベントで自由に音声出力をさせることができますから、この記述方法を使っておしゃべり時計を作ることにします。

2 pythonスクリプト

実際に作成したおしゃべり時計のPythonスクリプトがリスト5-2-1となります。

最初の部分で必要なライブラリをインクルードしています。ここでは、GPIOが扱えるように「RPi.GPIO」を使います。さらにPythonスクリプトからAquesTalkPiを呼び出すために「subprocess」をprocというインスタンス名で使います。さらに「datetime」で時刻が扱えるようにします。

次が割り込み処理関数でGPIO2用の割り込み処理関数です。GPIO2の割り込みがドップラセンサの近接情報ですから、これが音声出力のトリガとなります。まず、この時点での時刻情報を取り出し、時刻読み上げ用の文章をテキストファイルとして生成します。次に時刻の範囲によってあいさつ文を変えるため、時刻範囲で挨拶文を切り替えてから音声出力します。このあとに現在時刻を生成したファイルを使って音声出力しています。

次はGPIO4のトリガで起動されるシャットダウン処理関数で、こちらもPythonスクリプトからsubprocessを使ってシェルコマンドを実行する形でシャットダウンコマンドを実行しています。

次はGPIOの初期設定で、ここではGPIO2とGPIO4を入力ピンとして設定し、GPIO2とGPIO4の立ち上がりのイベントで割り込み処理関数を呼び出すように設定しています。さらにシリアル通信をするためPiSerialのインスタンスconを生成しています。

次がwhileによる永久ループで、1秒間隔で現在時刻をシリアル通信で出力しています。

最後は強制終了させた場合の例外処理ですが、ラズパイにキーボードが接続されている場合だけ有効になる処理となります。

リスト 5-2-1 おしゃべり時計のPythonスクリプト（clock.py）

```
#!/usr/bin/python
#-*- coding:utf-8 -*-
import RPi.GPIO as GPIO
from time import sleep
import subprocess as proc
import datetime
import locale
import serial
#** 割り込み処理関数 ******
def isr(channel):
```

ライブラリのインクルード

GPIO2の割り込み処理関数

```python
        if channel==2:
            #*** 時刻の取得と読み上げファイル生成
            dt=datetime.datetime.now()
            f=open("../Clock/timemsg.txt","w")
            msg=dt.strftime("ただいまの時刻は、%H時%M分です。\r\n")
            f.write(msg)
            f.close()
            #*** 挨拶文の選択と読み上げ
            if dt.hour >= 5 and dt.hour < 12:    #午前中
                proc.call("../aquestalkpi/AquesTalkPi -g 100 -f ../Clock/morning.txt|
                    aplay", shell=True)
            elif dt.hour >= 12 and dt.hour < 18:  #午後
                proc.call("../aquestalkpi/AquesTalkPi -g 100 -f ../Clock/evening.txt|
                    aplay", shell=True)
            elif dt.hour >= 18 and dt.hour < 22:  #夕方
                proc.call("../aquestalkpi/AquesTalkPi -g 80 -f ../Clock/night.txt|aplay",
                    shell=True)
            else:                          #夜中
                proc.call("../aquestalkpi/AquesTalkPi -g 50 -f ../Clock/sleep.txt|aplay",
                    shell=True)
            #*** 時刻の読み上げ
            proc.call("../aquestalkpi/AquesTalkPi -f ../Clock/timemsg.txt|aplay", shell=True)
#****** 停止処理関数
def stop(channel):
    if channel==4:
        print "Shutdown"
        proc.call("sudo /sbin/shutdown -h now", shell=True)
#**** メイン関数 *****
def main():
    #****** GPIO設定 ****
    GPIO.setmode(GPIO.BCM)
    GPIO.setup(2, GPIO.IN)
    GPIO.setup(4, GPIO.IN)
    GPIO.add_event_detect(2, GPIO.RISING, callback=isr,bouncetime=200)
    GPIO.add_event_detect(4, GPIO.RISING, callback=stop,bouncetime=20)
    con=serial.Serial('/dev/ttyAMA0', 115200)
    print con.portstr
    try:
        while True:
            sleep(1.0)
            dt=datetime.datetime.now()
            con.write(dt.strftime("%H,%M,%S\n"))
#           print(dt.strftime("%H,%M,%S\n"))
    except KeyboardInterrupt:
        pass
    GPIO.remove_event_detect(2)
    GPIO.remove_event_detect(4)
    GPIO.cleanup()
#************ ****************
if __name__=='__main__':
    main()
```

5-2-4 自動起動

次に、ラズパイを音声出力の部品として動作させるためには、作成したPythonスクリプトclock.pyを、ラズパイ起動時に自動起動させる必要があります。このため起動制御ファイル「/etc/rc.local」にスクリプトの起動用シェルスクリプトを追加します。

まず、リスト5-2-2のような自動起動するためのシェルスクリプト「start_clock.sh」を作成します。スクリプトの内容は、ディレクトリを移動してclock.pyというPythonスクリプトを起動しているだけです。

リスト 5-2-2 自動起動用シェルスクリプト（start_clock.sh）

```
#!/bin/bash
cd /home/pi/Clock
sudo python clock.py
echo "Start AquesTalkPi\r\n"
```

次にターミナルから次のコマンドで起動制御用スクリプト（/etc/rc.local）をnanoエディタで読み出します。

```
sudo nano /etc/rc.local
```

ここでリスト5-2-3のように、最後の行の`exit 0`の手前に`start_clock.sh`の起動記述をフルパスで追加します。追加したら「Ctrl + O」で上書きし、「Ctrl + X」で終了します。

リスト 5-2-3 自動起動用設定

```
（最後の行に追加）
sh /home/pi/Clock/start_clock.sh
exit 0
```

以上でラズパイ側の製作は完了です。この後再起動するだけです。ハードウェアはそのままで、Pythonスクリプトだけの製作ですから簡単にできると思います。

5-3 時計制御ボードのハードウェアの製作

5-3-1 全体構成

　ラズパイ側の製作が終わったら次は時計制御ボードの製作です。このボードの全体構成は図5-3-1のようにしました。大きくPICマイコンの回路とパワーアンプの回路の2つのブロックで構成しています。

　全体を制御するPICマイコンには最新のPIC16F1936を使い、クロック周波数は最高の32MHzとし、内蔵発振器から供給することにします。

　4桁の7セグメントLEDで現在時刻を表示します。この表示制御にはダイナミック点灯制御†が必要で、4桁を2msecごとに切り替えるというかなりの高速処理が必要ですが、32MHzのクロックで十分な速度が得られています。

　ドップラセンサはUART接続†も可能ですが、ここでは単純な動作でよいのでオンオフインターフェースで接続することにします。その代わり、検出距離設定を調整できるように可変抵抗器をセンサ本体に追加します。

> **ダイナミック点灯制御**
> 複数桁の数値表示を高速で切り替えて表示する方式。
>
> **UART接続**
> 非同期式のシリアル通信のこと。

●図5-3-1　時計制御ボードの全体構成

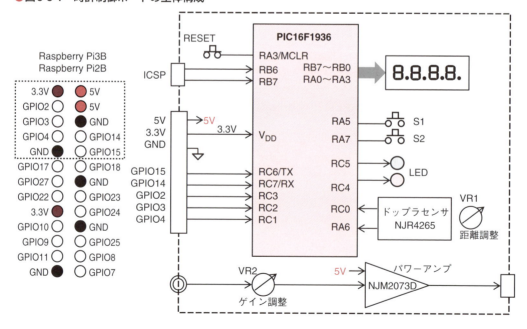

5-3 時計制御ボードのハードウェアの製作

電源供給方法は、PICマイコンはラズパイからの3.3Vで動作させ、パワーアンプはラズパイからの5Vで動作させることにしました。音声にノイズが加わることが心配でしたが、出るノイズはわずかなもので、それほど気にならない程度でした。

ラズパイとPICマイコンとの接続方法ですが、ラズパイのGPIOとPICのポートとをオンオフレベルで直接接続するものと、シリアル通信で接続するものと両方を使っています。GPIOは3.3Vのインターフェースレベルなので PIC マイコンと同じであり、直接接続しても全く問題なく動作します。

5-3-2 ドップラセンサの使い方

ドップラ方式
電波の反射波が返ってくる時間の変化で物体の移動速度を検知する方式のこと。

今回人が近づいて来たことを検知するセンサとして、ドップラ方式†の「NJR4265 J1」というセンサを使いました。24GHzというマイクロ波を使ったセンサで、物体が動いたことを検知できます。小型パッケージ内にマイクロ波回路、アンテナ、信号処理回路、マイコンを内蔵しています。ドップラ方式なので、近づいたことと遠ざかったことを区別することができます。

センサの外観と機能仕様は図5-3-2のようになっています。

●図5-3-2 ドップラセンサの外観と機能仕様

(a) 外観

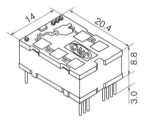

(b) 概略仕様

項目	仕様	備考
電源	DC 3.0V～5.25V	標準3.3V, 5V
消費電流	4mA　スリープ時 60mA　動作時	
電波周波数	24.05～24.25GHz	ミリ波帯
動作温度	－20℃～＋60℃	
検知距離	最大 10m	
検知速度	最速 0.25～1.0m/s	
検知角度	35度	

(c) I/O仕様

I/O	仕様
出力	CMOSレベル 最大負荷5mA
UART	CMOSレベル 速度 9600bps データ長 8ビット ストップ 1ビット パリティ 奇数 フロー制御 なし
閾値	0～V_{DD}の範囲

(d) ピン配置図

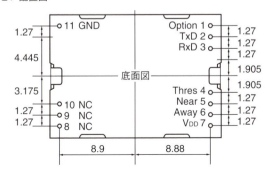

(e) ピン名称と機能

No	Name	機能
1	Option	未使用　無接続
2	TxD	UART　送信
3	RxD	UART　受信
4	Thres	距離設定　電圧入力
5	Near	接近検知
6	Away	離反検知
7	V_{DD}	電源
8-10	NC	未使用　無接続
11	GND	グランド

このセンサはもともとシリアル通信で接続すると、多くのコマンドで動作を制御できるようになっているのですが、今回はシリアル通信を使わないで単体として使っています。単体で使う場合には、Thres端子に加える電圧を変えることで、検知距離を変更できます。出力は接近か離反のオンオフ出力なので、簡単に使えます。この出力は5mAまで駆動できるので、直接LEDなどを付加できます。電源は、3.3Vでも5Vでもどちらでも使えるようになっているので、使いやすくなっています。

5-3-3　7セグメントLEDの使い方

　時刻表示器に4桁の7セグメントLEDを使いました。このLEDの外観と仕様は図5-3-3のようになっています。
　4桁をまとめてパッケージとしていて、外部端子も4桁をまとめた形となっているので、1桁ごとのものよりはるかに使いやすくなっています。構成はカソードコモンですので、グランド側をまとめて切り替える構成となります。

●図5-3-3　4桁7セグLEDの外観と機能仕様（データシートより）

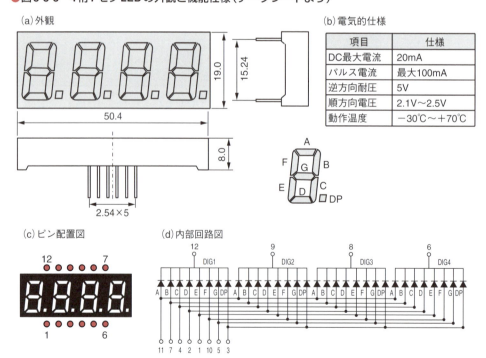

このLEDを使う場合のPICマイコンとの接続方法は図5-3-4のようにします。この回路での動かし方は「ダイナミック点灯制御」という方式を使います。ポートAの出力のRA0からRA3までを順番に1つだけ、2msecの間Highとします。このHighとされた桁だけのトランジスタがオンとなって、セグメントに電流が流れて点灯することになります。そして、ポートBの8本の出力には、RAxをHighとした桁の数値のデータを出力します。例えば、図のようにRA0がHighのときRB1とRB2がHighで残りはLowとすると、1桁目のトランジスタがオンになってグランドに接続されますから、1桁目のセグメントのBとCのLEDに電流が流れて光ることになり、1桁目に「1」という表示が出ます。

このように2msec周期で順番に4桁のうちの1個の桁の数値だけを表示することを繰り返すことになります。2msec×4=8msec周期という高速で繰り返すと、瞬時しか光っていないのにもかかわらず、人間には4桁とも連続して点灯しているように見えます。これがダイナミック点灯の原理となります。

●図5-3-4　7セグLEDとPICマイコンの接続方法

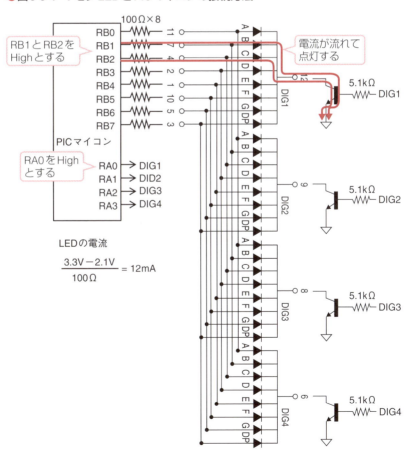

LEDの電流

$$\frac{3.3V - 2.1V}{100\Omega} = 12mA$$

5-3-4 回路設計と組み立て

ICSP
In-Circuit Serial Programmingの略。基板にマイコンを実装したままプログラムを書き込む方法。

　図5-3-1の構成図を元に作成した回路図が図5-3-5となります。4桁の7セグLEDは図5-3-4のとおりに接続しています。ただしPICへのプログラム書き込みを標準のICSP†方式としたので、RB6ピンとRB7ピンは共用となりますが、特に問題はありません。書き込みツールにはPICkit3を使うことにしました。

●図5-3-5　時計制御ボードの回路図

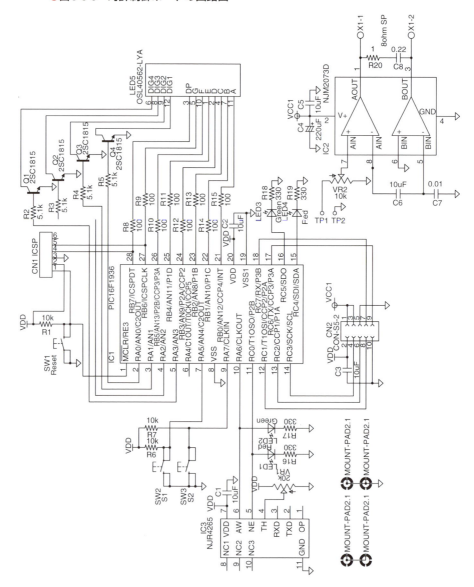

5-3 時計制御ボードのハードウェアの製作

ドップラセンサのオンオフ出力には、動作がわかるようにLEDを追加しました。近づいてきた場合と遠ざかる場合の2出力となっていますが、近づいたほうしか使っていません。

パワーアンプにはNJM2073DというBTL接続[†]できるものを使ったので、外付け部品を少なくできました。パワーアンプの出力は、直接スピーカと接続できるように端子台としました。入力はプラグが邪魔になるので、直接はんだ付けで配線します。アンプには音量調整ができるようにボリュームVR2を追加しています。左下のMOUNTは、基板四隅の取り付け穴です。

時計制御ボードに必要な部品[†]は表5-3-1となります。

BTL
Bridged Translessの略。2つのアンプの出力をブリッジ接続してモノラルアンプとして使う方法。アンプの出力の位相を逆にすることで無入力時のアンプ出力が0Vになるようにして出力にコンデンサを不要としたもの。

必要部品
おしゃべり時計の製作に必要な部品や完成品が購入できる。詳細は巻末ページを参照。

▼表5-3-1　時計制御ボードの部品表

記号	品名	値・型名	数量
IC1	PICマイコン	PIC16F1936-I/SP	1
IC2	パワーアンプ	NJM2073D	1
IC3	ドップラセンサ	NJR4265 J1（秋月電子通商）	1
LED1、LED4	発光ダイオード	3φ　赤	2
LED2、LED3	発光ダイオード	3φ　緑	2
LED5	4桁7セグメント	OSL40562-LYA（秋月電子通商）	1
Q1、Q2、Q3、Q4	トランジスタ	2SC1815相当	4
R1、R6、R7	抵抗	10kΩ　1/6W	3
R2、R3、R4、R5	抵抗	5.1kΩ　1/6W	4
R8、R9、R10、R11、R12、R13、R14、R15	抵抗	100Ω　1/6W	8
R16、R17、R18、R19	抵抗	330Ω　1/6W	4
R20	抵抗	1Ω　1/2W（未実装）	―
VR1	可変抵抗	10kΩ　3386K-EY5-103TR	1
VR2	可変抵抗	20kΩ　3362P-1-203F	1
C1、C2、C3、C5、C6	チップセラミック	10μF　16Vまたは25V	4
C4	電解コンデンサ	220μF　16Vまたは25V	1
C7	積層セラミック	0.01μF	1
C8	積層セラミック	0.22μF（未実装）	―
CN1	ピンヘッダ	6ピン　L型シリアルピンヘッダ	1
CN2	ピンヘッダ	5ピン2列ピンヘッダ	1
SW1、SW2、SW3	タクトスイッチ	小型基板用	3
IC1用	ICソケット	28ピンスリム	1
X1	端子台	2ピン　5mmピッチ	1
	接続ケーブル	10ピンフラットケーブルコネクタ付き（5ピン2列）	1
	基板	サンハヤト感光基板P10K	1
その他	チェックピン、ビニル線		

特殊な部品はドップラセンサくらいなので、入手は容易だと思います。また壁掛け用に組み立てるのに必要な部品は表5-3-2となります。

▼表5-3-2　壁掛け組み立て用部品

記　号	品　名	値・型名	数　量
外付け部品	アクリル板	175×175×2t	1
	スピーカ	50mm　ダイナミック	1
		取り付け用　ラグ	3
	カラースペーサ	15mm	4
		18mm	4
	ステレオプラグ	3.5φ	1
	ねじ	M3	少々

この回路図でプリント基板を自作して組み立てます。部品実装図が図5-3-6となります。部品点数は少ないので、小型の基板で十分実装できます。各コネクタの周囲は、コネクタ挿入時に邪魔になるものが無いように注意して配置します。

●図5-3-6　時計制御ボードの組立図

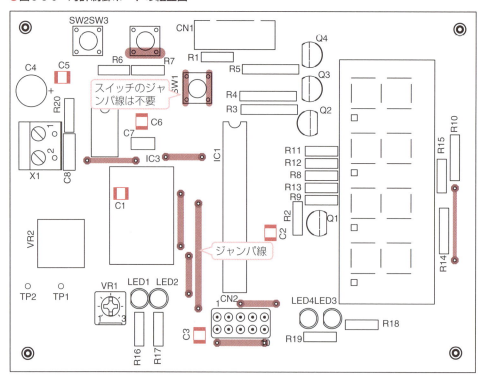

5-3 時計制御ボードのハードウェアの製作

最初の組み立てはジャンパ線です。実装図の中で太い線はジャンパ線です。抵抗のリード線の切りくずか錫メッキ線で配線します。スイッチ部はスイッチ本体でつながるのでジャンパ配線は不要です。次にチップ型のバイパスコンデンサ†をはんだ面に実装します。次が抵抗で、足を曲げて穴に通したあと基板を裏返せば自然に固定されるので、はんだ付けがやりやすくなります。

ドップラセンサの端子がハーフピッチで狭いので、注意してはんだ付けしてください。4桁の7セグLEDは大型部品なので最後に取り付けますが、できるだけ浮かせて背が高くなるようにします。パネルに組み込んだとき、表示面ができるだけパネルに近づくようにするためです。

C8とR20はアンプの発振防止用ですが、ここでは必要なかったので未実装としています。

組み立てが終わった基板の部品面が写真5-3-1、はんだ面が写真5-3-2となります。

> **バイパスコンデンサ**
> パスコンとも呼ぶ。電源回路の途中に挿入するコンデンサのこと。電源の供給を手助けし、ノイズ電圧を減らし、誤動作を減らすことができる。

●写真5-3-1 時計制御ボードの部品面

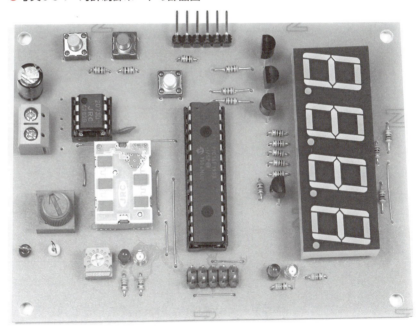

●写真5-3-2　時計制御ボードのはんだ面

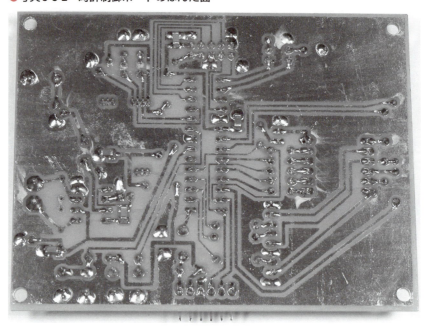

5-3-5　パネルの組み立て

　次に、出来上がった基板とラズパイを壁掛け時計として組み立てます。写真5-3-3が組み立て完成したおしゃべり時計となります。

　パネルは2mm厚のアクリル板を加工して作りますが、すべて丸穴だけなので、ドリルだけで工作できます。木工用のドリル刃を使うとアクリルにヒビが入ることがありません。その代わり、先に1mm程度の穴を開けておく必要があります。

　ドップラセンサは前面にアクリル板があっても全く問題なく動作するので、基板上に実装したままで大丈夫です。距離調整用の可変抵抗が前面から調整できるように、ドライバを挿入する穴を開けておきます。

　スピーカは3個のラグ端子†でスピーカ本体の周囲を固定します。ステレオプラグの接続は、LとRを一緒にして時計制御ボードのアンプ入力ピンに接続します。ラズパイと時計制御ボードはそれぞれ18mmと15mmのカラースペーサで固定します。固定には金属ねじを使いましたが、表側はプラスティックねじのほうがきれいに見えるかも知れません。

　ラズパイの固定用の穴はM3のねじが入らないので、3.2φのドリルで穴を広げました。ランドの逃げが十分あるので全く問題ありません。

> **ラグ端子**
> アンプなどに使われる薄板で穴が開いている導電性の端子。

5-3 時計制御ボードのハードウェアの製作

　ラズパイと時計制御ボード間は、5ピン2列のピンヘッダソケット付きのフラットケーブルで接続します。しかし、ラズパイ側は隣接するピンが邪魔になって挿入できないので、コネクタの側面の片側をカッターナイフなどで切り取って挿入できるようにします。また長さも適当なものが無く、長いのでラズパイの上に折りたたんでいます。

　外部から接続が必要なのは電源ケーブルだけなので、すっきりとした設置ができるかと思います。

●写真5-3-3　組み立て完成したおしゃべり時計

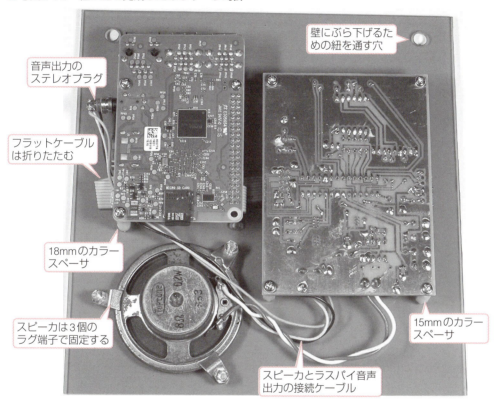

　以上でおしゃべり時計のハードウェアは完成です。次はPICマイコンのファームウェアの製作です。

5-4 時計制御ボードのプログラムの製作

時計制御ボードのハードウェアが完成したら、次はPICマイコンのファームウェアの製作です。

5-4-1 プログラム全体構成と全体フロー

時計制御ボードのプログラムの全体構成は、図5-4-1のようになっています。図のように時計制御ボードのプログラムは、clock.cという1つのプログラムだけで構成しています。ラズパイとはGPIOのオンオフの接続とシリアル通信での接続の両方になります。4桁セグメントLEDはダイナミック点灯制御方式†でスキャンしながら点灯させます。

> **ダイナミック点灯制御方式**
> 複数の桁を短時間ずつ切り替えながら1桁ずつ表示する方式。人間の目の残像現象を利用している。

●図5-4-1　プログラム全体構成

このclock.cプログラムの全体フローが図5-4-2となります。

メインでは、入出力ピンとタイマ2、USARTの初期設定をしています。タイマ2はダイナミック点灯制御で使う2msec周期の割り込みを生成します。USARTはラズパイからの時刻データのシリアル送信データを割り込みで受信します。タイマ2とUSARTの割り込みを許可してメインループに進みます。

メインループでは、最初にS1とS2が同時にオンになっていないかをチェックし、両方ともオンの場合はラズパイをシャットダウンさせるためGPIO4にHighの出力をします。

次にドップラセンサの接近の信号をチェックして、HighとなっていたらラズパイのGPIO2ピンにHighの出力をします。LowだったらGPIO2ピンをLowにします。メインはこれだけで全部です。

次はUSARTの受信割り込みの場合です。この場合は受信したデータを時刻データとしてバッファに保存するだけです。改行コードを受信したら終了と

いうことで、バッファポインタをリセットして次の受信を待ちます。バッファに保存した時刻データはタイマ2の割り込み処理で使われます。

タイマ2の割り込み処理は、ダイナミック点灯の制御です。digitという変数を桁カウンタとして使って桁を区別します。最初にいったん全桁をオフにして瞬間だけ消去状態にします。これは前の桁の表示が次の桁の表示に残像として紛れ込まないようにするためです。

続いてdigitの値により桁を区別して、それぞれの桁の現在値を時刻バッファから取り出し、数値をセグメントデータに変換してLATBに出力します。その後その桁をオンとして表示します。これで2msecごとに順次桁が切り替わって表示されることになります。

●図5-4-2　時計制御ボードのプログラム全体フロー

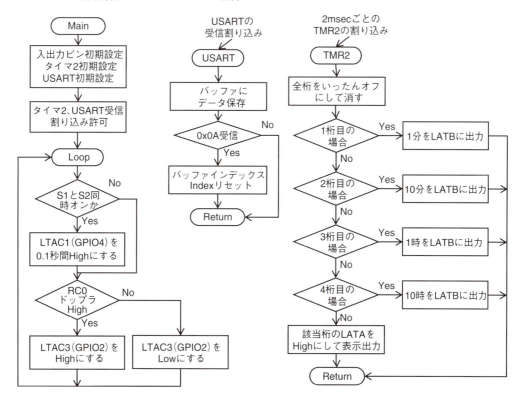

5-4-2 プログラム詳細

1 宣言部

図5-4-1のフローにしたがって製作したプログラムの宣言部がリスト5-4-1となります。コンフィギュレーションの部分はMPLAB X IDEの自動生成で作成したものですので、コメントがすべて英文となっています。ここでは内蔵クロックを使ってPLLを有効にしています。さらにウォッチドッグタイマ（WDT）と低電圧プログラム（LVP）を無効化しています。

次が、変数、定数の定義部で、delay文のためクロック周波数を定義しています。さらに数字とセグメント表示の変換テーブルを定義しています。この変換テーブルは0から9までの数字をセグメント表示で表示させるための変換テーブルです。LATBのRB0からRB6がセグメントのaからgに対応していますから、例えば数字の「1」の場合はbとcセグメントだけ1にすればよいので、「0000 0110」つまり0x06という値をLATBに出力すればよいことになります。こうして配列データに数字の0から9までのセグメントデータ値を並べたものになっています。最後の0x40はマイナス記号です。

リスト 5-4-1 宣言部の詳細

```
/*********************************************************
 * Raspberry Pi3 おしゃべり時計 Ver2
 * 7セグメントLEDに時刻表示
 * ドップラセンサで人が近づいたら時刻などをしゃべる
 *********************************************************/
#include <xc.h>
/*** コンフィギュレーションの設定 ****/
// CONFIG1
#pragma config FOSC = INTOSC    // Oscillator Selection (INTOSC oscillator: I/O function on CLKIN pin)   ← 内蔵クロック指定
#pragma config WDTE = OFF       // Watchdog Timer Enable (WDT disabled)                                   ← WDT無効
#pragma config PWRTE = ON       // Power-up Timer Enable (PWRT enabled)
#pragma config MCLRE = ON       // MCLR Pin Function Select (MCLR/VPP pin function is MCLR)
#pragma config CP = OFF         // Flash Program Memory Code Protection (code protection is disabled)
#pragma config CPD = OFF        // Data Memory Code Protection (Data memory code protection is disabled)
#pragma config BOREN = ON       // Brown-out Reset Enable (Brown-out Reset enabled)
#pragma config CLKOUTEN = OFF   // Clock Out Enable (CLKOUT function is disabled.)
#pragma config IESO = OFF       // Internal/External Switchover (Switchover mode is disabled)
#pragma config FCMEN = OFF      // Fail-Safe Clock Monitor Enable (Fail-Safe Clock Monitor is disabled)
// CONFIG2
#pragma config WRT = OFF        // Flash Memory Self-Write Protection (Write protection off)
#pragma config VCAPEN = OFF     // Voltage Regulator Capacitor Enable (All VCAP pin is disabled)
#pragma config PLLEN = ON       // PLL Enable (4x PLL enabled)                                            ← PLL有効
#pragma config STVREN = OFF     // Stack Overflow/Underflow Reset Enable (not cause a Reset)
#pragma config BORV = LO        // Brown-out Reset Voltage (Vbor), low trip point selected.
#pragma config LVP = OFF        // Low-Voltage Programming Enable (High-voltage)                          ← LVP無効
/* グローバル変数定義 */
#define _XTAL_FREQ  32000000    // クロック周波数設定
unsigned char Index, digit;
unsigned char Buffer[32];
```

5-4 時計制御ボードのプログラムの製作

変換テーブル ▷
```
/* 数字とセグメント表示データの変換テーブル */
unsigned char Seg[11] = {0x3F, 0x06, 0x5B, 0x4F, 0x66, 0x6D, 0x7D, 0x07, 0x7F, 0x67, 0x40};
```

2 メイン関数部

続いてリスト5-4-2がメイン関数部です。最初に各ピンの初期設定をしています。続いてタイマ2とUSARTの初期設定です。タイマ2は2msec周期の割り込みを生成するようにし、UARTは115200bpsでラズパイからのデータを受信するようにします。

メインループではS1とS2の同時押しをチェックして、オンであればGPIO4ピンを0.1秒間だけHighにします。次にドップラセンサの接近入力信号でGPIO2の出力ピンを制御しています。メイン関数はこれだけです。

リスト 5-4-2 メイン関数部詳細

```
/******* メイン関数 ********************/
int main(void) {
    /* クロック周波数設定 */
    OSCCONbits.IRCF = 14;           // 8MHz × PLL=32MHz
    /* 入出力モード設定 */
    LATB = 0;                       // 制御出力すべてオフ
    LATA = 0;
    LATC = 0;
    ANSELA = 0;                     // すべてデジタル
    ANSELB = 0;                     // すべてデジタル
    TRISA = 0xE0;                   // RA5,6,7のみ入力
    TRISB = 0x00;                   // すべて出力 (LCD)
    TRISC = 0x81;                   // RC7(RX),RC0のみ入力
    /** タイマ2初期設定 2msec周期 @16MHz ***/
    T2CON = 0x0B;                   // 1/64 1/2
    PR2 = 249;                      // 16MHz/64/2/250=500Hz=2msec
    PIR1bits.TMR2IF = 1;
    PIE1bits.TMR2IE = 1;            // タイマ2割り込み許可
    /** UARTの初期設定  115200bps ***/
    RCSTA = 0x90;
    TXSTA = 0x24;                   // High Speed Mode
    BAUDCONbits.BRG16 = 1;          // 16bit mode
    SPBRG = 68;                     // 115200bps
    PIR1bits.RCIF = 0;
    PIE1bits.RCIE = 1;              // 受信割り込み許可
    /* 変数初期化 */
    digit = 0x08;                   // 桁カウンタ初期値セット
    /* 割り込み許可 */
    INTCONbits.PEIE = 1;            // 割り込み許可
    INTCONbits.GIE = 1;
    T2CONbits.TMR2ON = 1;           // Timer2 Start
    /******* メインループ **********/
    while(1){
        /*** シャットダウンスイッチのチェック ***/
        if((PORTAbits.RA5 == 0) && (PORTAbits.RA7 == 0)){
            LATCbits.LATC1 = 1;     // GPIO4
            __delay_ms(100);        // 0,1秒だけ出力High
```

内蔵クロック指定
出力オフ
すべてデジタルモード
入出力設定
タイマ2 2msec周期の設定
USART速度115kbpsに設定
受信割り込み許可
受信割り込み許可してタイマ2開始
S1とS2同時押しの場合
GPIO4を0.1秒High

```
                    LATCbits.LATC1 = 0;
                }
                /** ドップラの検出 **/
                if(PORTCbits.RC0 == 1){      // 接近した場合
                    LATCbits.LATC3 = 1;      // しゃべり開始トリガ
                }
                else{
                    LATCbits.LATC3 = 0;      // トリガ解除
                }
            }
        }
```

ドップラ接近信号でGPIO2制御

3 割り込み処理関数

　次が割り込み処理関数でリスト5-4-3となります。タイマ2の割り込みの場合は、いったん全消去してから、次の桁の表示出力を出し、その後その桁の表示をオンとしています。

　USARTの受信では30文字まではバッファに保存し、それ以上は無視します。改行コード受信でポインタをリセットしてバッファの最初から保存します。

リスト 5-4-3　割り込み処理関数部詳細

```
/*********************************************
 *   割り込み処理関数
 *   タイマ2　2msec周期ダイナミック点灯制御
 *   UART受信割り込み　時刻の受信
 *********************************************/
void interrupt ISR(void){
    unsigned char dumy;
    /**** タイマ2の割り込み処理 ****/
    if(PIR1bits.TMR2IF == 1){
        PIR1bits.TMR2IF = 0;                 // 割り込みフラグクリア
        LATA = 0;                            // 全消去
        /** 桁制御 ***/
        switch(digit){
            case 0x08:
                LATB = Seg[Buffer[4] - 0x30];    // 1分
                break;
            case 0x04:
                LATB = Seg[Buffer[3] - 0x30];    // 10分
                break;
            case 0x02:
                LATB = Seg[Buffer[1] - 0x30];    // 1時
                LATBbits.LATB7 = Buffer[7] % 2;  // 秒の交互表示
                break;
            case 0x01:
                LATB = Seg[Buffer[0] - 0x30];    // 10時
                break;
            default:
                break;
        }
        /** 桁の表示 **/
        LATA = digit;                        // 桁の制御
```

- タイマ2の割り込みの場合
- 全桁オフ制御
- digit変数の値で分岐
- 1桁目の場合は分表示出力
- 2桁目の場合は10分表示出力
- 3桁目の場合は時表示出力
- 4桁目の場合は10時表示出力
- 桁表示出力

```
            digit = digit >> 1;              // 次の桁へ
            if(digit == 0x00)                // 4桁目終了の場合
                digit = 0x08;                // 1桁目に戻す
        }
        /** UART 受信割り込み処理 **/
        if(PIR1bits.RCIF == 1){              // UART 受信割り込みの場合
            if((RCSTAbits.OERR) || (RCSTAbits.FERR)){  // エラー発生した場合
                dumy = RCREG;
                RCSTA = 0;                   // USART 無効化、エラーフラグクリア
                RCSTA = 0x90;                // USART 再有効化
            }
            else{                            // 正常受信の場合
                if(Index < 30){
                    Buffer[Index] = RCREG;   // 受信データをバッファに保存
                    if(Buffer[Index++] == 0x0A){  // 行末まで完了した場合
                        Index = 0;           // インデックスリセット
                    }
                }
                else{                        // 30文字以上の場合
                    dumy = RCREG;            // 読み飛ばし
                    if(dumy == 0x0A){
                        Index = 0;
                    }
                }
            }
            PIR1bits.RCIF = 0;               // 割込みフラグクリア
        }
    }
```

- 桁カウンタ更新
- USART受信の場合
- 受信エラーの場合
- 初期化して再起動
- 30文字までバッファに保存
- 改行受信でリセット
- 30文字以上は無視

　以上で時計制御ボードのファームウェアが完成です。これですべての製作が完了したので、早速動かしてみましょう。

5-5 動作確認と調整方法

　ファームウェアの製作が完了したら動作テストをします。ラズパイと時計制御ボードを5ピン2列のフラットケーブルコネクタで接続します。これで電源供給とGPIOの接続が一括でできます。

　ラズパイの音声出力ジャックと時計制御ボードの音声入力ピン間をケーブルで接続します。LチャネルとRチャネルは一緒にして時計制御ボードのアンプの入力ピンに接続します。

　時計制御ボードのスピーカ端子にスピーカを接続してから、ラズパイに電源を供給します。これだけで基本的な動作を開始します。

　動作を正常に開始すれば、4桁7セグLEDに現在時刻が表示されるはずです。時刻はラズパイがインターネット経由で常に較正されていますから、正確な時刻表示となります。

　続いてドップラセンサの前で身体か手を近づければ、スピーカから音声メッセージが出力されるはずです。音量はボリュームで調整してください。メッセージは時間ごとの挨拶と現在時刻です。

　ドップラセンサの検出距離はVR1で調整できるので、適当に設定しながら動作を確認して丁度よい距離になるようにしてください。これは実際に動かして調整することになります。

5-6 グレードアップ天気予報を追加する

おしゃべり時計に天気予報もしゃべらせてみましょう。インターネットでは、多くのサイトで天気予報の情報をアップしています。これらのサイトから情報を頂いて、テキスト読み上げで音声にして出力することにします。

1 天気予報のRSSフィード

本書では、天気予報の情報そのものは、YAHOOから頂きます。YAHOOの天気情報サイトで、次のURLでRSSフィード†により地区ごとの天気予報を掲載しています。

> http://weather.yahoo.co.jp/weather/rss/

例えば横浜地区の天気予報は次のURLになります。最後の番号が地区ごとの番号になるので、他地区の場合はこの番号を変えるだけで取得できます。

> http://rss.weather.yahoo.co.jp/rss/days/4610.xml

ここで表示リストをタイトルで並べ替えると、表示される天気予報は例えばリスト5-6-1のようになります。つまり今日の天気、明日の天気、明後日の天気という順番に予報が並んでいることになります。しかもすべて同じフォーマットとなっています。

RSS
Rich Site Summaryの略。ウェブサイトの更新情報を公開する方法。RSSの情報を取得すれば、実際のサイトを見なくても更新されたかどうかがわかる。

| リスト | **5-6-1　YAHOOの天気予報のRSSフィード例** |

【23日（金）　東部（横浜）　】雨後曇 - 23℃/20℃ - Yahoo!天気・災害

2016年9月23日, 17:00:00

雨後曇 - 23℃/20℃

【24日（土）　東部（横浜）　】曇後雨 - 25℃/20℃ - Yahoo!天気・災害

2016年9月23日, 17:00:00

曇後雨 - 25℃/20℃

【25日（日）　東部（横浜）　】曇時々晴 - 28℃/21℃ - Yahoo!天気・災害

2016年9月23日, 17:00:00

曇時々晴 - 28℃/21℃

【26日（月）　東部（横浜）　】曇り - 28℃/22℃ - Yahoo!天気・災害

2016年9月23日, 17:00:00

曇り - 28℃/22℃

この1行を取り出してスペースを△にしてみると次のようになっています。

　【△23日（金）△東部（横浜）△】△雨後曇△-△23℃/20℃△-△Yahoo!天気・災害

したがって1行をスペースで区切って分解してtenkiという文字配列にすると、次のようになります。

```
tenki[0] = "【"
tenki[1] = "23日（金）"
tenki[2] = "東部（横浜）"
tenki[3] = "】"
tenki[4] = "雨後曇"
tenki[5] = "-"
tenki[6] = "23℃/20℃"
```

つまり配列要素の4番目が天気予報ということになるので、これを取り出して天気予報の読み上げ用テキストとして作成します。

❷ RSSフィードを扱うPythonモジュール

　読み上げ用テキスト作成のため「Feedparser」というRSSフィードを扱うPythonのモジュールを使います。

5-6 グレードアップ天気予報を追加する

Feedparserを使う手順は次のようになります。

①Feedparserを次のコマンドでインストールする
```
sudo apt-get install python-feedparser
```
②PythonスクリプトでFeedparserをインポートする
③RSSフィードを読み込んで、タイトルでソートして行ごとの文字配列とする

例えば前述のYAHOOの天気予報の場合、次のコマンドで行ごとの文字配列に展開されます。
```
tenki = feedparser.parse("http://rss.weather.yahoo.co.jp/rss/days/4610.xml")
```
この結果次のような文字配列が生成されます。
```
entries[0].title：今日の天気予報の1行分
entries[1].title：明日の天気予報の1行分
```
④各1行をsplit(" ")関数を使ってスペースで分解して単語ごとの文字配列にする

この結果は上記の例のようにスペースで分解した内容と同じになるので、4つ目のデータを取り出せば天気予報の文字列ということになります。

3 文字コードの変更

こうして実際に作成した天気予報のメッセージを生成し読み上げる部分がリスト5-6-2となります。ここで注意が必要なことは、AquesTalk Piが認識できるテキストが、UTF-8†フォーマットの文字列だということです。RSSフィードの文字列は通常のウェブで使われているunicode†ですから、これにencode（utf-8）を付加してUTF-8フォーマットのテキストにする必要があります。

UTF-8
1文字を1から6バイトの可変長の数値のバイト列で表現する方式。unicodeの変換方式の1つ。ascii文字は1バイトで表せる。

unicode
文字を2バイトで表現して多言語対応にする文字コード体系。

リスト 5-6-2　天気予報のメッセージ作成と音声出力部

```
#*** 今日の天気
tenki = feedparser.parse("http://rss.weather.yahoo.co.jp/rss/days/4610.xml")
today = tenki.entries[0].title
tenki1 = today.split(" ")
fp = open("tenkimsg.txt", "w")
fp.write("今日の横浜地方の天気は、%sです。\r\n" % (tenki1[4].encode('utf-8')))
fp.close()
proc.call("../aquestalkpi/AquesTalkPi -g 100 -f ../work/tenkimsg.txt|aplay", shell=True)
```

- RSSを取り込む
- 1つ目のタイトル部取り出しスペースで分解する
- 4つ目の文字列を天気予報として使ってテキスト生成
- テキスト読み上げ音声出力

4 AquestTalk Pi用ディクショナリを作成

さらに、AquesTalk Pi用のテキストとするため、もうひと手間かける必要があります。それは天気予報の文字列が、例えば「晴後雨」となっているとすると、これをAquesTalk Piに読ませると「はれごう」となってしまいます。つ

まり、送り仮名がない漢字や、前後に文章がない漢字は読み間違えるということです。

これを正しく発音させるため、Pythonのディクショナリ†型を使ってかな文字に変換します。つまり、読み間違える漢字をひらがな表記に変換するようなディクショナリを作成します。ここで定義する文字列は先頭にuを付加してunicodeで扱う必要があります。

例えばリスト5-6-3のようなディクショナリを作成し、dict.get関数を使えば簡単に変換ができます。dict.get（key, デフォルト）関数は、辞書にkeyが一致するものがあれば対応する値を返し、keyが一致するものが無ければデフォルト値を返します。これでkeyに天気予報の漢字を使えば、値としてひらがなの読みが返されるので変換ができることになります。

> **ディクショナリ**
> 付録B-3参照。

リスト 5-6-3　天気予報用の変換辞書と変換方法

```
#**** 天気予報変換辞書 ****
dict = {u'曇後雨':u'くもりのちあめ', u'雨後曇':u'あめのちくもり', u'晴後曇':u'はれのちくもり',¥
u'晴時々曇':u'はれときどきくもり',u'曇時々雨':u'くもりときどきあめ', u'雨時々曇':u'あめときどきくもり',¥
u'晴時々雨':u'はれときどきあめ'}
#*** 変換の実行
yohou1 = dict.get(tenki1[4], tenki1[4])    #辞書にあれば変換結果が、無ければ元の文字列が代入される
```

5 完成したスクリプト

このようにして今日と明日の天気予報の音声出力も追加した最終のPythonスクリプトがリスト5-6-4となります。

リスト 5-6-4　おしゃべり時計の最終版　clock.py

```
#!/usr/bin/python
#-*- coding:utf-8 -*-
import RPi.GPIO as GPIO
from time import sleep
import subprocess as proc
import datetime
import locale
import feedparser
import serial
#**** 天気予報変換辞書 ****
dict = {u'曇後雨':u'くもりのちあめ', u'雨後曇':u'あめのちくもり', u'晴後曇':u'はれのちくもり',¥
u'晴時々曇':u'はれときどきくもり',u'曇時々雨':u'くもりときどきあめ', u'雨時々曇':u'あめときどきくもり',¥
u'晴時々雨':u'はれときどきあめ'}
#** 割り込み処理関数 ******
def isr(channel):

    if channel==2:
        #*** 時刻の取得と読み上げファイル生成
        dt=datetime.datetime.now()
        f=open("../Clock/timemsg.txt","w")
        msg=dt.strftime("ただいまの時刻は、%H時%M分です。¥r¥n")
```

- ライブラリのインクルード
- RSS用ライブラリのインクルード
- 天気予報の変換辞書
- GPIO2の割り込み処理関数
- 現在時刻の取得
- 時刻のテキストファイルの生成

5-6 グレードアップ天気予報を追加する

```python
            f.write(msg)
            f.close()
            #*** 挨拶文の選択と読み上げ
            if dt.hour >= 5 and dt.hour < 12:     #午前中
                proc.call("../aquestalkpi/AquesTalkPi -g 100 -f ../Clock/morning.txt|aplay", shell=True)
            elif dt.hour >= 12 and dt.hour < 18:  #午後
                proc.call("../aquestalkpi/AquesTalkPi -g 100 -f ../Clock/evening.txt|aplay", shell=True)
            elif dt.hour >= 18 and dt.hour < 22:  #夕方
                proc.call("../aquestalkpi/AquesTalkPi -g 80 -f ../Clock/night.txt|aplay", shell=True)
            else:                                  #夜中
                proc.call("../aquestalkpi/AquesTalkPi -g 50 -f ../Clock/sleep.txt|aplay", shell=True)
            #*** 時刻の読み上げ
            proc.call("../aquestalkpi/AquesTalkPi -f ../Clock/timemsg.txt|aplay", shell=True)
            #**** 今日の天気
            tenki = feedparser.parse("http://rss.weather.yahoo.co.jp/rss/days/4610.xml")
            today = tenki.entries[0].title
            tommorow = tenki.entries[1].title
            tenki1 = today.split(" ")
            tenki2 = tommorow.split(" ")
            yohou1 = dict.get(tenki1[4], tenki1[4])
            yohou2 = dict.get(tenki2[4], tenki2[4])
            fp = open("tenkimsg.txt", "w")
            fp.write("今日の横浜地方の天気は、%sです。明日の天気は、%sでしょう。¥r¥n"¥
                        % (yohou1.encode('utf-8'), yohou2.encode('utf-8')))
            fp.close()
            proc.call("../aquestalkpi/AquesTalkPi -g 100 -f ../Clock/tenkimsg.txt|aplay", shell=True)
#***** 停止処理関数
def stop(channel):
    if channel==4:
        print "Shutdown"
        proc.call("sudo /sbin/shutdown -h now", shell=True)
#**** メイン関数 *****
def main():
    #****** GPIO設定 ****
    GPIO.setmode(GPIO.BCM)
    GPIO.setup(2, GPIO.IN)
    GPIO.setup(4, GPIO.IN)
    GPIO.add_event_detect(2, GPIO.RISING, callback=isr,bouncetime=200)
    GPIO.add_event_detect(4, GPIO.RISING, callback=stop,bouncetime=20)
    con=serial.Serial('/dev/ttyAMA0', 115200)
    print con.portstr
    try:
        while True:
            sleep(1.0)
            dt=datetime.datetime.now()
            con.write(dt.strftime("%H,%M,%S¥n"))
#           print(dt.strftime("%H,%M,%S¥n"))
    except KeyboardInterrupt:
        pass
    GPIO.remove_event_detect(2)
    GPIO.remove_event_detect(4)
    GPIO.cleanup()
#************ ****************
if __name__=='__main__':
    main()
```

- 時刻に応じた挨拶文の選択と音声読み上げ出力
- 時刻の読み上げ出力
- RSSから天気予報取得
- 今日と明日の予報だけ取り出し
- 天気予報の文字列取り出し
- 天気予報のテキスト生成
- 天気予報の読み上げ出力
- SW1、SW2同時押しのシャットダウン制御
- GPIO初期設定
- シリアルモジュールのインスタンス生成
- 1秒間隔で現在時刻を送信
- GPIOのリセット
- コマンド起動時main実行

■ **コラム**

Pythonのsubprocessの使い方

　Pythonでシェルスクリプトを実行させる方法を使って、AquesTalk Piのような外部のアプリケーションを動かすことができます。

　このようにPythonスクリプトでシェルスクリプトを実行させるには、「subprocess」というモジュールを使います。このモジュールにはシェルコマンドを起動させることができるメソッドが下記のようにいくつか用意されています。例えばcmdというシェルコマンドを実行させる場合には、下記のようになります。

① `subprocess.call(cmd)`
　cmdを実行し結果ステータスを返す。実行成功の場合0を返す

② `subprocess.check_call(cmd)`
　cmdを実行し結果ステータスを返すが、エラーの場合CalledProcessError例外を生成するのでコマンドが正常に実行されたかをチェックできる。正常終了の場合0を返す
　　`ret = subprocess.check_call(cmd)`
　　`print ret == 0`

③ `subprocess.check_output(cmd)`
　cmdを実行し結果ステータスを返すがコマンドの標準出力結果を返す。例外処理もできる
　　`ret = subprocess.check_output(cmd)`
　　`print ret`

　ただし、これらのメソッドを実行する場合、cmdの書式にスペースが使えないため、下記例題のようにコマンドの区切りごとにカンマを挿入する必要があります。

　　`import subprocess as subproc` （インスタンス生成）
　　`subproc.call(["gpio", "-g", "read", "17"])` （gpio -g read 17というコマンド）

　しかし、オプションとして「`shell=True`」を追加すると、実行をシェル経由で行うようにできるため、通常のシェルコマンドと同じ記述が使えるようになります。つまり上記例題を書き換えると下記のようにできます。

　　`import subprocess as subproc` （インスタンス生成）
　　`subproc.call("gpio -g read 17", shell=True)`

　このシェル経由とすればパイプラインも正常に実行されるため、AquesTalkPiの場合のようなパイプが必要なコマンドも正常に実行されます。これで、AquesTalk PiをPythonスクリプトで呼び出すための記述は下記のようにできることになります。ただし、この例題ではPythonスクリプトもtest.txtのテキストファイルもAquesTalk Piと同じディレクトリにあるものとしています。

　　`subproc.call("./AquesTalkPi -f test.txt|aplay", shell=True)`

第6章
赤外線リモコン付きインターネットラジオの製作

　本章では、ラズパイでインターネットラジオを構成します。さらにPICマイコンで赤外線リモコンを制御して、局の選択をリモコンできるようにします。そして選択したラジオ局の情報と現在の曲名を、大型液晶表示器に表示します。

6-1 インターネットラジオの概要

　今ではインターネット上に無数のラジオ局が公開されており、自由に聴くことができます。しかも結構良質な音で再生でき、BGMで一日中流しておくこともできます。日本のラジオ局もネット上で聴けるようになっていますから、選り取りみどりで選んで聴けます。

　本章ではラズパイでインターネットラジオを聴けるようにし、これにPICマイコンボードを付加して、赤外線リモコンでラジオ局の選択ができるようにします。さらに大型の20文字4行の液晶表示器を付加して、ラジオ局名と再生中の曲名を表示します。またラジオ局リストの編集の仕方も説明します。

　完成したインターネットラジオの外観は写真6-1-1のようになります。

●写真6-1-1　完成したインターネットラジオの外観

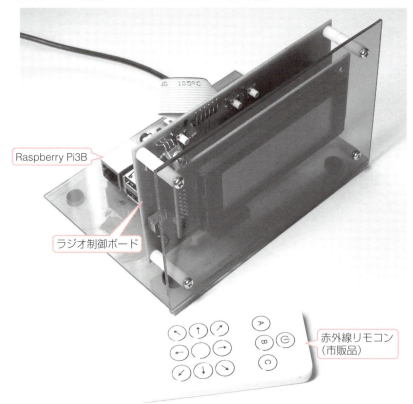

6-1-1　全体構成と機能概要

アンプスピーカ
アンプ内蔵のスピーカ。

製作するインターネットラジオの全体構成は図6-1-1のようになります。インターネットラジオ機能そのものはラズパイがすべて実行します。音声出力がオーディオジャックに出てきますから、ここにステレオアンプスピーカ†を接続して聴くことにします。

さらにPythonスクリプトを作成して、一定間隔でラジオ局名と現在の曲名をシリアル通信でラジオ制御ボードに送信します。GPIOに接続されたラジオ制御ボードでは、PICマイコンがこれを受信して大型の液晶表示器に表示します。液晶表示器は20文字4行の80文字表示です。80文字あれば、局名と曲名表示をするのにおおむね不足はないでしょう。

さらにPICマイコンが赤外線リモコンを制御し、局送り信号と音量調整をGPIO経由でラズパイに通知します。この信号はGPIOのHigh/Lowのデジタル信号で行います。ラズパイは局送り信号であらかじめ作成したラジオ局リストに沿って次の局か前の局への局送り制御をします。音量調整はアップかダウンを制御します。

●図6-1-1　インターネットラジオの全体構成

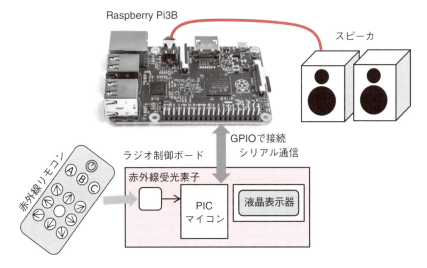

ラズパイとPICマイコンで製作したラジオ制御ボードとの接続は、ラズパイのGPIOを使って、単純なオンオフ信号とシリアル通信とで行います。GPIOのピンごとに表6-1-1のような機能を持たせることにしました。

特別な機能としてGPIO4ピンをラズパイのシャットダウントリガとして使うことにしました。ラズパイはキーボードもマウスも接続せずに使うので、シャッ

トダウンができなくなってしまいます。このため、リモコンの電源ボタンでラズパイのシャットダウンができるようにしました。

▼表6-1-1　ラズパイとPICマイコンの接続

リモコン	PICポート	向き	ラズパイGPIO	機能
↑	RC7	→	GPIO17	音量アップ
↓	RC6	→	GPIO18	音量ダウン
	RC5/TX	→	GPIO15/RX	未使用
	RC4/RX	←	GPIO14/TX	局名＋曲名データ
→	RC3	→	GPIO2	次の局へ
←	RC2	→	GPIO3	前の局へ
Power	RC1		GPIO4	シャットダウン

さらに、シリアル通信で送る局情報のフォーマットは表6-1-2のようにするものとします。データ長は可変とし、復帰改行でデータの終わりとします。

▼表6-1-2　シリアル通信データフォーマット

向き	機能とフォーマット
ラズパイ→PIC	局情報のデータ（ASCII文字コード） 局情報データ\r\n

6-2 ラズパイのプログラム製作

最初にラズパイでインターネットラジオ[†]を聴けるようにするセットアップ方法を説明します。

本書ではインターネットラジオを聴くためのアプリケーションとしてMPD（Music Player Daemon）と、このMPDを操作するためのクライアントMPC（MPD Client）を使います。

インターネットラジオ
インターネット上で公開されているラジオ番組。

6-2-1 MPDとMPC

MPDとMPCの関係は図6-2-1のようになっていて、MPDはデーモン[†]として裏方で動作し、局リスト（Playlist）に基づいて選択されたファイルの再生をします。しかしいろいろな操作をすることはできません。その代わりをMPCが行うようになっていて多くのコマンド操作ができるようになっています。さらにパソコンやタブレットなどにMPDクライアントとなるアプリを組み込むと、こちらからも操作ができるようになるようです。

局の選択は局リスト（Playlist）に基づいて行われます。この局リストは簡単に編集できるので、局の追加、削除は容易です。

デーモン
daemon。Linuxにおいてメモリ上に常駐して様々なサービスを提供するプロセスのこと。

●図6-2-1　MPDとMPCの関係

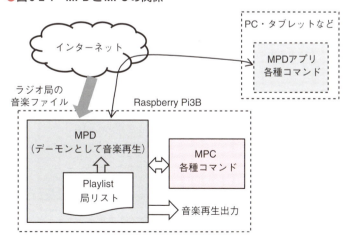

6-2-2 MPDとMPCの使い方

このMPDとMPCを使うための手順は次のようにします。まずはインストールからです。

❶音声出力をRCAジャックにするため次のコマンドを実行する

```
amixer cset numid=3 1
```

❷MPDとMPCを一緒にインストールする

```
sudo apt-get install mpd mpc
```

❸外部アクセスができるようにコンフィギュレーションを修正

まず次のコマンドでコンフィギュレーションファイルを呼び出します。

```
sudo nano /etc/mpd.conf
```

このリストの82行目近辺にある次の1行をコメントアウトして、外部アクセスを許可します。

```
bind_to_address "localhost"
```

322行目近辺にある下記行のコメントアウトをはずして有効にします。

```
mixer_type "software"
```

これで音量調整がmpcからできるようになります。

修正完了したら「Ctrl + O」で上書きし、「Ctrl + X」でエディタを終了します。

❹プレイリストを作成する

ラジオ局を登録したテキストファイルを読み込んでPlaylistにするために、次のコマンドを実行します。ここではテキストファイルを「test.m3u」としています。このテキストファイルの作成方法は次の章で説明します。

```
mpc clear      # Playlistをクリアする
mpc load test  # test.m3uを読み込む
mpc playlist   # Plasylistとして生成する
```

❺再生する

指定したラジオ局に接続して再生開始するには次のコマンドを実行します。

```
mpc play 2     # 2番目の局を再生する
```

❻停止する

再生を停止するためには次のコマンドを実行します。

```
mpc stop
```

以上の手順でインターネットラジオを聴くことができるようになります。

mpcにはこの他にたくさんのコマンドが使えるようになっていて、代表的なコマンドには表6-2-1のようなものがあります。

▼表6-2-1 mpcの代表的なコマンド

コマンド書式	機能
mpc current	現在再生中のラジオ局名と曲名を表示する
mpc play [num]	Playlistのnum番目の局を再生する。numのデフォルトは1
mpc next	Playlistの次の局を再生する
mpc prev	Playlistの前の局を再生する
mpc pause	再生の一時停止
mpc toggle	再生と一時停止を交互に実行する
mpc stop	再生の停止
mpc clear	Playlistを消去する
mpc playlist	現在のPlaylistを表示する
mpc load [file]	fileを読み込んでPlaylistにする
mpc volume [+-][num]	音量のアップダウン numステップ

6-2-3　リモコン対応のPythonプログラム製作

　mpdとmpcの使い方がわかったところで、今度はGPIOの信号によりmpcの操作をプログラムでできるようにします。プログラムはやはりPythonスクリプトを使います。

　このラズパイのプログラムの構成は図6-2-2のようになります。まず自動起動はrc.localファイルから自動スタートのシェルスクリプト「start_radio.sh」を実行することで「radio2.py」スクリプトが開始されます。これでmpdが局リストで指定されたラジオ局に接続し再生を開始します。そして6秒ごとに現在の局情報と曲名をGPIOのシリアル通信でラジオ制御ボードに送信します。これを受信したラジオ制御ボードは受信内容を液晶表示器に表示します。

　またGPIOの割り込みイベントで局送りや音量アップダウンを実行します。さらにシャットダウンも行うようにします。

●**図6-2-2 ラズパイのプログラム構成**

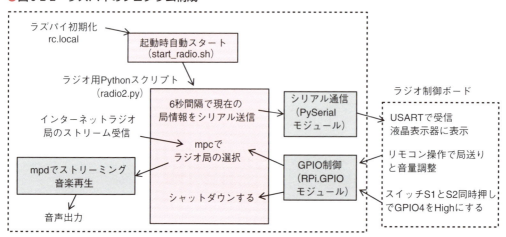

　プログラム作成の前に、GPIOのシリアルインターフェースを有効化するため、あらかじめ第4-5節で説明した手順を実行しておく必要があります。つまり/boot/cmdline.txtファイルの一部修正と、/boot/config.txtファイルへの追記です。
　また、GPIOのイベントで動作するようにするため、RPi.GPIOモジュールを使います。また、mpcのコマンドをシェルコマンドとしてPythonから実行させるため第5章のコラムで説明しているsubprocessモジュールを使います。

　全体のPythonスクリプト「radio2.py」はリスト6-2-1のようになります。
　スタートにより、GPIOの初期設定とシリアルインターフェースのインスタンスを生成してから、subprocessを使ってmpcのシェルコマンドを実行することで、test.m3uファイルを読み込んでPlaylistを生成します。続いて初期の局の再生を開始します。
　このあとはメインループに進みます。ここではGPIOのイベントを待ちながら、6秒間隔で、現在のラジオ局名と再生中の曲名をテキストファイル（Station.txt）に変換してから、シリアル通信で送信出力します。これをPICマイコンが受信して液晶表示器に表示することになります。
　次がイベントの割り込み処理で、GPIO2またはGPIO3のイベントの場合は、局送りになるので、前か後によりNumを更新してからsubprocessで「mpc play Num」コマンドを実行して再生を開始します。このとき局名と曲名情報をテキストに変換してからシリアル送信しています。
　GPIO17またはGPIO18のイベントの場合は音量のアップダウンですから、アップかダウンに応じてsubprocessで「mpc volume」コマンドを実行します。
　GPIO4のイベントの場合はシャットダウンですから、やはりsubprocessで

シャットダウンコマンドを実行します。

以上がリモコン操作のできるインターネットラジオ用のPythonスクリプトの全体です。

リスト 6-2-1　mpd操作用のPythonスクリプト（radio2.py）

ライブラリのインクルード	
局選択No初期化	
局送り割り込み処理関数	
次の局としてNumの更新	
前の局としてNumの更新	
mpcコマンドで再生開始	
局情報をテキストファイル化	
シリアル送信	
音量の変更割り込み処理	
音量アップの場合	
音量ダウンの場合	
シャットダウン割り込み処理	
GPIOの初期化	

```python
#! /usr/bin/python
#-*- coding:utf-8 -*-

import RPi.GPIO as GPIO
import subprocess as proc
from time import sleep
import serial

Num=1
#***** 局送り割り込み処理関数  ****
def isr(channel):
    global Num
    if channel == 2:
        Num=Num+1
        if Num > 23:
            Num = 0
    elif channel == 3:
        Num=Num-1
        if Num < 0:
            Num = 23
    proc.call("mpc stop", shell=True)
    proc.call("mpc play "+str(Num)+" > Station.txt", shell=True)
    proc.call("sudo service mpd restart", shell=True)
    fp = open("Station.txt", "r")
    msg = fp.readline()
    fp.close()
    con.write(msg)

#****** 音量割り込み処理関数 ****
def vol(channel):
    if channel == 17:
        print "Volume up\r\n"
        con.write("Volume up\r\n")
        proc.call("mpc volume +5", shell=True)
    elif channel == 18:
        print "Volume down\r\n"
        con.write("Volume down\r\n")
        proc.call("mpc volume -5", shell=True)

#**** シャットダウン処理関数 ****
def stop(channel):
    if channel== 4:
        proc.call("sudo /sbin/shutdown -h now", shell=True)

#******* GPIOの初期設定 ******
GPIO.setmode(GPIO.BCM)
GPIO.setup(2, GPIO.IN)
GPIO.setup(3, GPIO.IN)
GPIO.setup(4, GPIO.IN)
```

GPIOのイベント定義	`GPIO.setup(17, GPIO.IN, pull_up_down=GPIO.PUD_UP)`
	`GPIO.setup(18, GPIO.IN, pull_up_down=GPIO.PUD_UP)`
	`#***** イベント検出設定 *****`

GPIOのイベント処理
関数の定義
	`GPIO.add_event_detect(2, GPIO.RISING, callback=isr, bouncetime=500)`
	`GPIO.add_event_detect(3, GPIO.RISING, callback=isr, bouncetime=500)`
	`GPIO.add_event_detect(17, GPIO.RISING, callback=vol, bouncetime=500)`
	`GPIO.add_event_detect(18, GPIO.RISING, callback=vol, bouncetime=500)`
	`GPIO.add_event_detect(4, GPIO.RISING, callback=stop, bouncetime=500)`
	`#**** UART初期化 *****`

シリアルのインスタン ス生成	`con=serial.Serial('/dev/ttyAMA0', 115200)`

Playlistの生成	`#**** 局リスト初期設定 ******`
	`proc.call("sudo service mpd restart", shell=True)`
	`proc.call("mpc clear", shell=True)`
	`proc.call("mpc load test", shell=True)`
	`proc.call("mpc playlist", shell=True)`
	`proc.call("sudo service mpd restart", shell=True)`
	`print "¥r¥n¥nStart Internet Radio¥r¥n¥n"`
	`#*** 初期の局再生開始 ****`

最初の局再生	`proc.call("mpc play "+str(Num)+" > Station.txt", shell=True)`
	`fp = open("Station.txt", "r")`
	`msg = fp.readline()`
	`fp.close()`
	`con.write(msg)`

	`#**** メインループ ****`
	`try:`
	`    while True:`

6秒待ち	`        sleep(3.0)` `        sleep(3.0)`

現在の局情報取得し
テキストファイル化
	`        proc.call("mpc current > Station.txt", shell=True)`
	`        fp = open("Station.txt", "r")`
	`        msg = fp.readline()`
	`        fp.close()`

シリアル送信	`        con.write(msg)`
	
	`except KeyboardInterrupt:`
	`    pass`
	
	`proc.call("mpc stop" , shell=True)`

GPIOのリセット	`GPIO.remove_event_detect(2)`
	`GPIO.remove_event_detect(3)`
	`GPIO.remove_event_detect(17)`
	`GPIO.remove_event_detect(18)`
	`GPIO.remove_event_detect(4)`
	`GPIO.cleanup()`

6-2-4 自動起動させる

できあがったPythonスクリプトをラズパイ起動時に自動的に実行開始するようにします。このためには、ラズパイの起動時の最後に実行される「rc.local」ファイルに起動用のシェルスクリプト「start_radio.sh」の実行コマンドを追加します。

まずシェルコマンドの内容はリスト6-2-2のようにします。ディレクトリを移動してPythonスクリプト「radio2.py」を実行させるコマンドだけです。

リスト 6-2-2 ラジオ自動開始用シェルスクリプト（start_radio.sh）

```
#!/bin/bash
cd /home/pi/Radio
sudo python radio2.py
echo "Start Internet Radio Script\r\n"
```

続いて次のコマンドでrc.localファイルをnanoエディタで開きます。そしてその最後の **exit 0** の行の前にリスト6-2-3のようにコマンドを追記します。

```
sudo nano /etc/rc.local
```

追記ができたら「Ctrl + O」で上書きし、「Ctrl + X」で終了します。これでラズパイを起動したとき自動的に「radio2.py」のスクリプトが実行されます。実行するとmpdがPlaylistを作成し、デーモンとしてラジオ局の再生を開始します。

リスト 6-2-3 /etc/rc.localの編集

6-3 ラジオ局の登録方法

インターネットラジオをmpdで聴くときにはPlaylistとしてラジオ局を登録したファイルが必要になります。本章ではこのPlaylistの作成方法を説明します。

実際に作成するのはPlaylistそのものではなく、その元になるテキストファイルで、拡張子を「.m3u」として作り、それをmpdが読み込むとPlaylistとなります。そこで本章ではこのテキストファイルを「局リスト」と呼ぶことにします。

6-3-1 局リストの作り方

局リストの形式はリスト6-3-1が基本となります。ごく単純に局のURLを順番に並べているだけです。

リスト 6-3-1 局リストの例

```
#EXTM3U                             ← ヘッダ
#EXTINF:-1,Smooth Jazz Florida      ← 1番目の局名称とURL
http://162.244.80.41:8802
#EXTINF:-1,Smooth 97 The Oasis      ← 2番目の局名称とURL
http://192.211.51.158:5014
#EXTINF:-1,Love Jazz Florida
http://162.244.80.41:8806
#EXTINF:-1,Dinner Jazz Excursion
http://64.78.234.165:8240
```

次に、この局名とURLを入手する方法を説明します。まずインターネットでラジオ局のリストを集めているサイトをラズパイのデスクトップでブラウザを使って開いて、そこから取り出します。このようなサイトで最も有名なところがSHOUTcastですので、ここから取り出します。手順は次のようになります。

■1 SHOUTcastのサイトからジャンルを選択

ラズパイのWeb BrowserでSHOUTcastのサイトを開き、好きなジャンルを選択します。サイトのURLは下記となります。

SHOUTcast：http://www.shoutcast.com/

2 URLを取得

図6-3-1のように開いたジャンルで、URLを取得します。
①希望する局のダウンロードアイコンをクリックする
②「Any player(.m3u)」をクリックする
③自動的にテキストエディタが開いて、局名とURLが表示される。1つの局で複数のリストが表示されることもある
④局名の( )の中は登録順番のようなので不要なため削除する

● 図6-3-1　SHOUTcastでURLを取得する

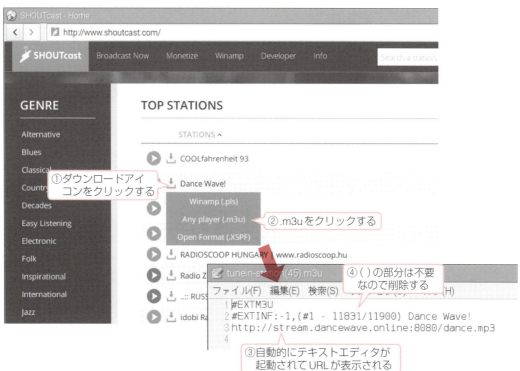

3 局名とURLをコピー

test.m3uのリストに局名とURLの部分をコピーします。最後に空行があると誤動作するので、最後の局で改行だけします。

4 test.m3uを「/var/lib/mpd/playlists/」ディレクトリに保存する

ここで保存する際に「権限がありません」ということで書き込みエラーになった場合、簡単に解決するには、nanoエディタを使って先に空のtest.m3uを作成します。

```
cd /var/lib/mpd/playlists/
sudo nano  test.m3u
```

ここで既に作成したテキストエディタのtest.m3uの内容をnanoエディタにコピー
「Ctrl + O」で上書きし「Ctrl + X」で終了

以上の手順でtest.m3uの局リストの作成は終了です。

5 radio2.pyを書き換える

最後に、radio2.pyスクリプトの局送り割り込み処理関数内に2箇所ある23という定数を、局リストに含まれている局数で書き換えておく必要があります。

ここまでで局リストが更新できました。リブートして再起動すれば、新しい局リストからPlaylistが生成されて動作を開始します。

6-4 ラジオ制御ボードのハードウェアの製作

ラズパイで赤外線リモコンの受信を直接制御するのは、タイミングが追いつかないのでまず困難です。そこでPICマイコンでこれを引き受けて、受信したコードに応じてGPIOのHigh/Lowの信号に変換して伝えることにします。

さらに、大型の液晶表示器もラズパイで制御するのは入出力ピンの接続も複雑になって面倒ですので、これもPICマイコンが引き受けることにしました。

このように入出力を自由自在にできることがPICマイコンの得意なところです。

6-4-1 ラジオ制御ボードの全体構成

ラジオ制御ボードの全体構成を図6-4-1のようにしました。

●図6-4-1　ラジオ制御ボードの全体構成

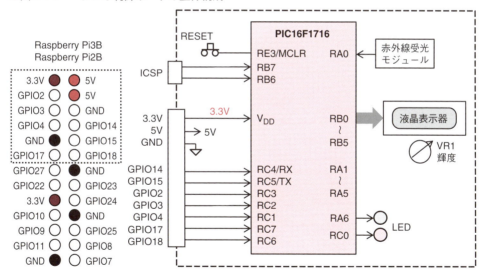

液晶表示器がパラレルインターフェースなのでちょっとピン数が増えるので、28ピンのPICマイコンを使うことにしました。赤外線受光モジュールはデジタル出力なので1ピンで接続が可能です。あとはGPIOとの接続ですが、シリアルインターフェースとしても使うので、PICマイコンのUSARTモジュールを使います。

電源はラズパイから3.3Vを供給してすべてこれで動かします。液晶表示器も3.3V対応のものを使ったので、問題なく1電源で動作します。

6-4-2　液晶表示器の使い方

本章では液晶表示器にSC2004CSWBという大型の20文字4行の白色バックライト付きのものを使いました。この液晶表示器の外観と仕様は図6-4-2のようになっています。この液晶表示器は特に電源電圧が3.3Vとなっているので、PICマイコンと同じ電圧で動作させることができ、便利に使えます。

図6-4-2(a)と(b)に液晶表示器のピン配置と機能を示します。必要な穴は0.1インチピッチの2列構成になっているので、これに合わせてコネクタを選択する必要があります。通常は、7ピン2列構成と5ピン1列の2種類のピンヘッダとソケットを使って接続します。

●図6-4-2　液晶表示器のランド穴ピン配置

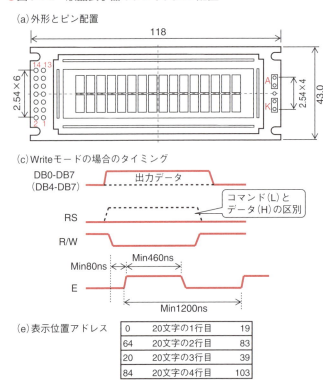

PICマイコンとの基本の接続は、図6-4-3のようにします。このキャラクタ型の液晶表示器は、8ビットのデータを上下の4ビットごとに分けて2回で送

ることもできるようになっています。そこでマイコンと接続して使う場合、液晶表示器との接続に必要なピン数を少なくして効率よくマイコンを使えるようにするため、4ビットモードで使います。4ビットモードの接続方法では、必ず上位側の4ビット（DB4-DB7）を使う必要があります。下位4ビットのRB0からRB3の4ピンは、内部で抵抗によりグランドに接続されているため、オープンのままでLow入力と同じになるので何も接続しなくても大丈夫です。さらにPICマイコンからの出力モードだけで使えるので、R/WピンはLowにしたままで使えます。

VR1の可変抵抗器は、コントラスト調整用の電圧をVoピンに加えるためのもので、この可変抵抗器でVoピンの電圧を調整することでコントラストを調整することができます。

また、抵抗R1はバックライト用の電流制限抵抗です。抵抗値は、本来は次の式で求めるのですが、3.3V電源の場合はこの計算式ではマイナスになってしまうので適用できません。しかし、実際には3.3V電源でもバックライトは点灯しましたので、10Ω程度の抵抗を使って過電流保護だけしておきます。

$$R1 = (V_{DD} - Vf) \div If$$

● 図6-4-3　PICマイコンとの接続方法

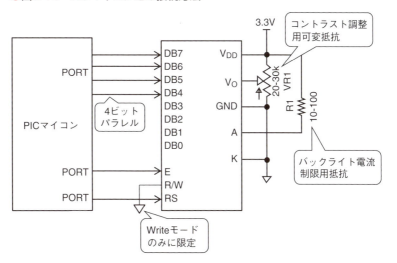

PICマイコンから出力する信号のタイミングは図6-4-2（c）のようにします。信号を出力する順序とパルス幅がポイントになります。また図の下側になる信号のパルスが、常に上側の信号の内側に納まるようにする必要があります。

マイコン側から液晶表示器に出力するWriteモードの場合には、出力データには機能制御用コマンドと表示データの2種類があるので、それをRSの信号のHigh、Lowで区別しています。したがって、Writeモードの場合には、い

ずれかのデータをデータビット(DBx)に出力してから、区別用のRSの信号を出力します。

次にR/Wピンの区別信号をLowにしてWriteにしてから、E(Enable)のパルスを出力すれば、このEパルスで液晶表示器内に取り込まれます。

6-4-3 赤外線通信の使い方

赤外線
可視光より波長の長い光。700nm以上の波長。

可視光
眼で見える光で波長が400nmから800nm程度の範囲。

赤外線†は明るい部屋の中でも可視光†と区別できますし、煙やほこりのある環境でも通過できるので、通信用にも使われています。ただし遠距離には届かないので、近距離通信用としてリモコン制御によく使われています。

■1 赤外線送信機の使い方

本書で使う赤外線リモコン送信部には市販のものを使います。外観は写真6-4-1となっていて、ちょうどインターネットラジオの操作には都合の良さそうなスイッチ構成となっています。コイン電池†(CR2025)で動作します。

コイン電池
円形のリチウム電池。ボタン電池とも呼ばれる。CR2032、CR2025など。

●写真6-4-1　赤外線リモコン送信機の外観

このリモコンの送信データのフォーマットは図6-4-4 (a)のようになっています。カスタムコード部はメーカコードとして固定長で、8ビットとそれを反転した合計16ビットとなっています。フレーム†のデータ部はビットの0か1かにより長さが異なるので可変の長さになります。しかしフレームスペースの長さが自動調整されるようになっていて、1つのフレームが常に108msecで終了するようになっています。

フレーム
送信データ全体のこと。

さらにボタンを押し続けていると図6-4-4 (b)のリピートコードが108msec周期で繰り返されるようになっています。このリピートの場合にはストップビットだけでデータ部は含まれていません。

ボタンごとのデータ部の値は図6-4-4の表のようになっています。本書では、このボタンごとに表に示したような機能を割り当てることにします。

6-4 ラジオ制御ボードのハードウェアの製作

●図6-4-4 市販リモコンのデータフォーマット

(a) 通常のデータフォーマット

リーダコード	リーダコード	00001000	11110111	データコード	データコード (反転)	ストップ	フレームスペース
オン16T	オフ8T	8ビット	8ビット	8ビット	8ビット	オン1T	長さ自動調整

メーカコード / メーカコード ／ (Tは図6-4-6参照)
←──────── 常に108msec（193T）────────→

(b) リピートコードのデータフォーマット

リーダコード	リーダコード	ストップ	フレームスペース
オン16T	オフ4T	オン1T	

ボタン	データコード部（反転部も含む）		16進数	機能
⏻	00011011	11100100	1B E4	シャットダウン
A	00011111	11100000	1F E0	
B	00011110	11100001	1E E1	
C	00011010	11100101	1A E5	
↑	00000101	11111010	05 FA	音量アップ
↓	00000000	11111111	00 FF	音量ダウン
←	00001000	11110111	08 F7	前の局
→	00000001	11111110	01 FE	次の局
無印	00000100	11111011	04 FB	
↖	10001101	01110010	8D 72	
↙	10001000	01110111	88 77	
↗	10000100	01111011	84 7B	
↘	10000001	01111110	81 7E	

2 赤外線受光モジュールの使い方

　赤外線リモコン送信機が出力する赤外線を受信するために、赤外線受光モジュールと呼ばれる部品を使います。

　このリモコン用赤外線受光モジュールには多くの種類がありますが、最近では大部分が赤外線用フォトダイオード†と制御用の回路が一緒に集積化されたICとなっており、写真6-4-2のような外観をしています。外乱ノイズを低減するために金属のシールド†ケースに実装されたものもありますし、モールドで一体化されたものもあります。

フォトダイオード
光を受けると電流を流す機能のダイオード、高速に反応する。

シールド
外部からの電気的ノイズを避けること。

●写真6-4-2　赤外線受光モジュールの外観

本書で使用したものは、パラライトエレクトロニクス社の「PL-IRM1261-C438」という受光モジュールで、写真6-4-2の右端にある小型で金属シールドが施されたものです。データシートによれば、このモジュールの外形と規格は図6-4-5のようになっています。

●図6-4-5 赤外線受光モジュールの外形と規格

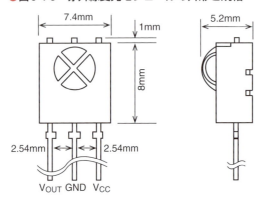

> **変調**
> ある一定の周波数の信号と別の低い周波数の信号を混合すること。

この規格からわかることは、赤外線通信では赤外線を単純にオンオフしているわけではなく、38kHzという周波数で変調†して使っているということです。

つまり、受信モジュールが受信する赤外線の信号は、図6-4-6に示したようにオンの場合には38kHzで点滅を繰り返す600±100μsecの幅の信号で、オフの場合には赤外線が無い状態が600±100μsec継続する信号が単位となっています。

前述の市販の赤外線リモコンのパルス幅も560μsecとなっていてこの規格内なので、正常に受信できます。受信モジュールからの出力は、38kHzの変調波を取り除いた560μsec単位の信号で図、6-4-6下側のような論理0と論理1の信号となります。

●図6-4-6 受光モジュールの受信信号

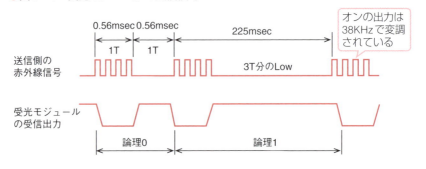

このような信号を、照明や太陽光があっても正しく受信できるようにするため、受光モジュールの内部は図6-4-7のような回路が一体化されたICとして組み込まれています。

赤外線を直接受けるのは赤外線フォトダイオードとその入力回路ですが、その後ろに一定の振幅で受信できるようにする自動ゲイン調整（AGC[†]）付き増幅器があり、さらにその後ろにフィルタと検波回路が付いていて、38kHzで変調された信号しか通過しないようになっています。これで、太陽光や部屋の中の蛍光灯などの外光が入っても、正しくリモコン送信機からの赤外線だけを抽出して受信することができます。

> **AGC**
> Auto Gain Controlの略。常に出力が一定の大きさになるように増幅率を自動調整する機能のこと。

● 図6-4-7　受光モジュールの内部構成

この赤外線受光モジュールを使う場合には、内蔵のAGC増幅器の感度が非常に高いため、特に電源にリップルノイズ[†]が含まれているとそのままノイズも増幅してしまって出力にノイズとして現れてしまいます。

したがって、電源には図6-4-8のようにノイズを低減するための抵抗とコンデンサによるフィルタ回路[†]を追加して使う必要があります。

さらに、出力ピンには、数kΩの負荷抵抗を接続しておきます。これで直接PICマイコンに入力できるきれいな波形のデジタル信号になります。

> **リップルノイズ**
> 電源の出力に含まれる微小な振動信号やノイズ成分のこと。
>
> **フィルタ回路**
> RCフィルタと呼ぶ、抵抗とコンデンサだけで構成した回路。

● 図6-4-8　赤外線受光モジュールの使用回路

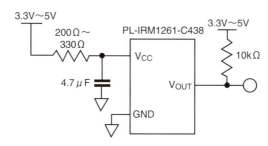

6-4-4 回路設計と組み立て

全体構成に基づいて汎用入出力ボードのハードウェアを製作します。全体構成を元に作成した回路図が図6-4-9となります。

●図6-4-9　回路図

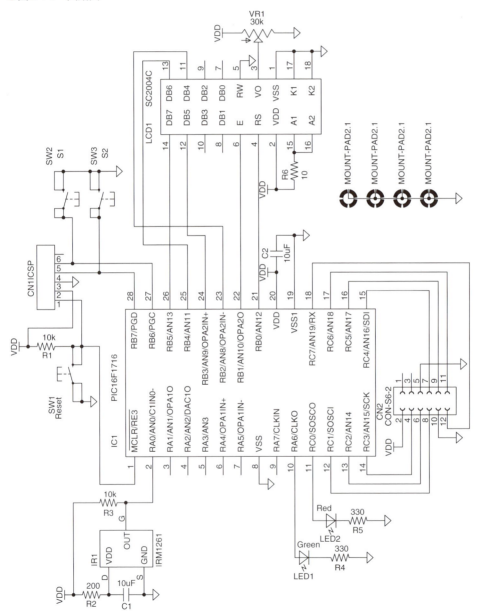

6-4 ラジオ制御ボードのハードウェアの製作

PICマイコンには、28ピンのPIC16F1716を使っています。電源はすべてラズパイから供給するので簡単です。MOUNTは基板四隅の固定用穴です。

このラジオ制御ボードに必要な部品†は表6-4-1となります。入手が特に難しいものは無いと思います。

必要部品
インターネットラジオの製作に必要な部品や完成品が購入できる。詳細は巻末ページを参照。

▼表6-4-1 制御ボード部品表

記　号	品　名	値・型名	数量
IC1	PICマイコン	PIC16F1716-I/SP	1
IR1	赤外線受光モジュール	PL-IRM1261-C438（秋月電子通商）	1
LED1	発光ダイオード	3φ　緑	1
LED2	発光ダイオード	3φ　赤	1
LCD1	液晶表示器	SC2004CSWB　（秋月電子通商）	1
R1、R3、	抵抗	10kΩ　1/6W	2
R2	抵抗	200Ω　1/6W	1
R4、R5	抵抗	330Ω　1/6W	2
R6	抵抗	10Ω　1/2w	1
VR1	可変抵抗	30kΩ 3362P-1-303LF	1
C1、C2	チップセラミック	10μF　16Vまたは25V	2
CN1、	ピンヘッダ	6ピン　L型シリアルピンヘッダ	1
CN2	ピンヘッダ	2列6ピン　ヘッダ	1
SW1、SW2、SW3	タクトスイッチ	小型基板用	3
IC1用	ICソケット	28ピンスリム	1
	基板	サンハヤト感光基板 P10K	1
LCD1用	ピンヘッダ	2×7ピン　ピンヘッダ、ピンソケット	各1
	ピンヘッダ	1×5ピン　ピンヘッダ、ピンソケット	各1
	ねじ、ナット、カラースペーサ、線材、ゴム足		少々

▼表6-4-2 パネル組み立て用部品表

記　号	品　名	値・型名	数量
外付け部品パネル組み立て用	アクリル板	青色　150×200×2t	1
	カラースペーサ	8mm	4
		15mm	4
		3mmまたは5mm	4
	フラットケーブル	14ピン　2列7ピンコネクタ付き	1
	ナット、ねじ	3φ×30mm	4
		3φ×10mm または 15mm	4
	ゴム足		4

組み立てはプリント基板を自作して行いました。図6-4-10の組立図に基づいて行います。組み立て順を次のようにするとやりやすいと思います。

❶ジャンパ線の実装

6本のジャンパ線を錫メッキ線か抵抗のリード線の切れ端で実装します。

❷チップコンデンサの実装

チップコンデンサをはんだ面に実装します。

❸抵抗の実装

抵抗は足を曲げて穴に挿入してから基板を裏返してからはんだ付けすれば、自然に固定された状態となるのでスムーズにできます。

❹ICソケット、スイッチ、LED、CN1、vr1の実装

高さが同じものを順次実装します。

❺LCD用ピンヘッダ、GPIO用のCN2の実装

LCD本体側をピンソケットにしたので、ピンヘッダ(オス)側を基板に実装します。

❻最後に赤外線受光モジュールを実装

リード線を長めにしてはんだ付けし、途中で折り曲げて向きを調整します。

●図6-4-10　組立図

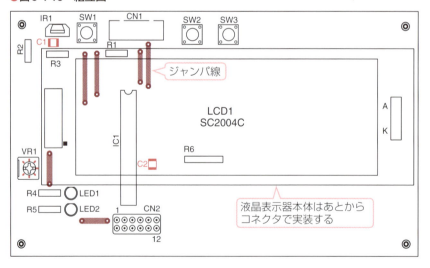

組み立てが完了した基板の部品面が写真6-4-3で液晶表示器を実装する前です。液晶表示器はコネクタに挿入して固定します。はんだ面が写真6-4-4となります。

●写真6-4-3　部品面

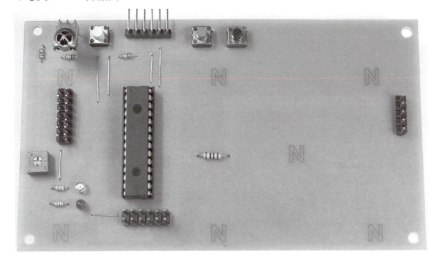

●写真6-4-4　はんだ面

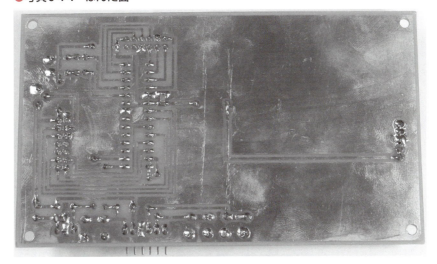

　組み立てが完了したら、電源とグランドがショートしていないかどうかだけテスタで確認しておきます。

6-4-5　パネルの組み立て

　インターネットラジオとしてケースに組み込みます。今回のケースは写真6-4-5のように青色のアクリル板を半分に切断して直角に接着しただけの構成としました。液晶表示器もアクリル板越しに見ることにしたので、アクリル工作は3φの穴開けだけです。切断はアクリルカッターを使えば簡単にできます。直角に接着する際には、コーナーにアクリル三角材を当てて一緒に接着すると丈夫になります。

　ラジオ制御ボードは、液晶表示器がアクリル板にできるだけ近づくように、カラースペーサの高さで調整して取り付けます。

　ラズパイの固定も同じようにしますが、ラズパイの固定穴は穴径が小さくM3のねじは入りません。しかたがないので3.2φのドリルで穴を大きくしました。パターンの周囲の逃げが大きいので特に問題はありません。

● 写真6-4-5　パネルの組み立て状況

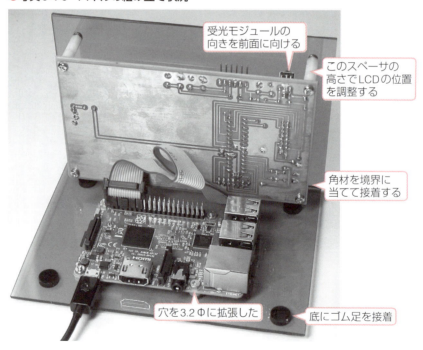

　これでハードウェアの製作は完了です。

6-5 ラジオ制御ボードのプログラムの製作

ハードウェアの製作が完了したら、これを動かすためのプログラムを製作します。ラズパイと連携した動作をするプログラムになります。

このプログラムでちょっと難しいのは赤外線リモコンの受信処理です。ステートマシン†と呼ばれる手法で段階を追って順番に処理を進めていくようにします。

ステートマシン
全体の処理を段階ごとに分け、ステートという変数で段階を進めながら処理を進める方法のこと。

6-5-1 プログラム全体構成とフロー

ラジオ制御ボードのプログラム全体構成は図6-5-1のようになっています。赤外線リモコンの受信処理は、メインプログラム内部ですべて実行しています。液晶表示器の表示制御部はLCDライブラリとして独立ファイルにしています。ラズパイとの接続はGPIOのオンオフとシリアル通信の両方での接続となります。

●図6-5-1 プログラム全体構成

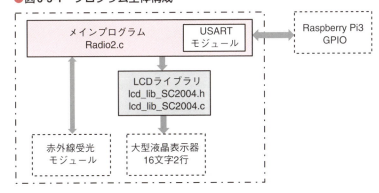

メインプログラム全体の大まかな流れをフローチャートにすると図6-5-2のようになります。大きくメインの流れと、USARTのデータ受信とタイマ0の100μsecごとの割り込み処理の3つから構成されています。

USARTの受信処理では、ラズパイからの局情報を受信してバッファに保存します。それをメインループで液晶表示器に表示させます。

タイマ0の割り込みは赤外線リモコンの受信を行う処理で、赤外線受光モジュールからの信号を100μsecごとにサンプリングして、図6-4-6のフォーマッ

トに基づいて0か1を判定し、さらに図6-4-4のフレームフォーマットのフレーム受信までを判定してメインに渡します。そのあとはメーカコード部やデータ部の1ビットごとの受信をしながらメインループに0か1かを通知します。

メインループの中では図6-4-4のフレームを解析し、通常フレームの場合はメーカコード部の1ビットごとの受信を待ち、全部が受信できたら反転照合をして正しいかどうかを判定します。正しければ続くデータ部の受信に移ります。

データ部を全ビット受信できたら、反転照合をして正しければデータコードに基づいて実際の制御動作を実行します。

● 図6-5-2　全体フロー図

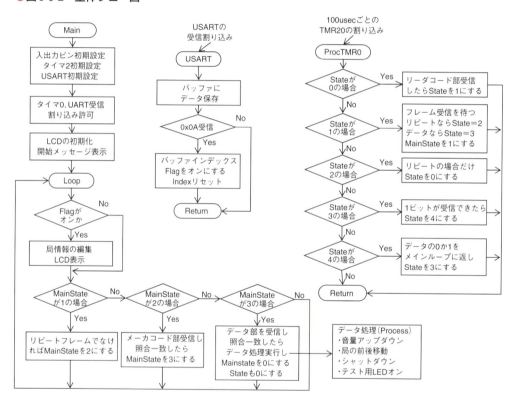

6-5-2　液晶表示器の使い方

本書では20文字4行の大型液晶表示器を使いましたが、この液晶表示器に対するコマンド制御では、データ表示以外に表6-5-1のような機能を実行させることができます。このコマンドはほとんどのキャラクタ表示型の液晶表示器に共通となっているので、液晶表示器の制御を共通ライブラリとして作成しました。

▼表6-5-1　液晶表示器のコマンドフォーマット

Command	DB bit								データ内容説明
	7	6	5	4	3	2	1	0	
Clear Display	0	0	0	0	0	0	0	1	全消去しカーソルはHomeへ
Cursor At Home	0	0	0	0	0	0	1	*	カーソルをHomeへ移動、表示内容は変化なし
Entry Mode Set	0	0	0	0	0	1	I/D	S	メモリ書込みと表示方法の指定 I/D=Increment/Decrement S=With Display Shift
Display On/Off	0	0	0	0	1	D	C	B	表示、ブリンクの有無指定 D=Display C=Cursor B=Blink
Cursor/Display Shift	0	0	0	1	S/C	R/L	*	*	カーソル、表示の動作指定 S/C=Display/Cursor R/L=Right/Left
Function Set	0	0	1	DL	N	F	*	*	動作モード指定 DL=8/4Bit N=2行表示 F=文字大小指定
CGRAM Address Set	0	1	CGRAM Address						Character Generator RAM
DDRAM Address Set	1	L	DDRAM Address						表示用メモリ指定 Display RAM L=Line　0=1行目　1=2行目

製作した液晶表示器ライブラリは、lcd_lib_SC2004.cとlcd_lib_SC2004.hの2つのファイルで構成されていて、表6-5-2のような関数が含まれています。

▼表6-5-2　ライブラリ関数一覧

関数名	書式	機能
lcd_init()	void lcd_init(void);	液晶表示器の初期化、全消去される
lcd_cmd()	void lcd_cmd(char cmnd); 　cmndはLCD制御コマンド	制御コマンドの実行 コマンドは表6-5-1による
lcd_data()	void lcd_data(char asci); 　asciはASCIIコード文字	ASCIIの1文字の表示
lcd_clear()	void lcd_clear(void);	全消去
lcd_str()	void lcd_str(char *string); 　stringは文字列	文字列の表示 最後は\0で判定

6-5-3 プログラム詳細

ラジオ制御ボードのプログラム「Radio2.c」の詳細です。

1 宣言部

まず宣言部はリスト6-5-1のようになっています。コンフィギュレーションと変数、定数の宣言定義だけです。コンフィギュレーションは自動生成ですので、省略しています。

リスト 6-5-1 宣言部詳細

```
/******************************************
 *   インターネットラジオ用リモコン
 *   液晶表示器追加、局名表示機能追加
 *   赤外線リモコン   Radio2.c
 ******************************************/
#include <xc.h>
#include "lcd_lib_SC2004.h"
/*** コンフィギュレーションの設定 ****/
// CONFIG1
  （詳細省略）                              ← コンフィギュレーション(省略)
// CONFIG2
  （詳細省略）
/* グローバル変数定義 */
#define _XTAL_FREQ 32000000
unsigned int LowWidth, HighWidth, Duty;    ← 変数定数宣言定義
volatile unsigned char State, MainState, RptFlag, Logic;
unsigned char BitFlag, BitCount, Drive;
unsigned int MakerCode, DataCode, temp;
unsigned int Flag, Index;
unsigned char StMsg[] = "Start Internet Radio";  ← LCD用メッセージ
unsigned char DnMsg[] = "*** Shutdown ***";
unsigned char Buffer[128];
/* 関数プロトタイピング */
void Process(unsigned int data);
void EditStation(void);
void  ProcTMR0(void);
```

2 メイン関数初期化部

次がメイン関数の初期化部の詳細でリスト6-5-2となります。入出力ピンはすべてデジタルピンとして使います。タイマ0を100μsec周期のインターバルタイマとして使います。USARTを115.2kbpsとしてラズパイの標準速度に合わせます。

リスト 6-5-2　初期化部の詳細

```c
/****** メイン関数　*******************/
int main(void) {
    /* クロック周波数設定 */
    OSCCONbits.IRCF = 14;           // 8MHz×PLL=32MHz
    /* 入出力モード設定 */
    LATC = 0;                       // 制御出力すべてオフ
    ANSELA = 0;                     // すべてデジタル
    ANSELB = 0;
    ANSELC = 0;
    TRISA = 0x01;                   // RA0のみ入力
    TRISB = 0xC0;                   // S1,S2のみ入力
    TRISC = 0x10;                   // RC4(RX)のみ入力
    WPUB = 0xC0;                    // S1, S2 pullup
    /* タイマ0の初期設定  100usec周期 */
    OPTION_REG = 0x41;              // PRE=1/4 Pullup Enable
    TMR0 = 56;                      // 32MHz÷(4×4×200)=10kHz
    /** UARTの初期設定  115200bps ***/
    RXPPS = 0x14;                   // PORTC4をRXに割り付け
    RC1STA =0x90;
    TX1STA = 0x24;                  // High Speed Mode
    BAUD1CONbits.BRG16 = 1;         // 16bit mode
    SP1BRG = 68;                    // 115200bps
    PIR1bits.RCIF = 0;
    PIE1bits.RCIE = 1;              // 受信割り込み許可
    /* 変数初期化 */
    LowWidth = 0;
    HighWidth = 0;
    State = 0;
    MainState = 0;
    Duty = 0;
    /** 液晶表示器の初期化 ****/
    lcd_init();
    lcd_clear();
    lcd_str(StMsg);
    /* 割り込み許可 */
    INTCONbits.TOIE = 1;            // 割り込み許可
    INTCONbits.PEIE = 1;
    INTCONbits.GIE = 1;
```

- I/Oピンの初期設定
- タイマ0の初期設定
- EUSARTの初期設定
- 受信だけ割り込み許可
- LCDの初期化と開始メッセージ表示
- 割り込み許可

❸ メインループ部

　次がメインループでリスト6-5-3となります。最初にFlagをチェックしてUSARTの受信が完了しているかを確認し、完了していれば受信内容をそのまま液晶表示器に表示出力します。これで局名と現在の曲名が表示されます。

　次に赤外線リモコンの受信処理で、いったんこれまでの制御出力をすべてオフにします。受信処理の最初はフレームの区別で、リピートフレームの場合は何もせず、最初に戻って受信を再開します。通常フレームの場合は次の処理に進みます。次がメーカコード部の受信処理で、タイマ0の割り込み処理で1ビットごとに0か1かが変数Logicで返されますから、これを16ビット分受信して格納します。受信完了で、メーカコードが0x08F7と一致するかど

うかをチェックし、一致したら次の処理に進みますが、一致しなければ最初に戻して受信を再開します。

次はデータ部の受信で、ここでもタイマ0から返される変数Logicの0か1を保存し、16ビット揃ったら反転照合して、正しければProcess()関数を呼び出してデータの処理を実行します。実行後は最初のステートに戻して受信を再開します。

リスト 6-5-3 メインループ部の詳細

```
/******* メインループ **********/
while(1){
    /** 局情報の液晶表示処理 **/
    if(Flag){                                    // 局情報受信完了の場合
        Flag = 0;                                // 完了フラグリセット
        EditStation();                           // 局情報表示
    }
    /** リモコン受信処理 **/
    switch(MainState){
        case 1:                                  // メインステート1の場合
            LATAbits.LATA6 ^= 1;                 // 目印LED
            LATC =0;                             // すべての制御出力リセット
            if(RptFlag == 1){                    // リピートフラグオンの場合
                MainState = 0;                   // 初期ステートに戻す
            }
            else{                                // 通常フレームの場合
                MainState = 2;                   // 次のステートへ
                BitCount = 0;                    // ビットカウンタリセット
                MakerCode = 0;
            }
            break;
        case 2:                                  // メーカコード受信処理
            if(BitFlag == 1){                    // ビット受信完了している場合
                BitFlag = 0;                     // 完了フラグクリア
                MakerCode = MakerCode << 1;      // メーカコードをシフトして格納
                MakerCode += (unsigned int)Logic;
                BitCount++;                      // ビットカウンタ更新
                if(BitCount >= 16){              // 16ビット受信完了の場合
                    if(MakerCode == 0x08F7){     // 照合一致した場合
                        MainState = 3;           // 次のステートへ
                    }
                    else{                        // 照合不一致の場合
                        MainState = 0;           // エラー、初期状態へ
                        State = 0;
                    }
                    BitCount = 0;
                    DataCode = 0;
                }
            }
            break;
        case 3:                                  // データコード受信処理
            if(BitFlag == 1){                    // ビット受信完了している場合
                BitFlag = 0;                     // 完了フラグクリア
                DataCode = DataCode << 1;        // メーカコードをシフトして格納
                DataCode += (unsigned int)Logic;
```

- EUSARTの受信完了ならLCDに局情報表示
- 制御出力をいったんすべてOFFにする
- リピートフレームの場合は何もしないで最初へ
- 通常フレームの場合は次の処理へ
- メーカコード部の16ビットを受信し格納
- メーカコードの比較一致なら次の処理へ
- 一致しなければ最初に戻す
- データ部の16ビットを受信し格納

6-5 ラジオ制御ボードのプログラムの製作

```
                    BitCount++;                 // ビットカウンタ更新
                    if(BitCount >= 16){         // 16ビット受信完了の場合
                        temp = ~DataCode;       // 反転2連送照合
                        temp = temp & DataCode;
                        if(temp == 0){          // 照合一致した場合
                            Process(DataCode);  // 受信データ処理
                            MainState = 0;      // ステートを最初に戻す
                            State = 0;
                        }
                        else{                   // 照合不一致の場合
                            MainState = 0;      // エラー、初期状態へ
                            State = 0;
                        }
                    }
                }
                break;
            default :
                break;
        }
    }
}
```

- 反転し照合
- 照合OKならデータ処理を実行する
- 照合NGなら最初に戻す

■4 Process関数部

次は受信したデータによるリモコン制御の実行サブ関数であるProcess( )関数の詳細で、リスト6-5-4となります。受信したデータからボタンを判定し、表6-1-1にしたがって対応するGPIOピンをHighにします。次のフレーム処理の最初でLowに戻されます。未使用のボタンは何もしていません。

リスト 6-5-4 Process関数の詳細

```
/****************************************
 * リモコン受信データ処理関数
 * 受信したデータに従ってラズパイ制御
 ****************************************/
void Process(unsigned int data){
    switch(data){
        case 0x1BE4:                // Power
            LATCbits.LATC0 = 1;     // Red LED On テスト用
            lcd_clear();
            lcd_str(DnMsg);         // メッセージ出力
            LATCbits.LATC1 = 1;     // シャットダウン出力
            __delay_ms(100);
            LATCbits.LATC1 = 0;
            while(1);
            break;
        case 0x05FA:                // ↑
            LATCbits.LATC7 = 1;     // 音量アップ
            Index = 0;
            break;
        case 0x00FF:                // ↓
            LATCbits.LATC6 = 1;     // 音量ダウン
            Index = 0;
            break;
```

- Powerボタン
- 目印LED
- シャットダウン表示
- 100msecだけGPIO4出力し永久ループ
- ↑ボタン
- GPIO17出力
- ↓ボタン
- GPIO18出力

```
            case 0x08F7:                       // ←
                LATCbits.LATC2 = 1;            // 前の局へ
                Index = 0;
                break;
            case 0x01FE:                       // →
                LATCbits.LATC3 = 1;            // 次の局へ
                Index = 0;
                break;
            case 0x04FB:                       // Sapce
                LATCbits.LATC0 = 0;            // Red LED Off  テスト用
                break;
            case 0x847B:                       // 右上矢印
                break;
            case 0x8D72:                       // 左上矢印
                break;
            case 0x1FE0:                       // A
                break;
            case 0x1EE1:                       // B
                break;
            case 0x1AE5:                       // C
                break;
            default:
                break;
        }
    }
```

注釈:
- ←ボタン / GPIO3出力
- →ボタン / GPIO2出力
- 目印LED

5 局情報表示関数部

次がUSARTで受信した局情報を液晶表示器に表示する関数部の詳細で、リスト6-5-5となります。最初に液晶表示器を全消去します。その後バッファの内容を順次表示出力しますが、20文字ごとに行を変える必要があるので、その制御をしています。行でアドレスが飛んでいるので注意が必要です。

リスト 6-5-5　局情報表示関数部の詳細

```
/***********************************
 *   局名LCD表示
 *     局名、演奏者、曲名
 ***********************************/
void EditStation(void){
    unsigned char rcv, clm;

    lcd_clear();
    clm = 0;                                   // カラムカウンタリセット
    while((Buffer[clm] != 0x0A)&&(clm < 80)){  // 行末まで繰り返し
        /** 表示行指定処理 **/
        if(clm == 0)
            lcd_cmd(0x80);                     // 1行目に移動
        if(clm == 20)
            lcd_cmd(0xC0);                     // 2行目に移動
        if(clm == 40)
            lcd_cmd(0x94);                     // 3行目に移動
        if(clm == 60)
            lcd_cmd(0xD4);                     // 4行目に移動
```

注釈:
- LCD全消去
- 行終わりまで繰り返し
- 20文字ごとにLCDの行を指定する

```
        /* 文字表示 **/
        lcd_data(Buffer[clm++]);              // 文字表示
    }
}
```

6 タイマ0の割り込み処理部

あとはUSARTとタイマ0の割り込み処理ですが、USARTのほうは省略します。タイマ0の割り込み処理部がリスト6-5-6となります。

ここでの処理はステートマシンとなっていて、ちょっと複雑です。$100\mu\sec$ごとの割り込みで赤外線受光モジュールの出力をチェックして、LowWidthとHighWidthのカウンタでLow期間の幅とHigh期間の幅を計測し、図6-5-3のようにステートを進めます。

最初はリーダコード部の検出で、Lowの幅が80以上だったらリーダコード部と判定してStateを1に進めます。続いてHighの幅を計測して、40以上だったら通常フレームと判定してStateを3に進めます。40より小さく20以上だったら、リピートフレームと判定してStateを2に進めます。State2ではリピートフレームの残りの部分をスキップしてStateを0に戻します。

通常フレームの場合は、このあとはメイン関数と協調して進め、タイマ0の割り込み処理では1ビットの受信だけを実行してBitFlagを1にしてビット受信完了をメイン関数に通知し、0か1かを変数Logicでメイン関数に渡します。

メイン関数ではメーカコード部、データ部それぞれ16ビットずつデータを受信して照合チェックとデータ処理を実行します。この間タイマ0の割り込み処理では、Stateの3と4で繰り返します。すべてのデータ処理が完了した時点で、メイン関数からすべてのステートがリセットされて最初に戻ります。

●図6-5-3 ステート遷移の全体

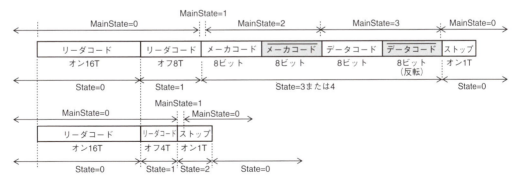

リスト 6-5-6　タイマ0割り込み処理部の詳細

```c
/************************************
*   タイマ0割り込み処理関数
*   100usec周期
************************************/
void  ProcTMR0(void){
    TMR0 = 60;                          // 100usec
    switch(State){                      // Stateが0の場合
        case 0:                         // リーダコード発見処理
            if(PORTAbits.RA0 == 0){     // 入力Lowの場合
                LowWidth++;             // Low幅カウンタアップ
            }
            else{                       // 入力Highの場合
                if(LowWidth > 80){      // リーダコードの場合
                    LowWidth = 0;       // 幅カウンタリセット
                    HighWidth = 0;
                    State = 1;          //ステートアップ
                }
            }
            break;
        case 1:                         // リーダコード後半の処理
            if(PORTAbits.RA0 == 1){     // 入力Highの場合
                HighWidth++;            // High幅カウンタアップ
            }
            else{                       // 入力Lowの場合
                if(HighWidth > 40){     // 通常フレームの場合
                    RptFlag = 0;        // リピートフラグリセット
                    State = 3;          // データ受信処理へ
                    MainState = 1;      // メインステートアップ
                }
                else if(HighWidth > 20){ // リピートフレームの場合
                    RptFlag = 1;        // リピートフラグセット
                    State = 2;          // ストップビットスキップへ
                    MainState = 1;      // メインステートアップ
                }
                else{                   // どちらでもない場合
                    RptFlag = 0;        // フラグクリア
                    State = 0;          // ステート初期化
                }
                LowWidth = 0;           // パルス幅カウンタリセット
                HighWidth = 0;
            }
            break;
        case 2:                         // リピートのストップビットスキップ
            if(PORTAbits.RA0 == 0)      // 入力Lowの場合
                LowWidth++;             // Low幅カウンタアップ
            else{
                LowWidth = 0;           // ストップビットスキップ
                HighWidth = 0;
                State = 0;              // 初期ステートへ
            }
            break;
        case 3:                         // ビットデータの最初のLowの確認
            if(PORTAbits.RA0 == 0){     // 入力Lowの場合
                LowWidth++;             // ビット最初のLowを入力
            }
```

- Lowの幅をカウントアップ
- Lowの幅が80以上ならリーダコード部と判定しState1に進む
- Highの幅が40以上なら通常フレームと判定しState3に進む
- Highの幅が20以上ならリピートフレームと判定しState2に進む
- リピートフレームならストップビット判定しState0に戻す

```c
            else{                       // 入力Highの場合
                if(LowWidth > 3)        // Lowビット幅確認できた場合
                    State = 4;          // 0,1判定処理へ
                else                    // Low幅不足の場合
                    State = 0;          // エラーとして初期化
                LowWidth = 0;
                HighWidth = 0;
            }
            break;
        case 4:                         // データビットの0,1判定
            if(PORTAbits.RA0 == 1){     // 入力Highの場合
                HighWidth++;
            }
            else{                       // 入力Lowの場合
                if(HighWidth > 12)      // High幅が長い場合
                    Logic = 1;          // 論理「1」とする
                else                    // High幅が短い場合
                    Logic = 0;          // 論理「0」とする
                HighWidth = 0;          // ビット幅カウントリセット
                LowWidth = 0;
                BitFlag = 1;            // ビット受信完了フラグセット
                State = 3;              // 前のステートへ
            }
            break;
    }
}
```

> 通常フレームの最初が判定できたらState4に進む

> ビットの0か1を判定してState3に戻す

以上がラジオ制御ボードのプログラムの詳細です。

すべてが製作完了したら、パネルに組み込んで恰好よく組み立てて完成です。

6-6 動作確認

　パネルへの組み込みも完了したら、いよいよ動作の確認です。まず、外部スピーカをラズパイのジャックに接続します。その後、USBの電源を接続すると、すぐ液晶表示器に何か表示されるはずです。しばらくするとラズパイが起動し、液晶表示器に局情報が表示されます。このとき、音が出てくるときと出てこないときがあります。

　とりあえず、リモコンの局送りをしてみます。これで正常に局情報が送られ、音がでてくれば正常に動作しています。

　このときの液晶表示器の表示は写真6-6-1のような感じになります。局の名称に続いて、現在再生されている曲名やバンド名などが表示されます。

●写真6-6-1　液晶表示器の表示例

　リモコン操作で音量のアップダウン、局送りが正常に動作しているかを確認します。

　しばらく音楽でも聴いて確認できたら、リモコンの電源ボタンを押してラズパイが確かにシャットダウンすることも確認します。

　シャットダウンが正常に始まり、ラズパイのLEDの表示が変わらなくなったら電源ケーブルを抜いても大丈夫です。

　再度電源ケーブルを挿入して、正常に再起動することも確認しておきましょう。

第7章
データロガーの製作

本章では、ラズパイとPICマイコンをGPIOのシリアルインターフェースで接続し、PICマイコンで収集した室内環境データと電圧電流のデータを1分間隔でラズパイに送信します。ラズパイではデータからグラフを作成し、ウェブサーバとしてグラフをブラウザで見られるようにします。さらにグレードアップで外部のネットワークからもグラフが見られるようにします。

7-1 データロガーの概要

PICマイコンはアナログデータを扱うのが得意です。それに対しラズパイはネットワークを扱うのが得意です。これらの互いに得意な分野を活用してデータロガー†を製作します。

長時間のデータを記録しながらグラフ化し、ネットワークで公開してブラウザで見られるようにします。これでインターネットを使えばどこからでも現在の記録状況を確認できます。データはラズパイのSDカードにファイルとして保存されますから、大量のデータを格納できますし、USBメモリを使えばパソコンにデータを移すことも簡単にできます。

完成したデータロガーが写真7-1-1となります。基板に外部配線を直接接続するための端子台†を実装したので、直接基板にアクセスできるように、アクリル板の上に基板を載せただけの簡単な構成にしました。

> **データロガー**
> データ収集記録をする装置のこと。

> **端子台**
> ネジで外部配線を接続することができるようになっている。

● 写真7-1-1 完成したデータロガー

7-1-1 データロガーの概要と機能仕様

製作するデータロガーの全体構成を図7-1-1(a)のようにします。まず、データ収集はPICマイコンで行います。どんなデータを相手にするかで入力の種類は変わりますが、本書では、とりあえず室内の環境として温度、湿度、気圧を収集し、さらに何らかの電圧と電流を2チャネルずつ計測できるようにします。

ラズパイからの1分間隔の計測要求に基づいて収集したデータをGPIOのシリアル通信でラズパイに送信し、ラズパイではこれらのデータをファイルとして保存し、同時にグラフ化します。さらにグラフ化した結果をウェブサーバとして公開します。同じネットワーク内のパソコンやスマホでグラフを見ることができます。さらにグレードアップで、MyDNS[†]を使って外部ネットワークからも見られるようにします。

MyDNS
無料でダイナミックDNS機能を提供するサイト。

●図7-1-1 データロガーの全体構成

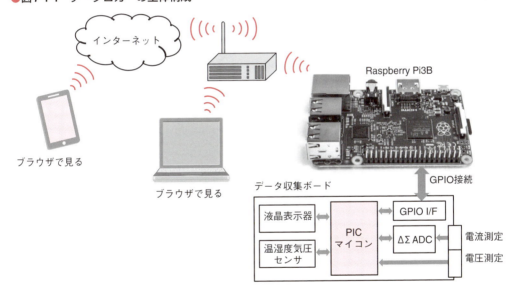

データ収集ボードで収集するデータは、表7-1-1のような項目とします。室内環境はBME280というボッシュ社の一体型のセンサを使います。高精度で計測ができますが、補正演算[†]がかなり複雑になるので、これはプログラムをライブラリ化しました。

補正演算
測定結果を温度などで補正する計算のこと。

電流計測は0.1Ωという低抵抗値の抵抗の電圧降下で測定するため、測定電圧が非常に低電圧となるので、18ビット精度のデルタシグマ型A/Dコンバータを使い、これを16ビットモードで動かします。

▼表7-1-1 データ収集ボードの測定項目

測定項目	仕　様		備考
温度	−40℃〜+5℃	精度：±1℃	ボッシュ社製　BME280 I^2C接続
湿度	0%〜100%	精度：±3%	
気圧	300hPa〜1100hPa	精度：±1hPa	
電流	0mA〜600mA　負荷：0.1Ω　2チャネル		16ビットΔΣ A/D使用 I^2C接続
電圧	0V〜6.0V　2チャネル		PIC内蔵10ビットA/D使用

　これらの機能を実現するため、ラズパイとデータ収集ボード間をGPIOのシリアル通信で接続します。さらにシャットダウンが必要なのでGPIO4をデジタルオンオフモードで使います。結果、表7-1-2のような構成でPICマイコンとラズパイ間を接続します。

▼表7-1-2　ラズパイとPICマイコンの接続

PICポート	向き	ラズパイGPIO	機　能
RC5/RX	←	GPIO14/TX	計測要求コマンド
RC4/TX	→	GPIO15/RX	計測データ
RC3		GPIO2	未使用
RC6	→	GPIO3	未使用
RC7		GPIO4	シャットダウン要求

　さらにシリアル通信で送受するデータフォーマットを表7-1-3のようにします。計測データの送受だけなので簡単なフォーマットとしています。

▼表7-1-3　シリアル通信のフォーマット

向き	機能とフォーマット
ラズパイ→PIC	計測要求コマンド M¥r¥n
PIC→ラズパイ	応答の計測データ（CSV形式の文字データ） +tt.tt,hh.h,pppp.p,v.vvv,+iiii.i,v.vvv,+i.iiii¥r¥n 　　t：温度　　h：湿度　　p：気圧　　v：電圧　　i：電流 　　+は符号　.は小数点

7-2 ラズパイのプログラム製作

データロガーを構成するラズパイ側のプログラム製作です。本章でのラズパイは、ウェブサーバ†として動作させる必要があります。さらに収集したデータからグラフを作成する必要があります。これらをいずれも既存のアプリケーションを使って簡単に作成します。

本章ではまずラズパイのプログラム全体の構成と、ラズパイでグラフを作成する方法について説明します。

> **ウェブサーバ**
> ネットワークに接続されたコンピュータに対しブラウザで表示できる情報を提供するコンピュータのこと。

7-2-1 プログラム全体構成

データロガーシステムのラズパイのプログラム全体構成は、図7-2-1のようになります。

まず、データ収集ボードに計測要求を出してデータを集め、データファイルとして格納するプログラムとして、Pytyhonスクリプト「LoggerRoom.py」を作成します。さらに、ここからグラフを生成するライブラリの「matplotlib†」を呼び出して室内環境のグラフを生成します。

もう1つのPythonスクリプト「LoggerVA.py」も、同じように「matplotlib」を呼び出して、データファイルからもう1つの電圧電流グラフを生成します。

この2つのスクリプトは「crontabコマンド†」により1分間隔で自動起動されます。データロガーとしての計測間隔はこの起動方法で決まりますが、最小間隔が1分になります。

生成された2つのグラフをHTMLファイルの「index.html」のページに埋め込んで、ウェブサーバとして公開します。このサーバ機能を構成するために「SimpleHTTPServer」というアプリケーションを使います。

プログラム作成の前に、GPIOのシリアルインターフェースを有効化するため、あらかじめ第4-5節で説明した手順を実行しておく必要があります。つまり /boot/cmdline.txt ファイルの一部修正と、/boot/config.txt ファイルへの追記です。

> **matplotlib**
> Python用のグラフ描画ライブラリ。

> **crontabコマンド**
> 周期起動用のコマンド。詳細は7章末のコラム参照のこと。

●図7-2-1　ラズパイのプログラム構成

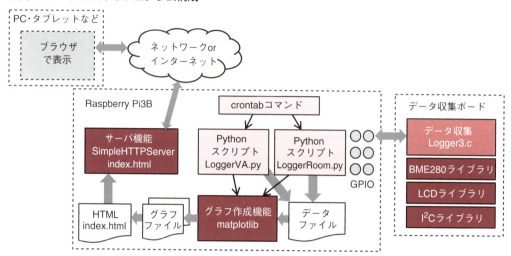

7-2-2　matplotlibとは

　本書ではラズパイでのグラフ作成に「matplotlib」というライブラリを使います。このmatplotlibはもともとPythonおよびその科学計算用ライブラリのためのグラフ描画ライブラリで、様々な種類のグラフができますが、2次元のプロットがメインです。作成したグラフを各種形式の画像として出力することもできます。

　matplotlibの公式サイトは下記で、ここに多くの例題とマニュアルが用意されています。非常に多くの機能があるので、例題で順番に学ぶのがよいかと思います。

　　http://matplotlib.org/

　matplotlibのインストールはPythonのライブラリですから、次のように通常のapt-getコマンドでできます。途中でディスクを消費するがよいかと聞かれるので「y」とします。

```
sudo apt-get install python-matplotlib
```

　ここからは、matplotlibの使い方の手順を簡単な例題で説明していきます。プログラムや生成されるグラフデータは、「/home/pi/Graph」ディレクトリにすべて保存します。

7-2-3 基本的なグラフの描画方法

matplotlibの基本的な使い方の説明として、最初に図7-2-2のような2本の固定データのグラフを作成してみます。グラフはPythonスクリプトにより作成します。リスト7-2-1がこのグラフを表示するPythonスクリプトです。この内容を詳細に説明します。

●図7-2-2 基本的なグラフの例題とそのPythonスクリプト

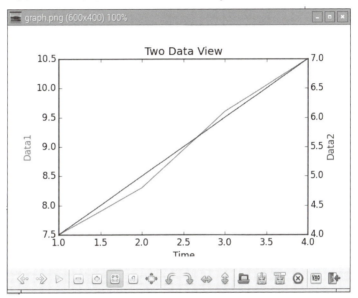

リスト 7-2-1 例題のPythonスクリプト（testgraph2.py）

```
#!/usr/bin/python
#-*- coding:utf-8 -*-
import matplotlib.pyplot as plt
logpath = '/home/pi/Graph/'
logfile = 'logdate.log'
graphfile = 'graph.png'
#******* グラフを生成する関数 ***********
def makeGraph():
    x = [1,2,3,4]
    y1 = [7.5,8.3,9.6,10.5]
    y2 = [4,5,6,7]
    fig, ax1 = plt.subplots(1,1, sharex=True, figsize=(6, 4))
    ax2 = ax1.twinx()
    #グラフ描画
    ax1.plot(x, y1, 'r')#color=red
    ax2.plot(x, y2, 'b')#color=blue
    #ラベル類表示
```

```
    ax1.set_xlabel('Time')
    ax1.set_ylabel('Data1', color='r')
    ax2.set_ylabel('Data2', color='b')
    ax1.set_title('Two Data View')
    fig.savefig(logpath+graphfile)
    fig.show()

#********** メイン関数 *******
def main():
    makeGraph()

#******* 起動 *****
if __name__ == '__main__':
    main()
```

❶ インポートとインスタンス生成

最初でmatplotlib.pyplotをインポートし、pltにインスタンスを取得しています。これがラズパイでmatplotlibを使うときの慣例的なインポートとインスタンス取得の仕方となっています。

❷ subplotsメソッドでグラフとプロットのインスタンスを取得

グラフの基本構成設定をするsubplotsメソッドの書式は次のようになっています。またメソッドの戻り値としてグラフ全体のオブジェクト†Figureと、描画プロットのオブジェクトAxesSubplotをタプル†型で返すので、figとax1にインスタンスとして取得します。

> **オブジェクト**
> あらかじめ定義された機能を実現するプログラムとデータ構造のこと。
>
> **タプル**
> Pythonのデータ型の1つで複数のデータをまとめたもの。

【書式】fig, ax1 = plt.subplots (nrow, ncol, sharex=True, sharey=Ture, option)
　　　nrow：縦方向に指定数のグラフを作成する。デフォルトは1
　　　ncol：横方向に指定数のグラフを作成する。デフォルトは1
　　　sharex：X軸を全プロットで共有する。デフォルトはFalse
　　　sharey：Y軸を全プロットで共有する。デフォルトはFalse
　　　options：Figureオブジェクト関連のオプションで下記がある
　　　　figsize(x,y)：グラフサイズの幅、高さをインチで指定する
　　　　dpi：グラフの分解能を整数で指定する
　　　　facecolor：背景色を指定する（色指定方法は表7-2-1）
　　　　edgecolor：枠線の色を指定する

この例題では、次のように記述しています。

　　fig, ax1 = plt.subplots (1, 1, sharex=True, figsize(6, 4))

つまり、グラフは1つでX軸をシェアして共有し、サイズを6×4インチとしています。そしてこのグラフ全体のインスタンスをfigとし、プロットのインスタンスをax1としています。

❸ twinxで2つ目のプロットのインスタンスを取得する

2つ目のプロットをX軸共有で生成するため、次のようなtwinxというメソッドを使います。この場合ax1のプロットとX軸を共有した2つ目のプロットをax2と定義しています。X軸を共有すると、Y軸が左右に分けられて描画されます。Y軸を共有する場合はtwinyというメソッドを使います。

```
ax2 = ax1.twinx()
```

❹ プロット実行

②と③で取得したプロットのインスタンスax1とax2を使って次のコマンドでプロットを描画します。

`ax1.plot(x)`：X軸は勝手に0から順番になりxの値をY軸でプロットする
`ax1.plot(x, y, option)`：X軸をx、Y軸をyとしてoptionの条件でプロットする

optionで表7-2-1のようにプロットのドット形状、色を指定できます。`'--o'`のように複数オプションの同時指定も可能です。

▼表7-2-1　プロットのオプション

記述	線種	記述	線種	記述	線種	記述	色指定
`'-'`	折れ線	`'v'`	下向き三角	`'H'`	六角形2	`'b'`	青
`'--'`	破線	`'^'`	上向き三角	`'+'`	十字	`'g'`	緑
`'-.'`	一点鎖線	`'<'`	左向き三角	`'x'`	バツ	`'r'`	赤
`':'`	点線	`'>'`	右向き三角	`'d'`	ひし形	`'c'`	シアン
`'.'`	点	`'s'`	正方形	`'D'`	正方形斜め	`'m'`	マゼンタ
`','`	ドット	`'p'`	五角形	`'|'`	縦線	`'y'`	黄
`'o'`	円	`'h'`	六角形1	`'_'`	横線	`'k'`	黒
						`'w'`	白

さらにoptionには次のようなものもあります。

`label='Label'`：プロットにつけるラベルをLabelとして凡例に表示する
`linewidth=n`　：線の幅をnポイントにする

❺ タイトルや軸ラベルを設定する

次のコマンドでタイトルや、ax1とax2それぞれのプロットの軸ラベルとして任意の名称が表示できます。

【書式】ax1.set_titile(label, loc='center', options)
　　　label：文字列labelがタイトルとして表示される
　　　loc：表示位置指定　'center'、'left'、'right'のいずれか
　　　options：色（color='r'）　フォントサイズ（size='large'）
　　　　　　などの指定が可能
　　ax1.set_xlabel(label, labelpad, options)
　　ax1.set_ylable(label, labelpad, options)
　　　label：軸のタイトルがlabelとして表示される
　　　labelpad：軸との距離　整数で指定
　　　options：色（color='r'）　フォントサイズ（size='large'）
　　　　　　などの指定が可能（フォントサイズには、'ポイント数値'、
　　　　　　'xx-small'、'x-small'、'small'、'medium'、'large'、
　　　　　　'x-Large'、'xx-large'が選択できる）

❻グラフの表示

　グラフの表示は、②で取得したグラフのインスタンスfigを使って次のコマンドでできます。しかしこの表示はPythonスクリプトが終了すると消えてしまいます。したがって次項のように、いったん保存してから別のアプリケーションで見ることになります。

　　fig.show()

❼グラフの画像出力、ファイル保存

　グラフfigは、次のコマンドにより指定したファイル形式で保存することができます。保存形式はファイル名の拡張子で指定でき、指定できる拡張子はemf、eps、jpeg、jpg、pdf、png、ps、raw、rgba、svg、svgz、tif、tiffとなっています。表示には標準アプリのイメージビューワが使われます。

　　fig.savefig('filename')

7-2-4　時間軸でグラフを作成する方法

　データロガーでグラフを作成する場合、X軸は一般的には時間の経過を示します。そこで、X軸を時間にしてグラフを作成する方法を説明します。
　ここでも例題を使って説明します。図7-2-3のようなX軸が時間となっているグラフを作成してみます。

● 図7-2-3　時間軸のグラフ例題

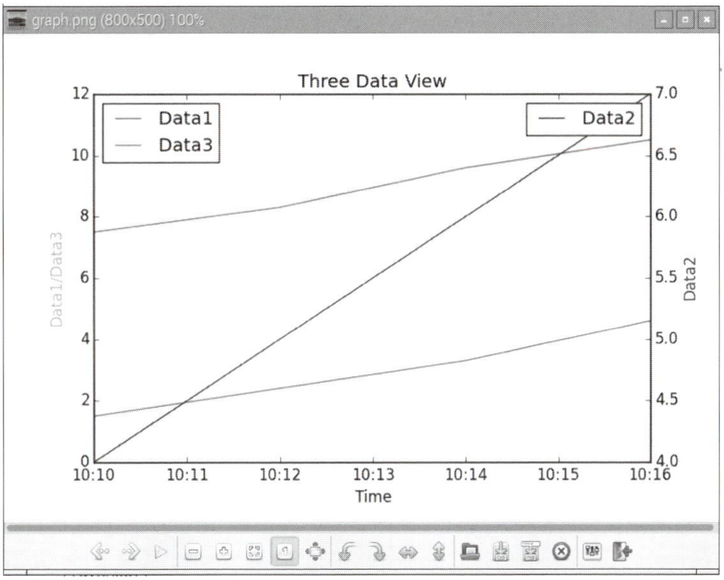

このグラフを作成するPythonスクリプトがリスト7-2-2となります。

❶ 関連ライブラリをインポート

最初にmatplotlibライブラリ本体をインポートし、インスタンスをmpltとしています。さらにmatplotlibで時間を扱うために別のライブラリがあるので一緒にインストールします。さらにラズパイ用のpyplotをインポートしてインスタンスをpltとしています。

❷ X軸の時間データの準備

次にX軸用の時間のデータの準備をします。定数の表示用データリストxtimeを定義してX軸を時間のデータにします。この時間のデータはラズパイが直接扱える「年月日時分」の形式の文字列のリスト型で定義しています。

次で、strptimeによりこの文字データの時間データ列を、いったんラズパイ内部の時刻データ形式のリスト型に変換しdatesに格納します。さらにこれをdate2numによりmatplotlibのX軸用の数値のリスト型に変換してxのデータとします。これでX軸用の時間のデータの準備は完了です。

❸ subplotsメソッドでグラフとプロットのインスタンスを取得

次はsubplotsメソッドで作成するグラフの基本構成では、X軸を共有するとして定義し、グラフのインスタンスfigとプロットのインスタンスax1を取得しています。続いてプロットax2のインスタンスをax1のtwinxとして取得しています。

❹ X軸の時間の表示方法の設定

次がX軸を時間で描画する際に時間を表示するフォーマットをDateFormatterメソッドで「時：分」とするように定義し、ax1.xaxis.set_major_formatterメソッドで表示形式を指定しています。

❺ プロット実行

このあとプロットを実行していますが、時間軸でプロットするためplot_dateというメソッドを使っています。ax1のプロットでは2本のプロットを同じY軸で色を変えて実行しています。このように同じY軸であれば何本でもyの値を選択してプロットすることができます。またlabelで各プロットに名称を付加しています。plot_dateの使い方は次のようになっています。

【書式】ax1.plot_date(x, y, fmt='b-', tz=none, xdate=true,
　　　　ydate=False, options)

　　　　xとy：いずれか片方の場合もある
　　　　fmt：プロットのフォーマット　表7-2-1と同じ
　　　　tz：タイムゾーンの指定　デフォルトはラズパイの設定による
　　　　xdate、ydate：Trueとすると時間軸になる。Falseは通常のxかy
　　　　　　　　　　　の値
　　　　options：plotと同じ

❻ 凡例と表題、軸ラベルの表示

この後グラフの本数が3本になるので、区別できるように凡例をax1.legendメソッドで表示しています。あとは表題と軸ラベルの表示です。このlegendの使い方は次のようになっています。凡例文字はplotで指定したlabelの文字になります。

【書式】legend(loc='best', fontsize='size')

locは凡例の位置指定で、使えるパラメータには次のようなものがあります。

　'best'、'upper right'、'upper left'、'lower left'、'lower right'、
　'right'、'center left'、'center right'、'lower center'、'upper
　center'、'center'

fontsizeに使えるパラメータはset_titleと同じです。

❼ 保存と表示

最後にpng形式でグラフを./Graphディレクトリに保存してから表示しています。ただしこの表示は一瞬で消えてしまうので、あとから保存したpngファイルをイメージビューワで開いて見ます。

リスト 7-2-2　時間軸グラフを作成するスクリプト（testgraph3.py）

```python
#!/usr/bin/python
#-*- coding:utf-8 -*-
import time
import datetime
import matplotlib as mplt
import matplotlib.dates
import matplotlib.pyplot as plt
logpath = '/home/pi/Graph/'
logfile = 'logdate.log'
graphfile = 'graph.png'
#******* グラフを生成する関数 ***********
def makeGraph():
    #テスト用データの定義
    xtime = ["20160802-1010","20160802-1012", "20160802-1014", "20160802-1016"]
    dates = []
    x = []
    y1 = [7.5,8.3,9.6,10.5]
    y2 = [4,5,6,7]
    y3 = [1.5, 2.4, 3.3, 4.6]
    #時刻データの数値への変換
    for value in xtime:                         #テキストから時刻への変換
        dates.append(datetime.datetime.strptime(value, "%Y%m%d-%H%M"))
    x = mplt.dates.date2num(dates)              #数値へ変換
    #グラフのインスタンス生成
    fig, ax1 = plt.subplots(1,1, sharex=True, figsize=(8, 5))
    ax2 = ax1.twinx()
    #X軸の時間軸フォーマット指定
    timeFmt = mplt.dates.DateFormatter('%H:%M')  #時：分で表示
    ax1.xaxis.set_major_formatter(timeFmt)
    #グラフ描画 X軸を時間にする
    ax1.plot_date(x, y1, 'r', xdate=True, label="Data1") #color=red Time
    ax2.plot_date(x, y2, 'b', xdate=True, label="Data2") #color=blue
    ax1.plot_date(x, y3, 'g', xdate=True, label="Data3") #color=green
    #ラベル類表示
    ax1.legend(loc='upper left')                 #凡例表示
    ax2.legend(loc='upper right')
    ax1.set_xlabel('Time')
    ax1.set_ylabel('Data1/Data3', color='c')
    ax2.set_ylabel('Data2', color='b')
    ax1.set_title('Three Data View')
    fig.savefig(logpath+graphfile)
    fig.show()
#********** メイン関数 *******
def main():
    makeGraph()

#*******　起動 *****
if __name__ == '__main__':
    main()
```

- timeの関連とmatplotlib関連をインポート
- X軸用時間のデータ
- テキストから時間に変換しさらにX軸用数値に変換
- グラフとプロットのインスタンス生成
- 時間をX軸の表示用に変換
- 3本のプロット実行
- 凡例を表示
- 軸ラベル
- 表題
- グラフ保存

7-2-5 データロガーのグラフを作成する

matplotlibの使い方が理解できたところで、本書の目的であるデータロガー用のグラフを作成するPythonスクリプトを製作します。

今回は収集データの種類が多く、1つのグラフにするのは無理なので、次のような2つのグラフに分けて表示することにしました。このため、それぞれのグラフ生成用のPythonスクリプトが必要になります。

❶室内環境グラフ　　　LoggerRoom.py

　　左側Y軸　　温度：0℃〜80℃（赤プロット）
　　　　　　　湿度：0%〜80%（緑プロット）
　　右側Y軸　　気圧：960hPa〜1040hPa（青プロット）

横軸を時間とし「日/時:分」の表示形式とし、凡例を左右の下側にそれぞれ表示します。気圧の1013hPa、湿度の50%、温度の25℃に横軸を破線で表示して目印にします。表題と軸のラベルを表示します。このPythonスクリプトには、データ収集ボードに計測要求コマンドを送信し、折り返し計測データを受信してファイルに追加保存するという機能も組み込みます。このためにPiSerialモジュールを使います。

●図7-2-4　室内環境グラフ例

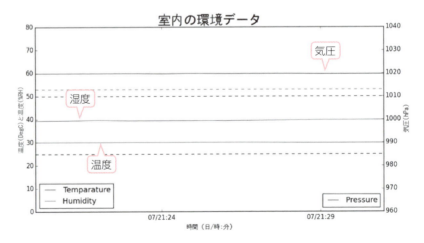

❷電圧電流グラフ　　LoggerVA.py

左側Y軸　電圧2チャネル　0mV ～ 6000mV（青と緑プロット）
右側Y軸　電流2チャネル　0mA ～ 600mA（赤と黄プロット）

横軸を時間とし「日/時:分」のフォーマットで表示します。凡例を左右の上側にそれぞれ表示し、電圧の2000mVと4000mVに破線の横線を表示します。さらに表題と軸ラベルを表示します。データは①のPythonスクリプトで収集し保存したファイルを使うことにします。

●図7-2-5　電圧電流のグラフのフォーマット

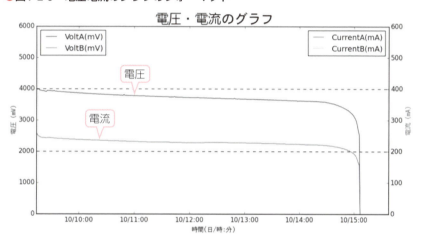

1 環境グラフを作成するPythonスクリプト

このような条件で作成したPythonスクリプトがリスト7-2-3とリスト7-2-4となります。

❶関連ライブラリのインクルード

時間を扱うためのライブラリ、matplotlib関連ライブラリ、最後にPiSerialモジュールをインクルードしています。ここで重要な設定があります。「`mplt.use(Agg)`」という記述です。これは今回のようにプログラムでmatplotlibを実行して、実際にグラフを表示させないでグラフ画像を保存する場合に必要となる記述で、これがないとグラフは生成されません。

❷ディレクトリ

データロガーシステムは「/home/pi/Server」というディレクトリを使うことにしました。

❸ グラフデータの取り出し

グラフデータはすべて「/home/pi/Server/logdata.log」というファイルに保存しています。そこでこのファイルを呼び出し、内容をfというインスタンスに取り出した後、内容の位置を指定して必要な時刻、温度、湿度、気圧のデータをリスト型ですべて取り出します。さらに時刻のデータをX軸用の数値データに変換します。

❹ グラフのインスタンス取得

subplotsメソッドでグラフのインスタンスfigとプロットのインスタンスax1を取得します。このときX軸は共有指定でサイズを12×6インチとしています。さらにY軸のスケールも指定しています。続いてax2のプロットをtwinxで取得し、こちらもY軸のスケールを指定します。続いて時間軸の表示フォーマットも設定しています。

❺ プロット実行

ax1で2本、ax2で1本のプロットを実行し、それぞれに色指定とラベルを付けています。続いて横軸を3本追加プロットしています。これにはax1.axhlineというメソッドを使っていますがこのメソッドのフォーマットは次のようになっています。

【書式】`ax1.axhline(y=n, options)`
   n 横軸をプロットするY軸の値
   options plotと同じものが使える
     `color='k'`、`linestyle='--'` など

❻ 凡例、ラベルの表示

位置を指定して凡例を追加します。また表題と軸ラベルも追加しています。ここではラベルに日本語を使っています。日本語を使う場合には、fontpropertiesというオプションが必要になりますが、その前にフォントの所在を明記することが必要となります。ここではfontpropという変数にラズパイにインストールしたsazanamiフォントをフルパスで代入しています。この変数を使って、次のように記述します。さらに例のように日本語文字列には「u」を追加してユニコード指定とする必要があります。

```
fontprop=matplotlib.font_manager.FontProperties¥
  (fname="/usr/share/fonts/truetype/sazanami/sazanami-gothic.ttf")
ax1.set_xlabel(u'時間(日/時:分)', fontproperties=fontprop)
```

❼ グラフ画像を保存

指定したディレクトリ/home/pi/Serverに、指定したファイル名graph.pngで保存します。

7-2 ラズパイのプログラム製作

❽メイン関数

メイン関数では、このスクリプトが起動されたとき、まずPiSerialのインスタンスを取得してメインループに入ります。メインループではデータ収集ボードに計測要求のコマンドを送信し、折り返しのデータ受信を待ちます。データが受信できたら時刻データを追加してファイルに追加保存します。その後グラフ生成関数を呼び出して新データでグラフを生成します。生成したらこのスクリプトは終了します。

リスト 7-2-3　環境グラフを作成するPythonスクリプト　LoggerRoom.py

```python
#!/usr/bin/python
#-*- coding:utf-8 -*-
from time import sleep
import datetime          # dateの関連とmatplotlib関連をインポート
import time
import locale
import matplotlib as mplt
mplt.use("Agg")          # GUIが無い条件でグラフ生成するための記述
import matplotlib.dates
import matplotlib.pyplot as plt
import serial
#ディレクトリ指定
logpath = '/home/pi/Server/'    # 格納ディレクトリ
logfile = 'logdata.log'
graphfile = 'graph.png'
#**** グラフ生成関数 ****
def makeGraph():
    #ファイルからデータの読み出し
    f = open(logpath + logfile, 'r')    # 既存ファイルからデータ取得
    dates = []
    temp = []
    humi = []
    pres = []
    #ファイルからデータ取り出し
    for line in f:
        dates.append(datetime.datetime.strptime(line[0:9], "%m%d%H%M%S"))   # 保存ファイルから必要なデータを取り出す
        temp.append(float(line[11:17]))
        humi.append(float(line[18:22]))
        pres.append(float(line[23:29]))
    #時刻データの数値への変換
    x = mplt.dates.date2num(dates)    #数値へ変換    # 時間をX軸の表示用に変換
    #グラフのインスタンス取得
    fig, ax1 = plt.subplots(1,1, sharex=True, figsize=(12, 6))    # グラフとプロットのインスタンス取得
    plt.ylim([0, 80])          #ax1のY軸スケール指定
    ax2 = ax1.twinx()          # ax2のインスタンス取得軸スケール指定
    plt.ylim([960, 1040])      #ax2のY軸スケール指定
    #X軸の時間軸フォーマット指定
    timeFmt = mplt.dates.DateFormatter('%d/%H:%M')    # 日/時:分で表示    # 時間軸の表示形式指定
    ax1.xaxis.set_major_formatter(timeFmt)
    #グラフ描画 X軸を時間にする
    ax1.plot_date(x, temp, 'r', xdate=True, label="Temparature") #color=red Time    # 3本のプロット実行
    ax1.plot_date(x, humi, 'g', xdate=True, label="Humidity")    #color=green
    ax2.plot_date(x, pres, 'b', xdate=True, label="Pressure")    #color=blue
```

```
        #横軸の追加
        ax1.axhline(y=25, color='k', linestyle='--')      # 横軸の破線追加
        ax1.axhline(y=50, color='k', linestyle='--')
        ax2.axhline(y=1013, color='m', linestyle='--')
        #ラベル類表示、日本語の表示
        fontprop=matplotlib.font_manager.FontProperties\   # 日本語フォント指定
                 (fname="/usr/share/fonts/truetype/sazanami/sazanami-gothic.ttf")
        ax1.legend(loc='lower left')         #凡例表示位置指定    # 凡例位置指定で表示
        ax2.legend(loc='lower right')
        ax1.set_xlabel(u'時間(日/時:分)', fontproperties=fontprop)    # 軸ラベル設定
        ax1.set_ylabel(u'温度(DegC)と湿度(%RH)', color='r', fontproperties=fontprop)
        ax2.set_ylabel(u'気圧(hPa)', color='b', fontproperties=fontprop)
        #日本語タイトル
        ax1.set_title(u'室内の環境データ', fontsize=25, fontproperties=fontprop)  # 日本語表題
        fig.savefig(logpath+graphfile)                    # 保存
#       fig.show()
#**** メイン関数 *****
def main():
        con=serial.Serial('/dev/ttyAMA0', 115200)         # PiSerialのインスタンス取得
        print con.portstr
        try:
                # Send Command
                con.write('M\r\n')                        # 計測要求コマンド送信
                # 受信待ち
                data = con.readline()                     # 折り返しデータ受信し
                wbuf = "%s,%s" % (time.strftime('%m%d%H%M%S'), data)  # バッファに時刻を追加して保存
                print wbuf
                #ファイルへ追加
                f=open(logpath + logfile, 'a')            # ファイルに追加して保存
                f.write(wbuf)
                f.close()
                #グラフ作成実行
                makeGraph()                               # グラフ生成関数呼び出し
        except KeyboardInterrupt:
                pass
#************ ****************
if __name__=='__main__':
        main()
```

2 電圧電流のグラフ作成Pythonスクリプト

次は電圧と電流のグラフを作成するPythonスクリプトで、リスト7-2-4となります。

内容はリスト7-2-3とほとんど同じですが、メインの部分が異なり、こちらでは起動されたときグラフ生成関数を呼んでいるだけです。このスクリプトもグラフを生成したら終了します。

リスト 7-2-4 電圧電流のグラフ作成Pythonスクリプト　LoggerVA.py

```python
#!/usr/bin/python
#-*- coding:utf-8 -*-
from time import sleep
import datetime
import time
import locale
import matplotlib as mplt
mplt.use("Agg")
import matplotlib.dates
import matplotlib.pyplot as plt
#ディレクトリ指定
logpath = '/home/pi/Server/'
logfile = 'logdata.log'
graphfile = 'graph2.png'
#******** グラフ作成関数 ******
def makeGraph():
    #ファイルからデータの読み出し
    f = open(logpath + logfile, 'r')
    dates = []
    VoltA = []
    CurrentA = []
    VoltB = []
    CurrentB = []
    #ファイルからデータ取り出し
    for line in f:
        dates.append(datetime.datetime.strptime(line[0:9], "%m%d%H%M%S"))
        VoltA.append(float(line[30:35])*1000)
        CurrentA.append(float(line[37:41]))
        VoltB.append(float(line[42:47])*1000)
        CurrentB.append(float(line[49:53]))
    #時刻データの数値への変換
    x = mplt.dates.date2num(dates)        #数値へ変換
    #センサーグラフのインスタンス生成
    fig, ax1 = plt.subplots(1,1, sharex=True, figsize=(12, 6))
    plt.ylim(0, 6000)
    ax2 = ax1.twinx()
    plt.ylim(0, 600)
    #X軸の時間軸フォーマット指定
    timeFmt = mplt.dates.DateFormatter('%d/%H:%M')   #日/時：分で表示
    ax1.xaxis.set_major_formatter(timeFmt)
    #ラベル類表示
    fontprop=matplotlib.font_manager.FontProperties¥
        (fname="/usr/share/fonts/truetype/sazanami/sazanami-gothic.ttf")
    ax1.plot_date(x, VoltA, 'b', xdate=True, label="VoltA(mV)")
    ax1.plot_date(x, VoltB, 'g', xdate=True, label="VoltB(mV)")
    ax2.plot_date(x, CurrentA, 'r', xdate=True, label="CurrentA(mA)")
    ax2.plot_date(x, CurrentB, 'y', xdate=True, label="CurrentB(mA)")
    #横軸追加
    ax1.axhline(y=2000, color='k', linestyle='--')
    ax1.axhline(y=4000, color='k', linestyle='--')
    #表題、軸ラベル表示
    ax1.legend(loc= 'upper left')
    ax2.legend(loc= 'upper right')
    ax1.set_xlabel(u'時間（日/時：分）', fontproperties=fontprop)
    ax1.set_ylabel(u'電圧（mV）', color='b', fontproperties=fontprop)
```

- dateの関連とmatplotlib関連をインポート
- GUIが無い条件でグラフ生成するための記述
- 格納ディレクトリ
- 既存ファイルからデータ取得
- 保存ファイルから必要なデータを取り出す
- 時間をX軸の表示用に変換
- グラフとプロットのインスタンス取得、スケール指定
- ax2のインスタンス取得軸スケール指定
- 時間軸の表示形式指定
- 日本語フォント指定
- 3本のプロット実行
- 横軸の破線追加
- 凡例位置指定で表示
- 軸ラベル設定

```
        ax2.set_ylabel(u'電流 (mA)', color='r', fontproperties=fontprop)
        ax1.set_title(u'電圧・電流のグラフ', fontsize=25, fontproperties=fontprop)
        fig.savefig(logpath+graphfile)
#***** メイン関数  *****
def main():
    try:
        #グラフ作成実行
        makeGraph()
    except KeyboardInterrupt:
        pass
#************ ****************
if __name__=='__main__':
    main()
```

- 日本語表題
- 保存

7-2-6 一定間隔でデータを収集する

　以上でデータ収集ボードからデータを受信してグラフを生成するところまではできました。次に必要なのは、一定間隔でこれを実行させることです。

　その前に、GPIOのシリアルインターフェースを有効化するため、あらかじめ第4-5節で説明した手順を実行しておく必要があります。つまり /boot/cmdline.txt ファイルの一部修正と /boot/config.txt ファイルへの追記です。

　一定間隔で実行するためには、本来はメインループの中で、一定時間間隔でデータ要求コマンドを実行するようにすればよいのですが、このループでグラフファイルを繰り返し上書きすると、ある回数を超えたときに警告が出てプログラムが実行できなくなってしまいます。そこでやむを得ず、プログラムは1回ごとに終了させることにし、crontabコマンドでプログラム起動用のシェルスクリプトを周期起動させることにしました。

　グラフを生成するプログラムは2つあるので、これを起動させるための起動用シェルスクリプト（start_logger.sh）を作成します。これがリスト7-2-5となります。単純にディレクトリを「/home/pi/Server」に移動したあと、2つのPythonスクリプトを順番に起動しているだけです。

リスト 7-2-5　ロガー起動用シェルスクリプト（start_logger.sh）

```
#!/bin/bash
cd /home/pi/Server
sudo python LoggerRoom.py
sudo python LoggerVA.py
echo "Start Logger¥r¥n"
```

このシェルスクリプトを周期起動させるためのcrontabファイルは図7-2-6のようにしますが、次のコマンドによりエディタで開いて編集します。crontabコマンドの詳細は章末のコラムを参照してください。また、このコマンドは/home/pi/Serverディレクトリから実行してください。

```
cd /home/pi/Server
crontab -e
```

ここではリスト7-2-5のシェルスクリプトを毎分ごとに実行させるようにしています。したがってロガーのデータ収集周期は1分間隔ということになります。

2行目の記述は、グレードアップの節（第7-7節）で追加するMyDNSサイトへIPアドレスを通知するためのコマンドで、30分置きに実行するようにしています。

● 図7-2-6 周期起動用のcrontabファイルの追記

以上でグラフ作成のプログラム製作は終了です。ただし、ラズパイにはもう1つ作業が残っています。出来上がったグラフをウェブサーバとして公開するという作業です。次節でこの方法を説明します。

7-3 超簡単ウェブサーバ構築 SimpleHTTPServer

ウェブサーバ
ウェブシステム上で利用者側のコンピュータに対して情報や機能を提供するサーバコンピュータのこと。

本節では、ラズパイをウェブサーバ†とするために超簡単にウェブサーバを構成できる「SimpleHTTPServer」というアプリケーションを使います。簡単に使えるだけでなく、Rasbianに標準で同梱されているPythonのライブラリとして含まれているので、あらためてインストールする必要がありません。

7-3-1 SimpleHTTPServerの使い方

SimpleHTTPServerを使ってウェブサーバを構成するには、次のコマンドで起動するだけです。

    sudo python -m SinpleHTTPServer ［ポート番号］

ポート番号
IPアドレスの下位に設けられた補助アドレスのことでアプリケーションの識別に使われる。

これでパソコンなどのブラウザからラズパイのIPアドレスとコマンドで指定したポート番号†を使って、次のURLでアクセスするだけです。

    http://IPアドレス:[ポート番号]

これでブラウザには現在のラズパイのディレクトリの中身が表示されます。さらにこのディレクトリに「index.html」というファイルが存在すればそのHTMLファイルを優先的に表示します。
例えば「graph.png」というグラフデータを「/home/pi/Server」というディレクトリに用意し、さらに同じディレクトリにリスト7-3-1のような「index.html」ファイルを用意します。

リスト 7-3-1 index.htmlの例

```
<!DOCTYPE html PUBLIC "-//W3C//DTD HTML 4.01 Transitional//EN" "http://www.w3.org/TR/html4/loose.dtd">
<html>
<body>
    <br>
    <p style="text-align:center">
    <font size=7>"Graph of Log Datas"</font><br>
    </p>
    <img src= "graph.png" width=1280 border="0" align="center">
</body>
</hrml>
```

そして次のコマンドでSimpleHTTPServerを起動します。

```
cd /home/pi/Server
sudo python -m SimpleHTTPserver 9000
```

これでパソコンなどから「http://IPアドレス:9000」にアクセスすれば図7-2-2のように用意されたグラフが表示されます。

●図7-3-1　表示例

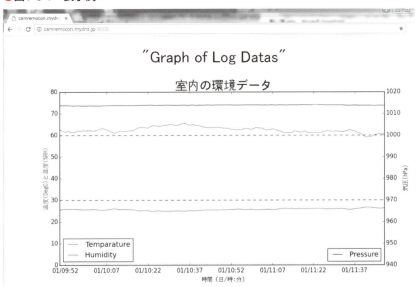

SimpleHTTPServerをラズパイ起動時に自動起動させるには、次のコマンドでrc.localファイルをエディタで開き、これに起動コマンドを追加するだけです。

```
sudo nano /etc/rc.local
```

このあと、リスト7-3-2のようなコマンド2行を exit 0 の直前に追記します。追記できたら「Ctrl + O」で上書きし「Ctrl + X」でエディタを終了すれば完了で、次に起動したとき自動的にウェブサーバとして動作を開始します。

リスト 7-3-2　自動起動の設定（rc.local）

```
# Print the IP address
_IP=$(hostname -I) || true
if [ "$_IP" ]; then
  printf "My IP address is %s\n" "$_IP"
fi

cd /home/pi/Server
sudo python -m SimpleHTTPServer 9000

exit 0
```

7-3-2　データロガーシステムとして構成する

　以上でグラフ作成とウェブサーバが構成できました。あとはデータロガー用のHTMLファイルを作って、サーバとしてグラフを公開するだけです。
　作成したデータロガー用HTMLファイルがリスト7-3-3となります。見出しを表示して、2つのグラフを縦に並べているだけの簡単な構成です。

リスト 7-3-3　データロガー用HTMLファイル　index.html

```html
<!DOCTYPE html PUBLIC "-//W3C//DTD HTML 4.01 Transitional//EN" "http://www.w3.org/TR/html4/loose.dtd">
<html>
<body>
    <br>
    <p style="text-align:center">
    <font size=7>"Graph of Log Datas"</font><br>
    </p>
    <img src= "graph.png" width=1280 border="0" align="center">
    <br>
    <img src= "graph2.png" width=1280 border="0" align="center">
</body>
</hrml>
```

　このファイルも「/home/pi/Server」ディレクトリに格納します。
　これでURLが呼ばれたときこのindex.htmlファイルが起動され、図7-3-2のように2つのグラフを表示することになります。

●図7-3-2　データロガーの表示画面例

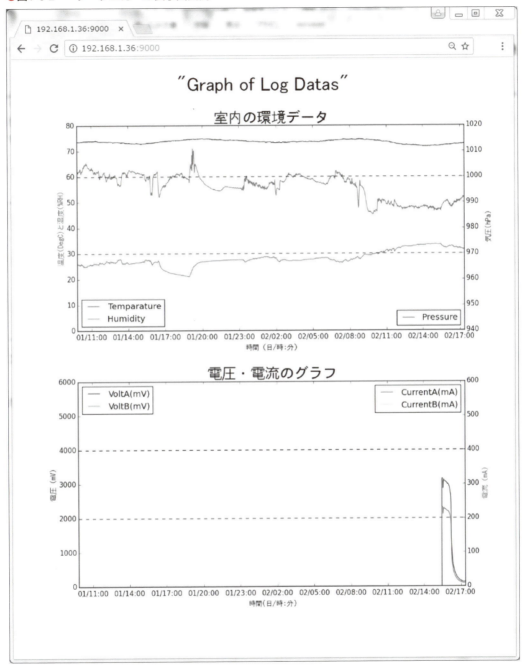

7-4 データ収集ボードのハードウェアの製作

ラズパイ側の準備が完了したので、次は実際にデータを集めるデータ収集ボードの製作です。まずハードウェアの製作からです。

7-4-1 全体構成

I²C
Inter-Integrated Circuitの略で、近距離にあるICやデバイス間の接続に使われる通信方式。

データ収集ボードの全体構成は図7-4-1のようにしました。全体を制御するPICマイコンには28ピンのPIC16F1829を使いました。このPICマイコンはI²C†モジュールを2組内蔵しているのが特徴です。

●図7-4-1　データ収集ボードの全体構成

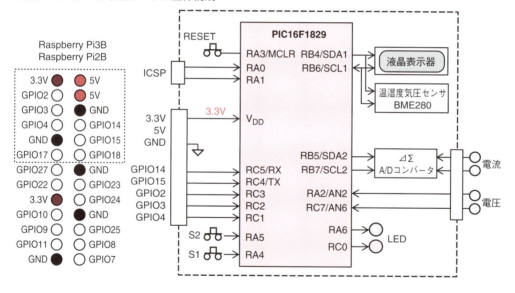

本章でも液晶表示器を使いますが、第3章で使った小型のI²Cインターフェースのものを使いました。さらに温湿度気圧センサもI²C接続ですので、同じI²Cで接続してアドレスで区別します。さらに18ビット分解能のデルタシグマA/Dコンバータ†もI²Cインターフェースでの接続となります。1組のI²Cモジュールでこの3つの周辺モジュールを接続することも可能ではあるのですが、プログラムのデバッグが少々面倒になるので、本章では2組のI²Cで分けて接続することにしました。

デルタシグマA/Dコンバータ
デルタシグマ変調という方式を使ったA/Dコンバータで、高分解能という特徴があるが変換速度は遅い。

室内環境の計測は1個のセンサにお任せになります。これで温度、湿度、気圧の3つをまとめて計測できます。

電圧計測はPICマイコンのA/Dコンバータで直接計測することにしました。しかし計測できる範囲はPICマイコンの電源電圧までですから、3.3Vが最大になってしまいます。5Vまで計測したいので、入力を抵抗で1/2に分圧して、6.6Vまで計測できるようにしました。

電流測定では、被測定機器に直列に抵抗を挿入することになります。この抵抗値をできるだけ小さくしたいので、高分解能のデルタシグマA/Dコンバータを使うことにしました。これで直列抵抗値を0.1Ωとして、最大2.5Aまで計測できるようにしています。以上のような構成で表7-1-1の計測仕様を満足させることができました。

7-4-2 デルタシグマA/Dコンバータの使い方

MCP3422
マイクロチップテクノロジー社製のA/Dコンバータ。

本章では電流測定用に18ビット分解能のデルタシグマA/DコンバータMCP3422†を使うので、その使い方を説明します。このA/Dコンバータは、最も簡単な構成で使える高性能かつ安価なものです。

内部の構成と仕様は図7-4-2のようになっていて、マイコンとの接続インターフェースがI²Cとなっています。18ビット分解能のデルタシグマA/Dコンバータ以外に、ゲイン可変のアンプと2.048V±0.05%という高精度のリファレンス電圧†を内蔵しているので、外付け部品を必要としません。

リファレンス電圧
A/D変換の電圧最大値を決める。

● 図7-4-2 MCP3422の内部構成

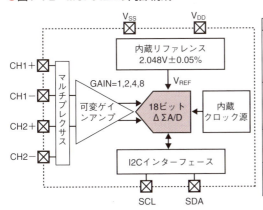

項目		仕様	備考
電源	動作電源電圧	2.7V～5.5V	V_DD
	動作電流	Typ155μA Max180μA	V_DD=5V
		145μA	V_DD=3V
	待機電流	0.1～0.5μA	
入力	差動電圧範囲	±2.048V	入力間の電位差
	入力インピーダンス	2.25MΩ	差動入力間
		25MΩ	対GND間
	入力絶対定格	VSS-0.3V～V_DD+0.3V	
変換レート	12ビットのとき	176～240SPS	分解能 1mV
	16ビット	11～15SPS	分解能 62.5μV
	18ビット	2.75～3.75SPS	分解能 15.625μV
精度誤差	リファレンス電圧	2.048V±0.05%	
	ゲイン誤差	Typ0.05% Max0.35%	Ref、PGA誤差含む
	オフセット誤差	15μV～40μV	PGA=1

コンフィギュレーションレジスタ
動作モードを決めるための構成設定用メモリ。

このMCP3422は、I²CによりPICマイコン側からコマンド送信で内部コンフィギュレーションレジスタ†を書き換えることで、各種の動作モードを設定します。また、A/D変換の結果を読み出すことになるので、I²Cの通信では送信と受信両方があります。

1 コンフィギュレーションの設定方法

A/Dコンバータの動作モードを指定するため、PICマイコン側からI²Cでデータを送信してコンフィギュレーション†設定を行います。このときのデータフォーマットは図7-4-3のようになります。

I²CマスタとなるPICマイコン側から、7ビットアドレス＋Writeモードで1バイトのデータを送信します。アドレス†は「0xD0」が標準となります。

下位3ビット†は工場出荷時に設定可能なので注文で指定します。指定しない場合は「000」というアドレスになります。

続いて送信する1バイトのデータがコンフィギュレーションデータで、図7-4-3の下側のような構成となります。これでA/Dコンバータの動作モードが決まります。チャネル選択は、MCP3422には2チャネルしか実装されていないので、00か01だけとなります。

このコンフィギュレーションで特徴的なのは、A/Dコンバータの分解能を4種類から選択できることです。このビット数により変換速度つまりサンプルレート†が変わり、少ないビット数ほどサンプルレートが大きくなり高速になります。

また変換の仕方も、自立的に連続で変換を繰り返す連続変換モードと、マイコン側から変換開始を指定したときに変換するワンショットモードの2種類から選択できます。

可変ゲインアンプのゲインは、1倍、2倍、4倍、8倍の4種類から選択できます。

● 図7-4-3　MCP3422のコンフィギュレーション

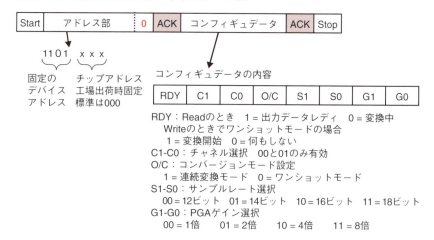

> **コンフィギュレーション**
> 動作モードのこと。

> **アドレス**
> I²Cではスレーブとなるデバイスごとにアドレスが付与されている。

> **設定可能なビット**
> 「1101xxx」の下位3ビットのxのこと。

> **サンプルレート**
> 1秒間のA/D変換回数のこと。

2 データの読み出し

変換結果のデータを読み出す場合には、分解能によってビット数が異なるので読み出すデータバイト数も異なってきます。この読み出しフォーマットは図7-4-4のようになります。

18ビット分解能の場合は、図7-4-4(a)のようにデータ部が3バイトとなります。最初のバイトは上位2ビット分が右詰めでセットされ、上位6ビットには最上位ビット(D17)の符号と同じ値がセットされます。2バイト目はデータのD15からD8まで、3バイト目はD7からD0の8ビットがセットされています。これで変換結果のデータは取得できますが、そのあとのバイトにはコンフィギュレーションのデータがセットされています。

データ転送を終了させるには、マスタ側となるPICマイコンがNACKを返してからストップ条件を出力する必要があります。

16ビット以下の分解能の場合は、図7-4-4(b)のようにデータ部が2バイトで構成できますから、出力データも2バイトとなります。14、12ビット分解能の場合の上位のあいたビットには、データの最上位ビットの符号と同じ値がセットされます。

● 図7-4-4 変換データの出力データフォーマット

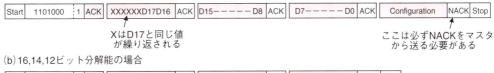

(a) 18ビット分解能の場合

| Start | 1101000 | 1 | ACK | XXXXXXD17D16 | ACK | D15―――D8 | ACK | D7―――D0 | ACK | Configuration | NACK | Stop |

XはD17と同じ値が繰り返される

ここは必ずNACKをマスタから送る必要がある

(b) 16,14,12ビット分解能の場合

| Start | 1101000 | 1 | ACK | D15―――D8 | ACK | D7―――D0 | ACK | Configuration | NACK | Stop |

14ビット分解能の場合　XXD12‥‥‥‥D8
12ビット分解能の場合　XXXXD11‥‥‥D8

ここは必ずNACKをマスタから送る必要がある

取得されたデータは正、負両方の場合があり、18ビット分解能で可変ゲインアンプのゲインが1倍の場合には、表7-4-1のような形式でデータが変換されます。

正の上限値が＋2.048Vで負の下限値は－2.048Vということになり、その範囲外の場合には上下限値のまま同じ値となります。

この形式であれば、絶対値を求める場合、負の値のときは、0と1を反転させてから1を加えるだけで求められることになります(2の補数)。

▼表7-4-1 取得データのフォーマット

入力電圧	出力コード	備　考
2.048V以上	0111111111111111	上限値のまま
2.048V－約16μV	0111111111111111	正の最大値
約16μV	0000000000000001	正の最小値
0V	0000000000000000	
約－16μV	1111111111111111	負の最大値
－2.048V＋約16μV	1000000000000000	負の最小値
－2.048V以下	1000000000000000	下限値のまま

3 制御プログラム

このA/Dコンバータの制御プログラムは、インターフェースがI^2C通信なので、第3章で使ったI^2C用ライブラリの関数を使います。

A/Dコンバータのコンフィギュレーション設定には、I^2Cの出力関数CmdI2C()を使います。A/Dコンバータからの変換結果入力には、GetDataI2C()関数を使います。

実際にこのA/Dコンバータからデータを入力するプログラム例は、リスト7-4-1のようになります。まずコンフィギュレーションを出力して、18ビットでワンショット変換モードとします。あらかじめResultという4バイト以上のバッファを用意しておき、ここにGetDataI2C()関数による受信データを格納します。データは図7-4-4 (a)のフォーマットで入力されますから、データ3バイト、コンフィギュレーション1バイトが格納されることになります。

リスト 7-4-1　A/Dコンバータ入力処理プログラム例

```
unsigned char Result[5];      // バッファの用意
CmdI2C(0x8C);                 // ADC初期化 Gain=1 18ビット
（適切な待ち時間）
GetDataI2C(Result, 4);        // データ取得 4バイト
```

7-4-3　複合センサ　BME280の使い方

本章では、室内環境の測定用にBME280というボッシュ社のセンサを使っています。このセンサだけで温度、湿度、気圧の3要素が測定できてしまうので便利なセンサです。

しかし、センサ本体は表面実装[†]の非常に小さなものなので、直接我々が扱うことは困難です。したがってこれを基板に実装した状態で販売されているものを使います。この基板実装のセンサの外観と仕様が図7-4-5となります。

表面実装
部品の端子部をプリント基板の表面に直接はんだ付けして接続する方法。

7-4 データ収集ボードのハードウェアの製作

SPI
Serial Peripheral Interfaceの略。3線または4線で行う同期式近距離用シリアル通信で高速通信が特徴。

この基板実装のものは、I²C接続とSPI†接続のいずれかを選択できるようになっているので、本章ではI²C接続を使います。この場合、J3のジャンパ接続をしておく必要があるので忘れないようにします。またI²C接続の場合、スレーブアドレスをSDOピンで0x76と0x77を切り替えられます。電源は3.3Vが標準の電圧になります。

●図7-4-5 複合センサの外観と仕様

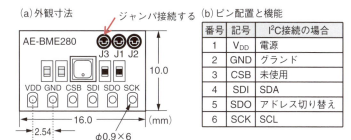

このセンサの内部レジスタのデータフォーマットは、図7-4-6のようになっています。データはレジスタアドレスにより区別され、すべて8ビットごとに分けられています。したがって、例えば湿度のデータの場合、0xFEと0xFDの2つのレジスタを読み込んで16ビットのデータに変換する必要があります。さらに温度と気圧は3バイトで構成されています。

このセンサには個別に較正用のデータが書き込まれていて、最初に較正用データをすべて読み出しておき、データ読み出しごとにこの較正データをもとに較正計算をする必要があります。

動作モードを設定するためのレジスタが3種類あります。本書では次のように設定しました。

❶configレジスタ

フィルタ係数はなしでfilter = 000、計測間隔1秒としてt_sb = 101。したがって、config = 0xA0とします。

オーバーサンプル
サンプリング周波数を数十倍にする。これにより、ノイズが広域に分散して減衰する。

❷ctl_measレジスタ

オーバーサンプル比†は、温度はx1でosrs_t = 001、気圧もx1でosrs_p = 001、モードはノーマルとするのでmode = 1として、結果ctrl_meas = 0x27とします。

❸ctrl_humレジスタ

オーバーサンプル比を1としてosrs_h = 001、したがってctrl_hum = 0x01とします。

● 図7-4-6　BME280のデータフォーマット

レジスタ名称	レジスタアドレス	bit7	bit6	bit5	bit4	bit3	bit2	bit1	bit0	Reset state
hum_lsb	0xFE	colspan hum_lsb<7:0>								0x00
hum_msb	0xFD	hum_msb<7:0>								0x80
temp_xlsb	0xFC	temp_xlsb<7:4>				0	0	0	0	0x00
temp_lsb	0xFB	temp_lsb<7:0>								0x00
temp_msb	0xFA	temp_msb<7:0>								0x80
press_xlsb	0xF9	press_xlsb<7:4>				0	0	0	0	0x00
press_lsb	0xF8	press_lsb<7:0>								0x00
press_msb	0xF7	press_msb<7:0>								0x80
config	0xF5	t_sb[2:0]			filter[2:0]				spi3w_en[0]	0x00
ctrl_meas	0xF4	osrs_t[2:0]			osrs_p[2:0]			mode[1:0]		0x00
status	0xF3					measuring[0]			im_update[0]	0x00
ctrl_hum	0xF2						osrs_h[2:0]			0x00
calib26..calib41	0xE1..0xF0	calibration data								individual
reset	0xE0	reset[7:0]								0x00
id	0xD0	chip_id[7:0]								0x60
calib00..calib25	0x88..0xA1	calibration data								individual

① 湿度データ＝humi_msb＋humi_lsb
② 温度データ＝temp_msb＋temp_lsb＋temp_xlsb
③ 気圧データ＝press_msb＋press_lsb＋press_xlsb

resetデータの詳細
　① reset：0xB6でリセット実行
　　他の場合何もしない

ctrl_humデータの詳細
　① osrs_h：湿度のオーバーサンプリング比

statusデータの詳細
　① measuring：1：計測中　0：計測完了

configデータの詳細
　① t_sb　：ノーマルモードの測定間隔時間
　② filte　：フィルタ係数設定
　③ spi　　：SPIモードの3線、4線の切り替え

ctrl_measデータの詳細
　① osrs_t：温度のオーバーサンプリング比
　② osrs_p：気圧のオーバーサンプリング比
　③ mode　：動作モード
　　　00：スリープ　01or10：計測開始　11：ノーマル

idデータの詳細
　① chip_id正常なら0x6となる0

　　I²Cでデータを送受信する際の手順は図7-4-7のようにします。制御だけの場合は、図7-4-7（a）のコマンド送信で送信します。最初のconfig設定などに使います。

計測データや較正データの読み出しの場合は、図7-4-7(b)の手順で行います。読み出す最初のレジスタアドレスを送信してから、あとは連続的にデータを読み出せば、必要なデータを一括で読み出すことができます。

● **図7-4-7　BME280のI^2C送受信手順**

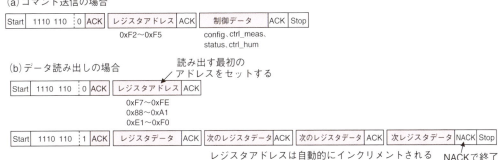

このBME280センサの較正演算はちょっと複雑で、データシート通りにする必要がありますが、32ビットの演算になるのと、較正データに正負両方あるので注意が必要です。本書ではこのBME280の制御プログラムをライブラリ化しています。

7-4-4　回路図作成と組み立て

図7-4-1の全体構成に基づいて作成した回路図が図7-4-8になります。電源はラズパイからの3.3Vだけとしていますが、デルタシグマA/Dコンバータは微小電圧を扱うので、ノイズフィルタを追加して供給しています。

電圧計測の入力部は1kΩの抵抗で1/2に分圧しているので、入力インピーダンスが2kΩということになります。電流計測は0.1Ω3Wの酸化金属皮膜抵抗を使っています。さらに電圧計測としても使えるように、0.1Ωの抵抗をジャンパで接続／切り離しができるようにしました。

液晶表示器とBME280センサを同じI^2Cで接続しています。ラズパイとの接続にはシリアルインターフェースを使うので、PIC側のTX、RXピンに接続しています。

回路図中のMOUNTはボード固定用の四隅の穴ですが、デルタシグマA/Dコンバータ周囲のグランドを分離したので、MOUNT接続先が2種類のグランドになっています。

● **図7-4-8　データ収集ボードの回路図**

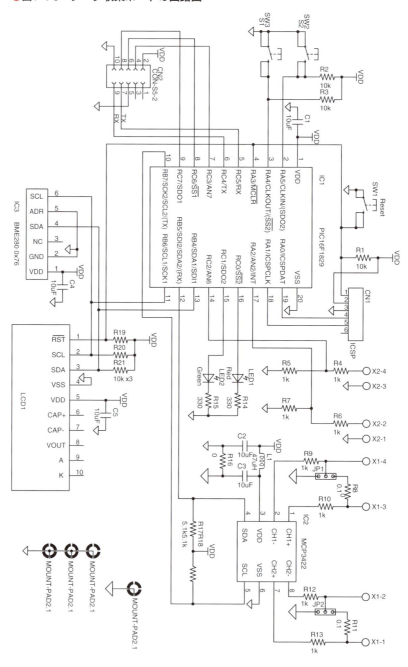

必要部品
データロガーの製作に必要な部品や完成品が購入できる。詳細は巻末ページを参照。

　このデータ収集ボードの組み立てに必要な部品†は表7-4-2で、これをパネルとして組み立てるために必要な部品が表7-4-3となります。

7-4 データ収集ボードのハードウェアの製作

▼表7-4-2 データ収集ボード部品表

記 号	品 名	値・型名	数量
IC1	PICマイコン	PIC16F1829-I/SP	1
IC2	A/Dコンバータ	MCP3422A0-E/SN（マイクロチップ）	1
IC3	センサ	AE-BME280（秋月電子通商）ピンヘッダ付き	1
LCD1	液晶表示器	SB1602B（I^2C接続小型液晶表示器）（ストロベリーリナックス社）	1
LCD1用	ピンヘッダ	10ピン　ピンヘッダ、ピンソケット	各1
LED1	発光ダイオード	3φ　赤	1
LED2	発光ダイオード	3φ　緑	1
R1、R2、R3、R19、R20、R21	抵抗	10kΩ　1/6W	6
R4、R5、R6、R7、R9、R10、R12、R13	抵抗	1kΩ　1/6W	8
R8、R11	抵抗	0.1Ω　3W	2
R14、R15	抵抗	330Ω　1/6W	2
R16	抵抗	ジャンパ線	1
R17、R18	抵抗	5.1kΩ　1/6W	2
C1、C2、C3、C4、C5	チップセラミック	10μF　16Vまたは25V	5
L1	コイル	47μH～220μH　小型コイル	1
CN1	ピンヘッダ	6ピン　L型シリアルピンヘッダ	1
CN2	ピンヘッダ	5ピン2列　シリアルピンヘッダ	1
SW1、SW2、SW3	タクトスイッチ	小型基板用	3
JP1、JP2	ジャンパ	3ピンシリアルピンヘッダ　ジャンパピン	各2
X1、X2	端子台	4ピン　基板用端子台	2
IC1用	ICソケット	20ピンスリム	1
	基板	サンハヤト感光基板P10K	1
	ねじ、ナット、線材		少々

▼表7-4-3 パネル組み立て用部品表

記 号	品名	値・型名	数量
外付け部品パネル組み立て用	アクリル板	透明　150×200×2t	1
	カラースペーサ	5mm	8
		25mm	4
	フラットケーブル	14ピン　2列7ピンコネクタ付き	1
	ナット、ねじ	3φ×30mm	4
		3φ×15mm	8
	ゴム足		4

部品が集まったら組み立てはプリント基板を自作して行います。組み立ては図7-4-9の組立図に基づいて行います。

●**図7-4-9　データ収集ボードの組み立て図**

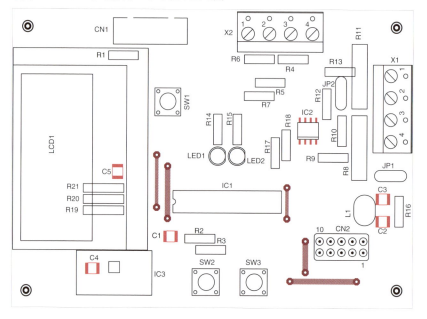

組み立て順を次のようにするとやりやすいと思います。

❶**ジャンパ線の実装**
　5本のジャンパ線を錫メッキ線か抵抗のリード線の切れ端で実装します。

❷**チップコンデンサとIC2の実装**
　表面実装部品を先にはんだ付けします。

❸**抵抗の実装**
　抵抗は足を曲げて穴に挿入してから基板を裏返してからはんだ付けすれば、自然に固定された状態となるのでスムーズにできます。R8とR11は大型なので、あとで実装します。

❹**ICソケット、スイッチ、LED、CN1の実装**
　高さが同じものを順次実装します。

❺**LCD用ピンソケット、GPIO用のCN2の実装**
　LCD本体側をピンヘッダにしたので、ピンソケット（メス）側を基板に実装します。

❻**最後に端子台とBME280センサを実装**

組み立てが完了した基板の部品面が写真7-4-1、はんだ面が写真7-4-2となります。

●**写真7-4-1　データ収集ボードの部品面**

●**写真7-4-2　データ収集ボードのはんだ面**

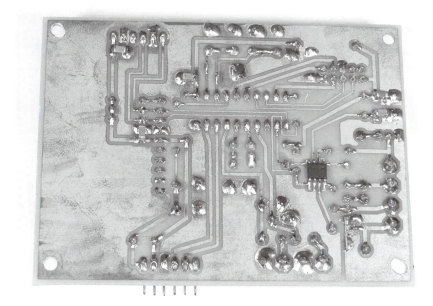

7-4-5 パネルの組み立て

データ収集ボードが完成したらパネルに組み立てます。今回はアクリル板を2枚重ねて、ラズパイとデータ収集ボードをそれぞれの板に5mmのスペーサで浮かして固定し、それらを25mmのスペーサで2階建てにして組み立てました。完成したデータロガーのパネルが写真7-4-3となります。

ラズパイとデータ収集ボードの接続用フラットケーブルがちょっと長いので、ラズパイと上側のアクリルの間に折りたたんではみ出ないようにしています。

計測対象を基板上の端子台に直接接続しますから、データ収集ボードのほうを上にしています。ただこの実装形態の場合、温度がラズパイの影響を受けるため2℃程度高めの値になってしまい、あまり正しい室温とはなっていないようです。

●写真7-4-3 完成したデータロガー

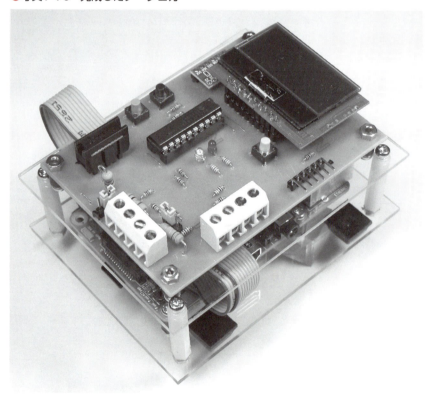

これでハードウェアの製作は完了です。

7-5 データ収集ボードのプログラムの製作

データ収集ボードのハードウェア製作の次は、PICマイコンのプログラムの製作です。

7-5-1 プログラム全体構成

BME280センサ
ボッシュ社製の複合センサで温度、湿度、気圧が計測できる。

このプログラムの全体構成は図7-5-1のようにしました。まず液晶表示器とBME280センサ†の制御は専用のライブラリとして独立に作成しました。それぞれが使うI²Cライブラリは共通のライブラリとしました。

さらにデルタシグマA/Dコンバータ用に別のI²Cライブラリを用意しましたが、この内容はI²Cライブラリと基本的には同じで、レジスタ名が異なるだけです。

ラズパイとのインターフェースは、メインプログラムの中でUSARTモジュールを使って直接制御しています。

●図7-5-1　プログラムの全体構成

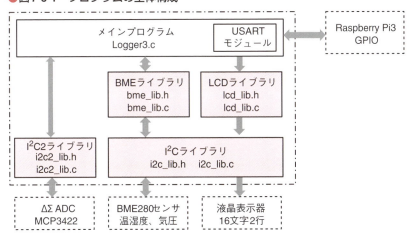

1 I²Cライブラリ関数

2つのI²Cのライブラリは両方とも同じ関数が用意されていて、表7-5-1となります。

▼表7-5-1 I²Cライブラリの関数

関数名	機能と書式
InitI2C InitI2C2	I²Cモジュールの初期化 【書式】void InitI2C(void); 【例】 initI2C(); 　　//パラメータなし
SendI2C SendI2C2	I²C通信で1バイトのデータを送信する（スタート、ストップ付き） 【書式】void SendI2C(unsigned char Adrs, unsigned char Data); 　　　　 Adrs：デバイスのアドレス　　Data：送信データ 【例】 SendI2C(0xEC, 0xE1);　　// Send start Reg address
CmdI2C CmdI2C2	I²C通信でレジスタ指定によりコマンドを送信する 【書式】void CmdI2C(unsigned char Adrs, unsigned char Reg, unsigned 　　　　 char Data); 　　　　 Adrs：デバイスのアドレス　　Reg：レジスタ指定 　　　　 Data：コマンドデータ 【例】 CmdI2C(0x7C, 0x00, cmd);　　// LCDへコマンド送信
GetDataI2C GetDataI2C2	I²C通信で指定バイト数だけ受信してバッファに格納する 【書式】void GetDataI2C(unsigned char Adrs, unsigned char *Buffer, 　　　　 unsigned char Cnt); 　　　　 Adrs：デバイスのアドレス 　　　　 *Buffer：格納バッファのポインタ 　　　　 Cnt：受信データ数 【例】 SendI2C(0xEC, 0x88);　　　　// Send start Reg address 　　　　 GetDataI2C(0xEC, buf, 24); // Get from 0x88 to 0x9F

このI²Cライブラリを使った液晶表示器のライブラリの関数は、表3-3-1と同じものとなります。

2 BMEセンサライブラリ関数

さらにI²C2ライブラリを使ったBMEセンサのライブラリで提供される関数は表7-5-2となります。このライブラリを使ってセンサを使うときの手順は次のようにします。

▼表7-5-2 複合センサBME280用ライブラリの関数

関数名	機能と書式
bme_init	BME280の初期化　　　Configレジスタの設定、フィルタの設定用 【書式】void bme_init(void);
bme_gettrim	BME280内蔵の較正用データの読み出し較正データとして定数として保存 【書式】void bme_gettrim(void);
bme_getdata	BME280から計測データ（温度、湿度、気圧の生データ）を読み出す 【書式】void bme_getdata(void);
calib_temp	温度データの較正計算　　（戻り値は符号付32ビット整数） 【書式】signed long long calib_temp(signed long long adc_T); 　　　　 adc_T：温度の生データ　　戻り値：温度の実値×100
calib_pres	気圧データの較正計算　　（戻り値は符号なし32ビット整数） 【書式】unsigned long long calib_pres(signed long long adc_P); 　　　　 adc_P：気圧の生データ　　戻り値：気圧の実値×100
calib_hum	湿度データの較正計算　　（戻り値は符号なし32ビット整数） 【書式】unsigned long long calib_hum(signed long long adc_H); 　　　　 adc_H：湿度の生データ　　戻り値：湿度の実値×1024

7-5 データ収集ボードのプログラムの製作

①bme_init()関数を実行して初期化
②bme_gettrim()関数を実行して較正用データの読み出し
　この関数は最初に1回だけ実行して取得データは定数として保存しておく。正負があるので注意すること
③1秒間隔でbme_getdata()関数を実行して現在データ読み出し保存。現在データを一括で読み出す
④calib_temp()、calib_hum()、calib_pres()を順番に実行してデータを較正

　これで現在の較正した正しいデータが取得できます。ただしここで得られたデータは温度×100、気圧×100、湿度×1024と大きな数値となっているので、割り算して実際の値に変換する必要があります。
　これらのライブラリを使ったメインプログラムのフローが図7-5-2となります。

● 図7-5-2　全体フロー図

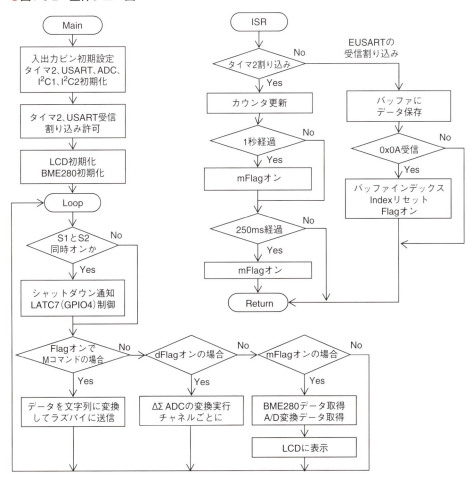

7-5-2 プログラム詳細

実際のプログラムの詳細を見ていきます。

1 宣言部

まず宣言部はリスト7-5-1のようになっています。ここでは計測データ用の変数や、ラズパイへの送信メッセージのバッファ、液晶表示器用のメッセージバッファなどを定義しています。

リスト 7-5-1　宣言部の詳細（Logger3.c）

```c
/*****************************************************
 * Raspberry Pi3  データロガー Ver2
 * I2C接続の温湿度気圧センサとΔΣADC MCP3422、LCDを接続
 * Raspberry Pi3とシリアル通信で接続 TX/RX
 *****************************************************/
#include <xc.h>
#include "i2c_lib.h"          ← ライブラリのインクルード
#include "i2c2_lib.h"
#include "lcd_lib.h"
#include "bme_lib.h"
/*** コンフィギュレーションの設定 ****/
// CONFIG1               ← コンフィギュレーション設定
 （詳細省略）
// CONFIG2
 （詳細省略）
/* グローバル変数定義 */
unsigned char Index, Flag, mFlag, dFlag, ChanFlag, Interval, subInterval;
unsigned char RcvBuf[32], rcvdata;
unsigned char SendBuf[64] = {"+xx.xx,xx.x,xxxx.x,x.xxx,+xxxx,x.xxx,+xxxx\r\n"};   ← ラズパイへの送信メッセージ枠定義
unsigned char Result[2][3];
double Current[2], Volt[2];
int i, temp;
double temp_act, pres_act, hum_act, dumy;
signed long long temp_cal;
unsigned long long pres_cal, hum_cal;
unsigned char Line1[] = "T+xx.x Hxx Pxxxx";   ← LCDへの表示メッセージ枠定義
unsigned char Line2[] = "x.x xxx   x.x xxx";
unsigned char StMsg[] = " *Start Logger* ";
/* 関数プロトタイピング */
int ADConvert(unsigned char chn);
void Transmit(unsigned char *str);
void ftostring(int seisu, int shousu, float data, unsigned char *buffer);
```

2 メイン関数初期化部

次がメイン関数の初期化部でリスト7-5-2となります。ここでは各周辺モジュールの初期設定と、BME280の初期設定、液晶表示器の初期化をして開始メッセージを表示しています。最後に割り込みを許可して、タイマ2を10msec周期で開始しています。

7-5 データ収集ボードのプログラムの製作

リスト 7-5-2 初期化部の詳細（Logger3.c）

```c
/****** メイン関数  ********************/
int main(void) {
    /* クロック周波数設定 */
    OSCCONbits.IRCF = 14;           // 8MHz×PLL=32MHz
    /* 入出力モード設定 */
    LATC = 0;
    ANSELA = 0x04;                  // RA2(AN2)のみアナログ
    ANSELB = 0;                     // すべてデジタル
    ANSELC = 0x04;                  // RC2(AN6)のみアナログ
    TRISA = 0x3C;                   // RA2,3,4,5のみ入力
    TRISB = 0xF0;                   // すべて入力（I2C用）
    TRISC = 0x24;                   // RC5(RX),RC2のみ入力
    /** タイマ2の初期化  10msec周期 **/
    Interval = 100;                 // 1秒用カウンタ
    subInterval = 25;               // 250msec用カウンタ
    T2CON = 0x7B;                   // 1/64, 1/16
    PR2 = 155;                      // 10msec
    PIR1bits.TMR2IF = 0;
    PIE1bits.TMR2IE = 1;            // 割り込み許可
    /* ADCの初期設定 */
    ADCON0 = 0;                     // ADC無効化
    ADCON1 = 0xE0;                  // 右詰め、VSS-VDD Fosc/64
//  FVRCON = 0x82;                  // 10000010 ADC=2.048V
    /** I2C初期化 **/
    InitI2C();                      // I2C1
    InitI2C2();                     // I2C2
    /** UARTの初期設定  115200bps ***/
    APFCONbits.RXDTSEL = 1;         // RXをRC5ピンに
    APFCONbits.TXCKSEL = 1;         // TXをRC4ピンに
    RCSTA =0x90;                    // ASYNC
    TXSTA = 0x24;                   // High Speed Mode
    BAUDCONbits.BRG16 = 1;          // 16bit mode
    SPBRG = 68;                     // 115200bps
    PIR1bits.RCIF = 0;
    PIE1bits.RCIE = 1;              // 受信割り込み許可
    /*** 温湿度センサ初期化 ***/
    mFlag = 1;
    bme_init();                     // 初期化
    bme_gettrim();                  // 較正用データ取得
    /*** 液晶表示器の初期化 **/
    lcd_init();                     // 初期化
    lcd_str(StMsg);                 // 開始メッセージ表示
    /* 割り込み許可 */
    INTCONbits.PEIE = 1;            // 割り込み許可
    INTCONbits.GIE = 1;             // 全体割り込み許可
    T2CONbits.TMR2ON = 1;           // タイマ2スタート
```

入出力ピンの初期化
タイマ2の初期設定
A/Dコンバータの初期設定
2つのI2Cの初期設定
USARTの初期設定
受信割り込み許可
BME280の初期化
LCDの初期化と開始メッセージ表示
割り込み許可タイマ2スタート

3 メイン関数の前半部

次がメインループの前半部で、リスト7-5-3となります。最初はシャットダウンの検出で、S1とS2の同時押しをチェックして、押されていたらLATC7にHighを出力します。

次は受信完了フラグ（Flag）をチェックして、受信完了していたら受信データをチェックし、Mコマンドであれば計測結果の送信準備を開始します。まず温度データの正負を判定して、符号を送信バッファに格納します。次に温度データを文字列に変換して、送信バッファに格納します。続いて湿度と気圧を変換して格納します。

続いて2チャネルの電圧と電流のデータを文字列に変換して、送信バッファに格納したあと送信を実行します。これでラズパイにすべてのデータがまとめて送信されます。

次に250msec周期でセットされるdFlagをチェックし、オンであればデルタシグマA/Dコンバータを制御します。このA/Dコンバータの変換は、今回は16ビットモードで使っていますが、変換には時間がかかるため、250msecごとに「CH1変換開始→CH1のデータ読み出しとCH2の変換開始→CH2のデータ読み出しとCH1の変換開始」というループを繰り返すようにします。

変換開始コマンドでは、16ビットモード、ゲイン8倍として使っています。したがってゲイン1倍の場合は、0.1Ωで2.048Vということは20.48Aまで計測可能なのですが、ゲインを8倍にしているので、この1/8の2.56Aまでの計測ということになります。

リスト 7-5-3　メインループの前半部の詳細（Logger3.c）

```
/****** メインループ **********/
    while(1){
        /*** シャットダウンスイッチのチェック ***/
        if((PORTAbits.RA4 == 0) && (PORTAbits.RA5 == 0)){
            lcd_clear();
            lcd_cmd(0x80);
            lcd_str("Shutdown");
            LATCbits.LATC7 = 1;                    // GPIO4
            __delay_ms(100);
            LATCbits.LATC7 = 0;
        }
        /**** コマンド受信した場合の応答送信処理 *****/
        if(Flag){                                  // 送信要求ありの場合
            Flag = 0;                              // フラグリセット
            if(RcvBuf[0] == 'M'){                  // Mコマンドの場合
                /*** センサーのデータ変換 ****/
                if(temp_act < 0){                  // 温度が負の場合
                    dumy = temp_act * -1.0;        // 正に変換
                    SendBuf[0] = '-';              // 負号を保存
                }
                else{                              // 温度が正の場合
                    dumy = temp_act;               // そのまま
                    SendBuf[0] = ' ';              // スペースを保存
                }
                ftostring(2, 2, dumy, SendBuf+1);  // 温度を文字に変換　xx.xx
                SendBuf[6] = ',';
```

・S1とS2の同時押しチェック
・シャットダウン要求のLATC7をHighとする
・受信完了フラグチェック
・受信データがMの場合
・温度データの符号をバッファにセット
・温度データを文字に変換してバッファにセット

7-5 データ収集ボードのプログラムの製作

| 湿度データを文字に変換してバッファにセット | ```
ftostring(2, 1, hum_act, SendBuf+7);     // 湿度を文字に変換 xx.x
SendBuf[11] = ',';
``` |
| 気圧データを文字に変換してバッファにセット | ```
ftostring(4, 1, pres_act, SendBuf+12);   // 気圧を文字に変換 xxxx.x
SendBuf[18] = ',';
/*** ADCとΔΣADCのデータ変換 ***/
``` |
| CH1の電圧と電流データを文字に変換してバッファにセット | ```
ftostring(1, 3, Volt[0], SendBuf+19);    // データA変換 x.xx
SendBuf[24] = ',';
ftostring(4, 0, Current[0], SendBuf+26); // データA変換 xxxx
SendBuf[30] = ',';
``` |
| CH2の電圧と電流データを文字に変換してバッファにセット | ```
ftostring(1, 3, Volt[1], SendBuf+31);    // データB変換 x.xx
SendBuf[36] = ',';
ftostring(4, 0, Current[1], SendBuf+38); // データB変換 xxxx
SendBuf[42] = '\r';
SendBuf[43] = '\n';
``` |
| 終了の改行をセットして送信実行 | ```
    SendBuf[44] = 0;                     // 終了
    Transmit(SendBuf);                   // 返信実行
    LATCbits.LATC0 ^= 1;                 // 目印LED
  }
}
/****** ログ実行(2回の割り込みつまり0.5秒で一巡) ********/
``` |
| 250msecごとに起動 | `if(dFlag){` |
| ChanFlagでステートマシン実行 | ```
    dFlag = 0;                           // フラグリセット
    switch(ChanFlag){
      case 0:
``` |
| CH1の変換開始コマンド送信 | ```
        SendI2C2(0xD0, 0x8B);            // CH1変換開始 16bit Mode Gain x8
        ChanFlag++;                      // 0->1
        break;
      case 1:
``` |
| CH1のデータ読み出し後CH2の変換開始コマンド実行 | ```
        GetDataI2C2(0xD0, &Result[0][0], 2);/* CH1変換結果取得とバッファ格納 */
        SendI2C2(0xD0, 0xAB);            // CH2換開始 16bit Mode Gain x8
        ChanFlag++;                      // 1->2
        break;
      case 2:
``` |
| CH2のデータ読み出し後CH1の変換開始コマンド実行 | ```
        GetDataI2C2(0xD0, &Result[1][0], 2);/* CH2変換結果取得とバッファ格納 */
        SendI2C2(0xD0, 0x8B);            // CH1変換開始 16bit Mode Gain x8
        ChanFlag = 1;                    // 2->1
        break;
      default:
        break;
    }
  }
}
``` |

4 メイン関数の後半部

次はメインループの後半でリスト7-5-4となります。1秒周期フラグ(mFlag)をチェックして、オンであれば計測を実行します。まずBME280の計測結果を取得し、較正計算をしてからスケール変換して実際の値を求めています。次にデルタシグマA/Dコンバータのデータから電流値を求めています。その電流値の符号だけ、送信バッファに格納しています。続いて内蔵A/Dコンバータで電圧を求めています。

次に求めた値をすべて液晶表示器に出力するため、それぞれを文字列に変換し、液晶表示器の表示用バッファに格納してから表示出力を実行しています。
```

リスト 7-5-4　メインループの後半部の詳細（Logger3.c）

- 1秒周期のフラグチェック
- BME280からデータ読み出し
- 温度湿度気圧のデータ較正
- スケール変換
- CH1の電流の正負符号とデータのスケール変換
- CH2の電流の正負符号とデータのスケール変換
- CH1の電圧データ入力とスケール変換
- CH2の電圧データ入力とスケール変換
- 温度データを絶対値に変換し符号をLCDバッファに格納
- 温度、湿度、気圧のデータをLCDバッファに文字列で格納
- CH1とCH2の電圧と電流を文字列でLCDバッファに格納
- LCDの1行目と2行目に表示出力

```c
/**** 1秒間隔ごとの計測実行処理 ****/
    if(mFlag){
        mFlag = 0;
        /*** 温湿度センサからデータ取得 ***/
        bme_getdata();                          // 計測データ取得
        temp_cal = calib_temp(temp_raw);        // 温度較正
        pres_cal = calib_pres(pres_raw);        // 気圧較正
        hum_cal  = calib_hum(hum_raw);          // 湿度較正
        /*** 実際の値にスケール変換 **/
        temp_act = (double)temp_cal / 100.0;    // 温度結果
        pres_act = (double)pres_cal / 100.0;    // 気圧結果
        hum_act  = (double)hum_cal / 1024.0;    // 湿度結果
        /*** ΔΣ ADCの値の変換   FS = 2048mV/0.1Ω /8 = 163840mA ****/
        for(i=0; i<2; i++){                     // 2個のデータ繰り返し
            if((Result[i][0] & 0x80) == 0){     // 正の場合
                temp = (int)(Result[i][0]<<8)+(int)Result[i][1];
                Current[i] = (temp * 2560.0)/32768;  // 電流に変換
                SendBuf[25+(i*12)] = ' ';       // スペースを保存
            }
            else{                               // 負の場合
                temp = (int)(Result[i][0]<<8)+(int)Result[i][1];
                temp = temp * -1;
                Current[i] = (temp * 2560.0)/32768;  // 電流に変換
                SendBuf[25+(i*12)] = '-';       // 負号を保存
            }
        }
        /*** A/D変換の値(電圧) ***/
        temp = ADConvert(2);                    // AN2変換
        Volt[0] = (temp*6.6)/1024;
        temp = ADConvert(6);                    // AN6変換
        Volt[1] = (temp*6.6)/1024;
        /*** 液晶表示器に表示出力 ***/
        if(temp_act < 0){                       // 温度が負の場合
            dumy = temp_act * -1.0;             // 正の値に変換
            Line1[1] = '-';                     // 負号を保存
        }
        else{                                   // 温度が正の場合
            dumy = temp_act;                    // そのまま
            Line1[1] = '+';                     // +を保存
        }
        ftostring(2, 1, dumy, Line1+2);         // 温度を文字に変換
        ftostring(2, 0, hum_act, Line1+8);      // 湿度を文字に変換
        ftostring(4, 0, pres_act, Line1+12);    // 気圧を文字に変換
        ftostring(1, 1, Volt[0], Line2);        // データA電圧を文字に変換
        ftostring(3, 0, Current[0], Line2+4);   // データA電流を文字に変換
        ftostring(1, 1, Volt[1], Line2+9);      // データB電圧を文字に変換
        ftostring(3, 0, Current[1], Line2+13);  // データB電流を文字に変換
        lcd_clear();                            // LCD消去
        lcd_cmd(0x80);                          // 1行目指定
        lcd_str(Line1);                         // 1行目表示
        lcd_cmd(0xC0);                          // 2行目指定
        lcd_str(Line2);                         // 2行目表示
    }
  }
}
```

7-5 データ収集ボードのプログラムの製作

メイン関数のあとには、A/D変換やUARTの送信関数、割り込み処理関数などがありますが、詳細は省略します。またI²Cモジュール、液晶表示器のライブラリも独立ファイルとしてありますが、第3章で既に説明済ですから詳細は省略します。

5 BME280用センサライブラリの前半部

残るはBME280用センサのライブラリです。前半部の詳細がリスト7-5-5となります。

初期化関数では、リセット後動作モードをI²Cで送信しています。次が較正用データの一括読み込み関数で、I²Cでデータを連続で読み込んだあと、データを数値に変換していますが、ここではそれぞれの数値の型と符号に注意が必要です。データ型はヘッダファイル[†]のほうで定義していますが、16ビットの符号あるなしが異なるので要注意です。

> ヘッダファイル
> bme_lib.hのこと。

リスト 7-5-5　BME280用ライブラリの前半部の詳細（bme_lib.c）

```
/*************************************************
 *    温度・湿度・気圧センサ  BME280   ライブラリ
 *      I2Cで通信
 *
 *************************************************/
#include "bme_lib.h"
#include "i2c_lib.h"
/*************************************************
 *  BME初期化関数　モード設定
 *  0xF2  ctrl_hum_reg    0000 0001  Oversample=1
 *  0xF4  ctrl_meas_reg   0010 0111  Mode=11(Normal)
 *  0xF5  config_reg      1010 0000  stndby=1sec IIR-0 I2C *
 *************************************************/
void bme_init(void){
    /** Reset **/
    CmdI2C(0xEC,0xE0, 0xB6);              // reset
    /** Setting **/
    CmdI2C(0xEC, 0xF2, 0x01);             // Ctrl_hum_reg
    CmdI2C(0xEC, 0xF4, 0x27);             // Ctrl_meas_reg
    CmdI2C(0xEC, 0xF5, 0xA0);             // config/reg
}
/*************************************************
 *  較正用データ取得 一時バッファ  RcvBuf
 *************************************************/
void bme_gettrim(void){
    unsigned char buf[40];

    /*** 較正データ取り出し ***/
    SendI2C(0xEC, 0x88);                  // Send start Reg address
    GetDataI2C(0xEC, buf, 24);            // Get from 0x88 to 0x9F
    SendI2C(0xEC, 0xA1);                  // Send start Reg address
    GetDataI2C(0xEC, buf+24, 1);          // Get 0xA1
    SendI2C(0xEC, 0xE1);                  // Send start Reg address
    GetDataI2C(0xEC, buf+25, 7);          // Get from 0xE1 to E7
```

- リセット
- 動作モードの設定
- 較正用データの一括読み出し

```
                /** 16ビットデータに変換 **/
                T1 = (unsigned int)((buf[1] << 8) | buf[0]);
                T2 = (int)((buf[3] << 8) | buf[2]);
                T3 = (int)((buf[5] << 8) | buf[4]);
                P1 = (unsigned int)((buf[7] << 8) | buf[6]);
                P2 = (int)((buf[9] << 8) | buf[8]);
                P3 = (int)((buf[11] << 8) | buf[10]);
                P4 = (int)((buf[13] << 8) | buf[12]);
                P5 = (int)((buf[15] << 8) | buf[14]);
                P6 = (int)((buf[17] << 8) | buf[16]);
                P7 = (int)((buf[19] << 8) | buf[18]);
                P8 = (int)((buf[21] << 8) | buf[20]);
                P9 = (int)((buf[23] << 8) | buf[22]);
                H1 = (unsigned int)buf[24];
                H2 = (int)((buf[26] << 8) | buf[25]);
                H3 = (unsigned int)buf[27];
                H4 = (int)((buf[28] << 4) | (0x0F & buf[29]));
                H5 = (int)((buf[30] << 4) | ((buf[29] >> 4) & 0x0F));
                H6 = (int)buf[31];
            }
```

較正用データを数値に変換、型に注意

6 BME280用センサライブラリの後半部

次が後半部でリスト7-5-6となります。最初は計測結果のデータをまとめて読み出す関数です。これで現在値を一緒に読み出し、3つの数値のデータに変換します。

そのあとが温度、気圧、湿度ごとの較正の演算で、こちらはデータシートに記載されている較正演算をそのまま使っています。演算は32ビットの数値で扱う部分があり、プログラムサイズとデータサイズがかなり大きくなります。

リスト 7-5-6 BME280ライブラリの後半部詳細（bme_lib.c）

```
/***************************************
 *   測定データ取り出し
 ***************************************/
void bme_getdata(void){
    unsigned char buf[8];

    SendI2C(0xEC, 0xF7);
    GetDataI2C(0xEC, buf, 8);       // Get from 0xF7 to 0xFE
    /** 各32ビットデータに変換 **/
    pres_raw = (uint32)(((uint32)buf[0] << 12) + ((uint32)buf[1] << 4) + ((uint32)buf[2] >> 4));
    temp_raw = (uint32)(((uint32)buf[3] << 12) + ((uint32)buf[4] << 4) + ((uint32)buf[5] >> 4));
    hum_raw  = (uint32)(((uint32)buf[6] << 8) + (uint32)buf[7]);
}
/***************************************
 *   温度の較正
 ***************************************/
int32 calib_temp(int32 adc_T){
    int32 var1, var2, T;

    var1 = ((((adc_T >> 3) - ((int32)T1 << 1))) *((int32)T2)) >> 11;
```

データを連続で読み出し

数値に変換

較正データで演算実行

```
    var2 = (((((adc_T >> 4) - ((int32)T1)) *((adc_T >> 4)-((int32)T1))) >> 12) *((int32)T3)) >> 14;
    t_fine = var1 + var2;
    T = (t_fine * 5 + 128) >> 8;
    return T;
}
/********************************
 * 気圧の較正
 ********************************/
uint32 calib_pres(int32 adc_P){
    int32 var1, var2;
    uint32 P;

    var1 = (t_fine >> 1) - (int32)64000;
    var2 = (((var1 >> 2) * (var1 >> 2)) >>11) * (int32)P6;
    var2 = var2 + ((var1 * (int32)P5) << 1);
    var2 = (var2 >> 2) + ((int32)P4 << 16);
    var1 = ((((int32)P3 * (((var1 >> 2)*(var1 >> 2)) >> 13)) >> 3) + (((int32)P2 * var1)>>1)) >> 18;
    var1 = (((int32)32768 + var1) * (int32)P1) >> 15;
    if(var1 == 0)
        return 0;
    P = ((uint32)(((int32)1048576 - adc_P) - (var2 >> 12))) * 3125;
    if(P < 0x80000000)
        P = (P << 1) / (uint32)var1;
    else
        P = (P / (uint32)var1) * 2;
    var1 = (P9 * ((int32)((((P >> 3) * (P >> 3)) >> 13))) >> 12;
    var2 = (((int32)(P >> 2)) * (int32)P8) >> 13;
    P = (uint32)((int32)P + ((var1 + var2 + (int32)P7) >> 4));
    return P;
}
/**************************
 * 湿度の較正
 **************************/
uint32 calib_hum(int32 adc_H){
    int32 v_x1;

    v_x1 = (t_fine - ((int32)76800));
    v_x1 = (((((adc_H << 14) - (((int32)H4) << 20) - (((int32)H5) * v_x1))+
        ((int32)16384)) >> 15) * (((((((v_x1 * ((int32)H6)) >> 10) *
        (((v_x1 * ((int32)H3)) >>11) + ((int32)32768))) >> 10) +
        ((int32)2097152)) * ((int32)H2) + 8192) >> 14));
    v_x1 = (v_x1 - (((((v_x1 >> 15) * (v_x1 >> 15)) >> 7) * ((int32)H1)) >> 4));
    if(v_x1 < 0)
        v_x1 = 0;
    if(v_x1 > 419430400)
        v_x1 = 419430400;
    return (uint32)(v_x1 >> 12);
}
```

較正データで演算実行

較正データで演算実行

　以上がデータ収集ボードのプログラムの全体です。これをPICマイコンに書き込めば動作を開始します。

7-6 動作確認とデータ収集例

ラズパイの準備とデータ収集ボードの準備ができたら、早速動作確認です。

7-6-1 基本動作の確認

ラズパイの電源をオンとすれば、液晶表示器に写真7-6-1のような表示がでるはずです。1行目は温度(℃)、湿度(％)、気圧(hPa)の表示で、2行目はCH1の電圧(Volt)と電流(mA)、CH2の電圧(Volt)と電流(mA)という順で表示しています。

●写真7-6-1 液晶表示器の表示例

次に数分間動作させたあと、Chromeブラウザで「http:// IPアドレス：9000」をアクセスすれば、グラフが表示されるはずです。

表題だけでグラフが表示されない場合は、記録したログデータファイルの一部が正常でないことが原因なので、下記のようにします。

❶ラズパイにアクセス

リモートデスクトップでIPアドレスを指定して開きます。

❷テキストエディタを起動し「./Server/logdata.log」を開く

リモートデスクトップでMENUのアクセサリの中にあるテキストエディタを起動し、logdata.logを開きます。

そしてログの内容が乱れていないかを確認します。正常であれば図7-6-1のようになっているはずです。この内容が一部欠けていたり、空白行があったり、位置がずれていたりした場合には、その行を削除して上書き保存します。

●図7-6-1　正常なログファイルの内容

一部が欠けていたり空白行があったりする場合は
その部分の行全体を削除して上書き保存する

❸ シェルスクリプト実行

次にターミナルを起動し、図7-6-2のようにログ開始のシェルスクリプトを実行し、図のように表示されれば正常に動作しています。ここで何らかのエラーメッセージが出る場合は、ログデータにまだ乱れているところがあるということですので、再度②に戻って修正します。

●図7-6-2　コマンドでログ実行

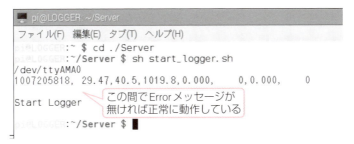

この間でErrorメッセージが
無ければ正常に動作している

7-6-2 ログデータ例

　図7-6-3は実際に収集した室内環境のログの例です。10月6日の夜間に、台風の余波で気圧が低くなっているのがよくわかります。その翌日は一気に高気圧になっていて快晴の朝になっていました。

●図7-6-3　室内環境のログ例

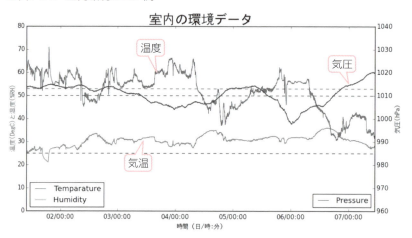

　図7-6-4が電圧と電流のログ例で、リチウムイオン電池の放電特性を記録したものです。およそ5時間ほぼ一定の電圧を保って一定の電流を供給していることがわかります。そして5時間30分を過ぎたあたりで急降下していて、ここでバッテリが空になったことがわかります。

●図7-6-4　電圧と電流のログ例

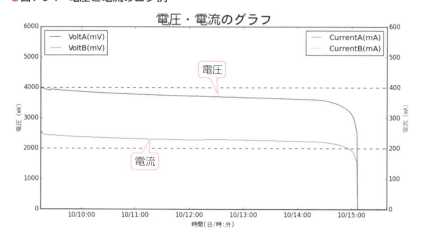

　以上でデータロガーが完成です。

7-7 グレードアップ

同じネットワーク内のパソコンなどでグラフが見えるようになったので、次にインターネット経由で外部からもアクセスできるように、アップグレードしてみましょう。

7-7-1 外部ネットワークからアクセスできるようにする

家庭で使っているプロバイダで外部からアクセスできるようにするためには、プロバイダが自動的にモデムに割り付けるグローバルアドレス†でアクセスする必要があります。しかしこのグローバルアドレスは定期的に変更されてしまいます。

ダイナミックDNS†(DDNS)は、このようにグローバルアドレスが変わってしまっても常に同じURLでアクセスできるようにする機能です。このDDNSを使えば、プロバイダから提供される家庭のモデムでインターネットに接続している場合でも、特定のURLでいつでも外部から呼び出せるようになります。

このDDNS機能をサービスしているサイトには有料と無料と数多くありますが、本書では無料でDDNSをサービスしているサイトである「MyDNS」を使って試してみました。

MyDNSでの設定手順は次のようになります。

グローバルアドレス
インターネットに直接接続された機器に割り当てられるIPアドレスで世界唯一のもの。

ダイナミックDNS
プロバイダから割り当てられたグローバルアドレスが変更されたことをDNSに通知して常にURLがアクセス可能にするサービス。

1 MyDNSのサイトを開いてユーザ登録をする

　MyDNSのサイト「http://www.mydns.jp」で開く図7-7-1のトップページで右上にあるメニューの［JOIN US］をクリックするとユーザ登録のページになります。ここで住所、氏名、メールアドレスを入力して［CHECK］とすると登録が完了し、ログイン用のユーザIDとパスワードがメールで送られてきます。

●図7-7-1　ユーザ登録画面

7-7 グレードアップ

2 ドメイン名の登録

> **ドメイン名**
> インターネット上の住所、URLの一部となる。世界唯一の名称である必要がある。

メールで送付されたIDとパスワードでMyDNSのトップページからログインすると、図7-7-2の画面となります。ここで左側にある[DOMAIN INFO]をクリックするとドメイン名†登録の画面になります。この画面の下のほうに、図の右下のようなドメイン名を入力する欄があります。ここで入力できるドメイン名は、図7-7-2の中央部に示されたものの中から任意に選べます。この???の部分を適当な名称に変更して登録します。図の例では「camremocon」としています。これだけの入力で[CHECK]をクリックすればドメイン登録が完了します。

同じ名称が既に使われていなければ、世界唯一と認められて正常に登録され、完了通知がメールで届きます。これで新規ドメイン名が確保されています。

● 図7-7-2 ドメイン名の登録画面

❸ ドメインに現在のグローバルIPアドレスを登録する

　確保されたドメイン名がURLとして使えるように、自宅のルータに割り振られているグローバルアドレスを送信して登録します。この登録をすぐしたいときは、ラズパイのターミナルから次のコマンドを実行します。

```
sudo wget -q -O /dev/null
http://mydnsID:mydnsPASS@www.mydns.jp/login.html
```

（mydnsIDとmydnsPASSには送付されたユーザIDとパスワードを使う）

　実行後、図7-7-2の画面で［LOG INFO］をクリックすれば、図7-7-3の画面でこれまでの登録情報がログとして見られ、ここでIPアドレスが割り付けられたことがわかります。

●図7-7-3　LOG INFOの画面

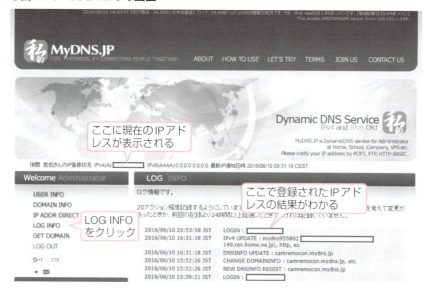

4 自宅ルータの転送設定

これでURLが常時自宅ルータに割り振られるようになったので、今度はプライベートアドレス[†]が割り付けられたラズパイのIPアドレスとポートが、外部からアクセスされたときに割り振られてアクセスできるように、自宅のルータを設定する必要があります。

筆者の自宅ルータでは図7-7-4のような「バーチャルサーバ[†]」という設定項目があり、接続先にラズパイの名称を入力、ポート範囲には「9000から9050」と入力しただけで、簡単にバーチャルサーバとしてラズパイを設定することができました。これで外部から「camremocon.mydns.jp：ポート番号」をURLとしてアクセスすると、ポート番号により自動的に振り分けられて指定したラズパイと接続してくれます。

以上の設定で、「camremocon.mydns.jp:9000」というURLで、インターネットのどこからでもデータロガーのグラフ画面にアクセスできるようになります。

> **プライベートアドレス**
> 家庭内ネットワークなどのLANに接続された機器が自由に使えるIPアドレスのことで、使用アドレス範囲が限定されている。
>
> **バーチャルサーバ**
> 詳しくはNAPTという技術が使われている。
> NAPT：Network Address Port Translation。

● 図7-7-4 自宅ルータの転送設定

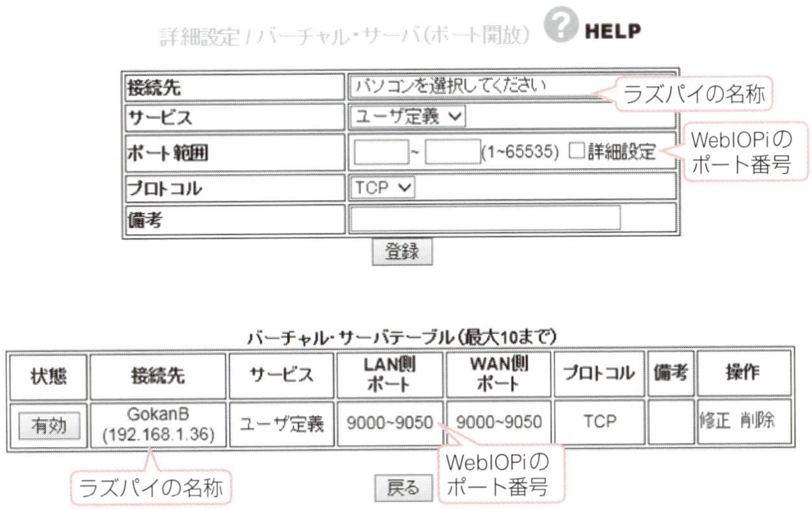

5 IPアドレスの自動送信

3でwgetコマンドを使ってルータのグローバルアドレスを送信しましたが、このアドレスはプロバイダから定期的に変更されるため、一定間隔でアドレスを送信し直して通知する必要があります。このためには「crontab」コマンドを使います。HTMLファイルがあるディレクトリに移動してから、次のコマンドでcrontabのファイルを開きます。

```
cd /home/pi/Server
crontab -e
```

開いたファイルの最後にリスト7-7-1のように追記して保存します。このcrontabの設定は、30分おきに`wget`コマンドを実行せよという意味になります。ここでURLの中の`mydnsId`と`mydnsPass`の部分には、送付されたユーザIDとパスワードを入力します。前の行は1分ごとにログを実行させるための記述です。

```
*/30 * * * * wget -q -O /dev/null http:// mydnsId:mydnsPass@www.mydns.jp/login.html
```

リスト 7-7-1　アドレス自動更新の設定

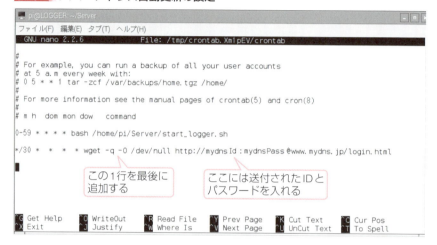

以上でインターネットのどこからでも、パソコンでもスマホでもタブレットでもアクセスできるデータロガーができあがりました。

7-7-2　シャットダウン機能の追加

次のアップグレードは、シャットダウン機能の追加です。このデータロガーはモニタやキーボードなしでの単体動作になるので、単体でラズパイのシャットダウンもできるようにしましょう。

方法はPythonのsubprocess機能を使います。まず、シャットダウン用のPythonスクリプト「shut_down.py」をリスト7-7-2のように作成し、他と同じディレクトリ（/home/pi/Server）に保存します。

7-7 グレードアップ

リスト 7-7-2 シャットダウン用Pythonスクリプト（shut_down.py）

- Python用GPIOライブラリとsubprocessの使用宣言
- GPIO4ピンの割り込み処理関数
- シャットダウンのシェルスクリプト実行
- GPIOの設定、GPIO4の変化検出
- アイドルループ
- キーボードの割り込み

```python
#! /usr/bin/python
#-*- coding:utf-8 -*-
import RPi.GPIO as GPIO
import subprocess as proc
from time import sleep
#**** 停止割り込み処理関数
def stop(channel):
    if channel==4:
        print "Shutdwon"
        proc.call("sudo /sbin/shutdown -h now", shell=True)
#***** GPIO設定
GPIO.setmode(GPIO.BCM)
GPIO.setup(4, GPIO.IN)
GPIO.add_event_detect(4, GPIO.RISING, callback=stop, bouncetime=20)
#**** メインループ
try:
    while True:
        sleep(1.0)
except KeyboardInterrupt:
    pass
GPIO.remove_event_detect(4)
GPIO.cleanup()
```

次にこのスクリプトを自動起動するように、起動制御ファイル（/etc/rc.local）にリスト7-7-3のように追記します。このため次のコマンドでrc.localファイルをnanoエディタ上に呼び出します。

```
sudo nano /etc/rc.local
```

この起動制御ファイルは先にサーバ機能で追記したものと同じですから、その前にシャットダウン用の記述を行末に「&」を付加してデーモン動作[†]として追加します。

> **デーモン**
> メモリ上に常駐して様々な機能を提供するプロセスのこと。

リスト 7-7-3 シャットダウンスクリプトの自動起動（rc.local）

- これを追加
- サーバ用の自動起動

```
（この前は省略）
sudo python /home/pi/Server/shut_down.py  &

cd /home/pi/Server
sudo python -m SimpleHTTPServer 9000

exit 0
```

このシャットダウン機能を有効にするには、データ収集ボードのS1とS2のスイッチを同時に押したときにGPIO4をHighにするという機能を使います。

これで単体でもラズパイのシャットダウンができるようになるので、安心して電源をオフとすることができるようになります。

■ コラム

crontabコマンドの使い方

　crontabコマンドは定期的にコマンドやプログラムを実行させるためのコマンドです。このcrontabコマンドを使うためにはcrontabファイルを編集する必要があります。このファイルの記述で細かな起動条件を設定することができます。

(1) コマンドの起動

　コマンドの起動は次のようにします。このコマンドを起動したディレクトリのユーザが対象となります。sudoの付加は不要になります。したがって起動したいファイルが格納されているディレクトリに移動してから、次のコマンドを実行する必要があります。

【書式】crontab ［オプション］
　　　　-l：crontabの内容を表示する
　　　　-e：crontabファイルを編集する
　　　　-r：crontabファイルを削除する

(2) crontabファイルの編集

　次のコマンドで編集を開始します。sudoの付加は不要で、起動させたいファイルが存在するディレクトリに移動してから実行します。

　　crontab -e

　最初にこのコマンドを実行すると、図7-C-1のように3種類のエディタのどのエディタを使うかを問われるので、nanoエディタを指定します。

● 図7-C-1　crontabの編集

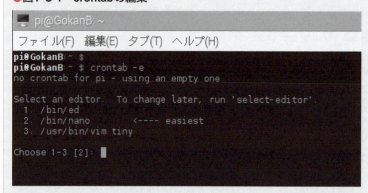

　これで開くエディタ画面で、周期起動用のコマンド行を追加します。追記が終わったら、Ctrl＋Oで上書きし、Ctrl＋Xで終了すれば、CRONアプリが自動起動して、指定した周期や時間で指定コマンドを実行します。

(3) crontabコマンドのフォーマット

crontabコマンドの基本フォーマットは次の書式となっています。

【書式】＊ ＊ ＊ ＊ ＊ ［実行コマンド］

最初の＊部は「分、時、日、月、曜日」となっていて、何も指定しないと何も実行しません。時刻の設定方法は表7-C-1のようになっています。周期起動の場合は「/」を使いますが、単位は分単位です。例で示すと次のようになります。

【例】 0-59 ＊ ＊ ＊ ＊ ［実行コマンド］　→　毎分ごとに実行
　　　＊/5 ＊ ＊ ＊ ＊ ［実行コマンド］　→　5分間隔で実行
　　　＊ 0,8,12 ＊ ＊ ＊ ［実行コマンド］　→　0時、8時、12時に実行
　　　0 12 1 ＊ ＊ ［実行コマンド］　→　毎月の1日の12時0分に実行

また、実行コマンドは権限がrootでなく一般ユーザとなっているので、実行コマンドはシェルコマンドにするのがよく、他のコマンドだと権限がなくて実行できないことがあります。

▼表7-C-1　crontabの記述方法

(a) 設定可能な数値

設定項目	数値
分	0-59
時	0-23
日	1-31
月	1-12
曜日	0-7（0または7は日曜日） 0：日、1：月、2：火、3：水、4：木、5：金、6：土、7：日

(b) 実行時間指定方法

指定方法	設定例	説明
リスト	0,10,20,30	分フィールドに指定した場合は、0、10、20、30分に処理を実行
範囲	1-5	月フィールドに指定した場合は、1、2、3、4、5月に処理を実行
共存	1,6,9-11	時間フィールドで指定した場合は、1時、6時、9時、10時、11時に処理を実行
間隔	＊/10	分フィールドで指定した場合、10分間隔で処理を実行。「/」の後ろに指定した値の間隔で処理を実行

第8章
リモコンカメラの製作

　ラズパイに付属するカメラを使って「リモコンカメラ」を製作します。ブラウザでカメラの動画を見ながら、同じ画面に作成したボタン操作でカメラの向きを自在に操れるようにします。
　カメラの向きを動かすために、「RCサーボ」というラジコン用のサーボモータを使います。これを2個使って上下と左右にスムーズに動くようにPICマイコンを使った制御ボードで制御します。

8-1 リモコンカメラの概要

ラズパイに標準カメラを接続し、ネットワーク経由でパソコンやタブレットから動画を見ながらカメラをリモコンできるようにします。カメラを動かすためにRCサーボ[†]を使い、その制御をPICマイコンで行います。これで外出先からでもカメラを自由に動かして監視することができます。完成したリモコンカメラの外観が写真8-1-1となります。ラズパイとサーボ制御ボードをアクリル板にのっけて全体を動かすようにしました。

RCサーボ
ラジコンの操舵制御用のサーボモータ。

●写真8-1-1　リモコンカメラの外観

8-1-1 システム構成

製作するシステムの全体構成を図8-1-1のようにしました。操作側はパソコンかスマホあるいはタブレットのブラウザを使います。ラズパイに標準カメ

8-1 リモコンカメラの概要

> **ストリーミング**
> 音声や動画などのマルチメディアファイルを転送し再生するためのダウンロード方式。

ラを搭載して動画を撮り、ストリーミング†アプリケーションでネットワークにアップします。さらにラズパイでWebIOPiを使ってGPIOを制御し、これにPICマイコンで構成したサーボ制御ボードを接続し、RCサーボの制御を行います。RCサーボを滑らかに動かすためには、高分解能なPWM制御が必要になりますが、ラズパイではその制御は難しくなります。このため、PICマイコンを間に挿入して制御しています。

グレードアップで、MyDNSに接続してインターネット経由で外部のネットワークからもアクセスできるようにします。

●図8-1-1　システム全体構成

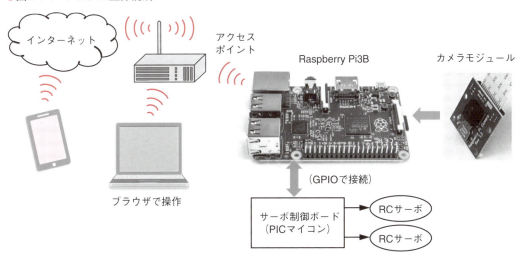

ラズパイとPICマイコンで製作したRCサーボ制御ボードとの接続は、できるだけ簡単にできるようにラズパイのGPIOを使って制御します。単純なオンオフ信号による信号でPICマイコンと接続し、GPIOのピンごとに表8-1-1のような機能を持たせることにしました。

▼表8-1-1　ラズパイとPICマイコンの接続

ラズパイ GPIO	向き	PICポート	機　能
GPIO18	→	RB4	Highの間カメラを上方向へ移動
GPIO17	→	RC3	Highの間カメラを下方向へ移動
GPIO2	→	RB7	Highの間カメラを右方向へ移動
GPIO3	→	RC7	Highの間カメラを左方向へ移動
GPIO4	→	RC6	シャットダウン制御
GPIO14	←	RB6	未使用
GPIO15	←	RB5	未使用

8-2 ラズパイのプログラムの製作

ストリーミング
音声や動画などのマルチメディアファイルを転送し再生するためのダウンロード方式。

まずラズパイにカメラを接続し、動画のストリーミング†ができるようにします。その後WebIOPiを使ってGPIOの制御をするPythonスクリプトを製作します。

したがってプログラム製作の前に第4-4節の手順にしたがってWebIOPiをインストールしておく必要があります。パッチも忘れずにインストールしてください。

8-2-1 プログラム全体構成

リモートカメラの機能を実現するために必要なプログラムの構成は図8-2-1のようになります。

●図8-2-1 リモートカメラのプログラム構成

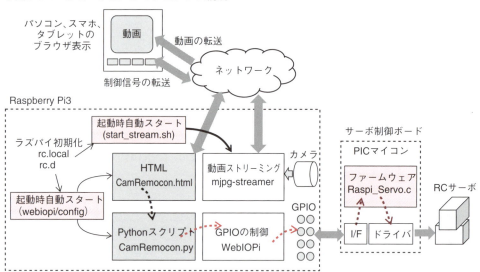

ラズパイ側は動画を撮影してストリーミングをするアプリ（mjpg_streamer）と、GPIOを制御するためにWebIOPiアプリを使用します。いずれもラズパイ起動時に自動起動されるようにします。

これらの既存アプリケーションの他に、ウェブサーバとして動作させるために必要なHTMLファイル（CamRemocon.html）と、PICマイコンとGPIOで

インターフェースを取るために必要なPythonスクリプト（CamRemocon.py）の2つのファイルを新規に製作して構成し、「/home/pi/WebCam」ディレクトリに保存します。いずれも簡単な構成のファイルです。ブラウザでボタン操作すると、HTMLファイルからPythonスクリプト内のマクロ関数が呼び出されてGPIOを制御し、サーボ制御ボードに通知します。

PICマイコン側はサーボ制御ボードとして新規にハードウェアを製作し、RCサーボを動かすためのファームウェア（Raspi_Servo.c）を製作します。

8-2-2　カメラの使い方

最初に動画のカメラの使い方から始めます。ラズパイとカメラを使って製作しますが、ラズパイに接続できるカメラには、USBに接続する市販のUSBカメラ†と、ラズパイに専用に用意されたコネクタに接続できる標準カメラとがあります。この両者では動かし方が少し異なります。本書では標準カメラを使った使い方を説明します。

USBカメラ
USBに接続して使えるウェブカメラ。ブラウザなどで画像にアクセスできる。

カメラを使えるようにするには次の手順で行います。

◼1 標準カメラの接続

まず、カメラを専用コネクタ（CSIカメラコネクタ）に接続します。カメラに付属のフラットケーブルをコネクタに挿入しますが、この接続には若干コツが必要です。まずコネクタのロックを上に引き上げてから、ケーブルを差し込みます。このときケーブルには裏表があるので、ケーブルの接続端子部となっているほうを、コネクタの接点が見えている向きに挿入し、指でケーブルを押さえながらコネクタのロックを下げて固定します。これだけでカメラのハードウェアの設定は終わりです。接続したところが写真8-2-1となります。

●写真8-2-1　標準カメラの接続方法

こちら側が接点
パターンのある側

2 Rasbianの初期設定

カメラの接続が完了したら、ラズパイにモニタとキーボード、マウスを接続してから電源を接続して起動します。標準で用意されているカメラアプリはHDMI[†]に接続した標準コンソールでしか表示できないので、リモートデスクトップは使えません。

電源を接続してデスクトップが起動完了したら、[Menu]→[設定]→[Raspberryの設定]とすると開くダイアログで[インターフェース]タグを選択すると図8-2-2のダイアログが開きます。ここでカメラの欄の[有効]にチェックを入れて[OK]とすると再起動を要求されますから、そのまま再起動(リブート)します。これだけでカメラを使う準備は完了です。

HDMI
High－Definition Multimedia Interfaceの略で、映像と音声をデジタル信号で伝送する通信インターフェース。

●図8-2-2　カメラの有効化

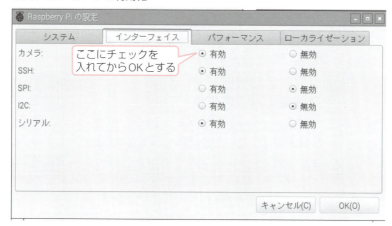

せっかくですから有効化したカメラの動作を確認してみましょう。

3 静止画の撮影

静止画の撮影は次のコマンド実行だけでできます。実行後指定した時間だけプレビューを表示してから撮影します。撮影結果は指定ファイル名で保存されます。

```
raspistill -o filename.jpg  -t 10000
    -t：プレビュー時間(msec)の設定
```

保存された静止画を見るためには標準アプリのイメージビューワを使います。Menu→[アクセサリ]→[イメージビューワ]を開きファイルを読み込みます。この表示は標準コンソールでしかできず、リモートデスクトップではできません。

4 動画の撮影

動画の撮影も簡単で次のコマンド実行だけです。これで設定時間だけ撮影し、H264形式（MPEG4）[†]でファイル保存されます。

```
raspivid -o <filename.h264>  -t 10000  -w 640 -h 480
    -t    ：撮影時間でmsec単位
    -w、-h ：撮影画面サイズで幅と高さ
    -fps  ：フレームレートで最高25。通常は10から15
```

H264形式
動画データの圧縮符号化方式の標準の1つ、同じ圧縮符号化方式であるMPEG-4の一部としても使われている。

保存された動画を見るには次のコマンドを実行します。使うアプリの「omxplayer」はRasbianに標準で含まれているので、コマンド実行だけで大丈夫です。

```
omxplayer <filename.h264>
```

これだけの操作でカメラが使えます。ちょっと簡単すぎて拍子抜けしますね。

8-2-3　ストリーミングアプリの使い方

標準アプリだけではラズパイのHDMIコネクタに接続したモニタでしか撮影した動画を見ることができません。そこで、撮影した動画をリアルタイムでウェブブラウザにより表示できるようにします。つまり動画をストリーミングしてネットワークに接続されたパソコン、スマホ、タブレットで動画像を見ることができるようにします。そのための手順は次のようにします。

1 ストリーミング用アプリのインストール

動画のストリーミングには、「mjpg-streamer」というアプリを使いますが、そのままではなくラズパイ標準カメラ用に専用に用意されたアプリ「mjpg-streamer-experimental」を使います。

このアプリが使えるようにするためには、ストリーミングに必須の関連アプリを先にインストールする必要があります。次のコマンドでできますが、インストール実行途中でディスクメモリを必要とするがよいかと聞かれますから、「y」と入力します。これで関連アプリをダウンロードしコンパイルまで自動でやってくれます。

```
sudo apt-get install libjpeg9-dev cmake
```

続いて次のようにgit cloneコマンドでストリーミングアプリをダウンロードし、ディレクトリを移動してからmakeコマンドでコンパイルします。

```
sudo git clone https://github.com/jacksonliam/mjpg-streamer.git
   mjpg-streamer
cd mjpg-streamer/mjpg-streamer-experimental
sudo make
```

2 ディレクトリを移動

このままではディレクトリ名が長すぎて扱いにくいので、コンパイル結果をmvコマンドでディレクトリごと/optディレクトリに移動して使います。

```
cd
sudo mv mjpg-streamer/mjpg-streamer-experimental /opt/mjpg-streamer
```

3 動画のストリーミングアプリの起動

この専用アプリの起動は次のコマンドで行います。長いコマンドですがこれを1行として入力する必要があります。ハイフンとアンダーバーを間違いやすいので気をつけてください。

```
sudo LD_LIBRARY_PATH=/opt/mjpg-streamer/ /opt/mjpg-streamer/mjpg_streamer
    -i "input_raspicam.so -fps 20 -q 50 -x 640 -y 480"
    -o "output_http.so -p 8010 -w /opt/mjpg-streamer/www"
```

このコマンドの主なオプションは表8-2-1となっています。2段階の記述になっていて、2段階目はダブルクォーテーションでくくった中に記述する必要があります。

▼表8-2-1　mjpg-streamerの主要オプション一覧

オプション	サブオプション	機能説明
-i	入力オプション (-i "サブオプション"の形式でダブルクォーテーションの中に記述する)	
	-d	カメラデバイスの指定
	-r	解像度（QSIF,QCIF,CGA,QVGA,CIF,VGA,SVGA,XGA,SXGAのいずれか）
	-x	フレームの横幅指定（ドット）
	-y	フレームの高さ指定（ドット）
	-f	フレームレート（fps）
	-q	JPEGの品質（1～100）
-o	出力オプション (-o "サブオプション"の形式でダブルクォーテーションの中に記述する)	
	-p	ポート番号の指定
	-w	ウェブコンテンツのあるディレクトリの指定

4 動画ストリーミングの表示

ストリーミングアプリを起動したら、パソコンやスマホのブラウザでラズパイのIPアドレスとコマンドで指定したポートをURL（つまりhttp://IPアドレス:8010）として指定すれば、図8-2-3のようなスタート画面が表示されます。このときブラウザにはInternet ExplorerではなくChromeを使ってください。

左側のメニューで[Static]を選択すれば固定写真で表示され、[Stream]を選択すればストリーミングモードでの動画表示が行われ、動画が確かに表示されていることがわかります。特に表示コマンドでフレームレート（fps）を20程度にすると、動画が遅くなりますがきれいになります。

●図8-2-3　動画ストリーミングアプリの画面

また図8-2-3の右側の画面で[here]の部分をクリックすれば動画だけが表示されるようになります。このときのURLは下記となります。

　　http://IPアドレス:8010/stream_simple.html

このURLのHTMLファイル（stream_simple.html）の内容を見ると、リスト8-2-1のように非常に単純なものになっています。このあとの製作例で、動画とボタンを同時に表示する際にこの方法を使っています。

リスト **8-2-1　動画のみ表示するHTML（stream_simple.html）**

```html
<html>
    <head>
        <title>MJPG-Streamer - Stream Example</title>
    </head>
    <body>
        <center>
            <img src="./?action=stream" />
        </center>
    </body>
</html>
```

＞ ここで動画を表示

5 自動起動

　リモートカメラとして独立に動作するようにするためには、ラズパイ起動時にこのストリーミングアプリmjpg-streamerを自動起動するようにする必要があります。その手順は次のようにします。

❶自動起動用シェルスクリプト「start_stream.sh」の作成

　自動起動用シェルスクリプト「start_stream.sh」はリスト8-2-2のようにして新規作成します。これを後ほど作成するHTMLやPythonスクリプトと同じディレクトリに保存します。本書では「/home/pi/WebCam」に保存しました。ディレクトリ作成はファイルマネージャを使うと簡単にできます。

リスト **8-2-2　起動用シェルスクリプト（start_stream.sh）**

```bash
#!/bin/bash
if pgrep mjpg_streamer > /dev/null
then
    echo "mjpg_streamer already runnning"
else
    LD_LIBRARY_PATH=/opt/mjpg-streamer/ /opt/mjpg-streamer/mjpg_streamer
        -i "input_raspicam.so -fps 20 -q 50 -x 640 -y 480 "
        -o "output_http.so -p 8010 -w /opt/mjpg-streamer/www" > /dev/null 2>&1&
    echo "mjpg_streamer started"
fi
```

＞ 動画ストリーミングアプリの起動コマンド

❷rc.localに記述を追加

　次にラズパイの標準起動制御ファイルrc.localにこのシェルスクリプトの起動を追加するため、次のコマンドで起動制御ファイルをエディタで読み込みます。

　　sudo nano /etc/rc.local

　これで表示されたファイルの最後の行の直前に、リスト8-2-3のようにシェルスクリプト起動コマンドを追加します。

リスト 8-2-3　起動ファイルに追記（rc.local）

```
（前省略）
sh /home/pi/WebCam/start_stream.sh
exit 0  #
```

元にある最後の行

追加修正が終わったら、「Ctrl」+「O」で上書き保存し、「Ctrl」+「X」でnanoエディタを終了します。

これでリブートすればラズパイ起動時に動画のストリーミングのアプリが自動起動され、常に動画のページが有効になることになります。

自動起動でストリーミングが正常に行われているかどうかは、カメラの基板に実装されている赤いLEDが点灯することでわかります。

8-2-4　リモコンカメラのページの製作

これで動画のストリーミングができました。今度はWebIOPiと動画を同じ画面に表示させ、リモコンカメラとして使えるブラウザ用の画面を製作します。

目標とする画面を図8-2-4のようにするものとします。表題の下に動画を表示し、その下に4個のボタンを表示します。このボタンを押している間だけカメラの向きが動いて、画像が変わっていくという動作になります。

●図8-2-4　製作するブラウザ用の画面

1 WebIOPiのインストール

まずWebIOPiをインストールする必要があります。第4-4節にしたがってインストール作業をします。次のステップで行い、パッチまで適用する必要があります。

①WebIOPiのダウンロードと解凍
②パッチの適用
③セットアップスクリプトの実行
④リブート

これでWebIOPiが使えるようになります。

2 HTMLファイルの作成

この画面の実現方法は、HTMLファイルで画面を作成し、ボタンの動作はWebIOPiからPythonスクリプトのマクロ関数を呼び出して行うことにしました。これを実現したHTMLファイルがリスト8-2-4となります。

最初にWebIOPiのJavascriptを使うことを宣言してからJavaスクリプトを記述します。

スクリプトの最初でWebIOPiの初期化関数であるready()関数を記述しています。この中で、4個のボタンの名称とオン時とオフ時のイベントごとのマクロ関数を定義しています。これで、ボタンを押しているか、離しているかを区別することが可能になります。続いてjQuery†の$関数で実際のボタンと関数との関連づけをしています。

次がスタイルシートの記述で、ボタンのサイズと配置を指定しています。次はHTMLのbody部で実際の表示を実行しています。一緒に動画ストリームを表示させるため、リスト8-2-1の記述の仕方をそのまま利用しています。IPアドレス部は、読者のラズパイのIPアドレスに変更してください。

最後は4個のボタンの表示です。これで図8-2-4の画面が構成でき、ボタンを押したとき、離したときそれぞれにマクロ関数が呼び出されてPythonスクリプトが実行されることになります。

> **jQuery**
> John Resig氏によって開発されたJavaScript用のライブラリで、より容易にコードを書けるようにしたもの。$はjQueryであることを表す。

リスト 8-2-4 製作したHTMLファイル（CamRemocon.html）

```
<!DOCTYPE html PUBLIC "-//W3C//DTD HTML 4.01 Transitional//EN" "http://www.w3.org/TR/html4/loose.dtd">
<html>
<head>
    <meta http-equiv="Content-Type" content="text/html; charset=UTF-8">
    <title>Remote Control Camera</title>
    <script type="text/javascript" src="/webiopi.js"></script>
    <script type="text/javascript">
        webiopi().ready(function(){
            var upButton = webiopi().createButton("upButton", "Up",
                function(){webiopi().callMacro("up");},
                function(){webiopi().callMacro("upup");}
            );
            var downButton = webiopi().createButton("downButton", "Down",
                function(){webiopi().callMacro("down");},
                function(){webiopi().callMacro("downup");}
            );
            var leftButton = webiopi().createButton("leftButton", "Left",
```

- 表題の表示
- webiopiのJavascriptの宣言
- WebIOpiの初期化
- Upボタンの定義 マクロ関数の指定
- Downボタンの定義 マクロ関数の指定

8-2 ラズパイのプログラムの製作

```
                function(){webiopi().callMacro("left");},
                function(){webiopi().callMacro("leftup");}
            );
            var rightButton = webiopi().createButton("rightButton", "Right",
                function(){webiopi().callMacro("right");},
                function(){webiopi().callMacro("rightup");}
            );
            $("#upbtn").append(upButton);
            $("#downbtn").append(downButton);
            $("#leftbtn").append(leftButton);
            $("#rightbtn").append(rightButton);
        });
    </script>
    <style type="text/css">
        body{
            margin:0;
            padding:0;
        }
        button{
            font-size:3em;
            width:200px;
            height:100px;
            margin-left:10px;
            float:left;
        }
    </style>
</head>
<body>  <br>
    <p style="text-align:left; margin-left:100px;">
        <font size=7>"Remote Control Camera"</font><br>
        <img src=http://192.168.1.35:8010/?action=stream" width=640 border="0">
    </p>
    <p style="align:center;">
        <div id="upbtn" align="center"></div>
        <div id="downbtn" align="center"></div>
        <div id="leftbtn" align="center"></div>
        <div id="rightbtn" align="center"></div>
    </p>
</body>
</html>
```

注釈:
- Leftボタンの定義 マクロ関数の指定
- Rightボタンの定義 マクロ関数の指定
- ボタンに関数を関連付け
- ボタンの形状の指定
- 表示制御
- 動画の同時表示
- IPアドレスは読者のものに変更
- 4個のボタンの表示

❸ Pythonスクリプトの作成

　HTMLファイルの作成が終わったら次はPythonスクリプトの作成です。製作したスクリプトはリスト8-2-5となります。このリストは単純なのでわかりやすいかと思います。

　最初にWebIOPiのライブラリをインポートします。次にWebIOPiのオブジェクトのインスタンスをGPIOという名称で生成します。次にボタンごとに対応させるGPIOの番号を定義します。

　あとはボタンごとのマクロ関数そのもので、ボタンごとに押したときと離したときのイベントごとに2種類ずつのマクロがあります。上下と左右でオンさせるときは、反対動作のGPIOをLowにして、反対動作が同時にオンに

なることが無いようにしています。最後は、アプリを終了させたときにGPIO
をすべてLow状態にしています。

リスト　8-2-5　Pythonスクリプト（CamRemocon.py）

```
import webiopi                                          ← ライブラリの読み込み
webiopi.setDebug()
GPIO = webiopi.GPIO                                     ← webiopiのインスタンス生成
SERVO_UP = 18
SERVO_DOWN = 17                                         ← GPIO番号の指定
SERVO_LEFT = 3
SERVO_RIGHT = 2
def setup():                                            ← 初期設定
    webiopi.GPIO.setFunction(SERVO_UP, GPIO.OUT)
    webiopi.GPIO.setFunction(SERVO_DOWN, GPIO.OUT)      ← GPIOの出力設定
    webiopi.GPIO.setFunction(SERVO_LEFT, GPIO.OUT)
    webiopi.GPIO.setFunction(SERVO_RIGHT, GPIO.OUT)
@webiopi.macro
def up():
    GPIO.digitalWrite(SERVO_UP, GPIO.HIGH)
    GPIO.digitalWrite(SERVO_DOWN, GPIO.LOW)
@webiopi.macro                                          ← UP用マクロ関数
def upup():
    GPIO.digitalWrite(SERVO_UP, GPIO.LOW)
@webiopi.macro
def down():
    GPIO.digitalWrite(SERVO_DOWN, GPIO.HIGH)
    GPIO.digitalWrite(SERVO_UP, GPIO.LOW)               ← Down用マクロ関数
@webiopi.macro
def downup():
    GPIO.digitalWrite(SERVO_DOWN, GPIO.LOW)
@webiopi.macro
def left():
    GPIO.digitalWrite(SERVO_LEFT, GPIO.HIGH)
    GPIO.digitalWrite(SERVO_RIGHT, GPIO.LOW)            ← Left用マクロ関数
@webiopi.macro
def leftup():
    GPIO.digitalWrite(SERVO_LEFT, GPIO.LOW)
@webiopi.macro
def right():
    GPIO.digitalWrite(SERVO_RIGHT, GPIO.HIGH)
    GPIO.digitalWrite(SERVO_LEFT, GPIO.LOW)
@webiopi.macro
def rightup():
    GPIO.digitalWrite(SERVO_RIGHT, GPIO.LOW)            ← Right用マクロ関数

def destroy():
    GPIO.digitalWrite(SERVO_UP, GPIO.LOW)
    GPIO.digitalWrite(SERVO_DOWN, GPIO.LOW)             ← 終了時のリセット
    GPIO.digitalWrite(SERVO_LEFT, GPIO.LOW)
    GPIO.digitalWrite(SERVO_RIGHT, GPIO.LOW)
```

4 自動起動設定

　WebIOPiのHTMLファイルとスクリプトファイルができあがったら、こちらも自動起動するようにします。ラズパイ起動時に作成したファイルが指定

されて実行されるように、WebIOPiのコンフィギュレーションファイルを修正します。まず、次のコマンドでWebIOPiのコンフィギュレーションファイルをエディタで開きます。

sudo nano /etc/webiopi/config

次にリスト8-2-6のように追加修正を行います。

①Pythonスクリプト（CamRemocon.py）を記述例にしたがって、フルパスで指定
②ポート番号は8020（別のポート番号にしてもOK）
③HTMLファイルのあるディレクトリ（/home/pi/WebCam）の指定
④ウェブサーバが呼ばれたとき返すHTMLファイル（CamRemocon.html）の指定

リスト 8-2-6 コンフィギュレーションファイルの修正

```
[SCRIPTS]
# Load custom scripts syntax :
# name = sourcefile
#   each sourcefile may have setup, loop and destroy functions and macros
#myscript = /home/pi/webiopi/examples/scripts/macros/script.py
myscript = /home/pi/WebCam/CamRemocon.py
#--------------------------------------------------------------------#
[HTTP]
# HTTP Server configuration
enabled = true
port = 8020
# File containing sha256(base64("user:password"))
# Use webiopi-passwd command to generate it
passwd-file = /etc/webiopi/passwd
# Change login prompt message
prompt = "WebIOPi"
# Use doc-root to change default HTML and resource files location
#doc-root = /home/pi/webiopi/examples/scripts/macros
doc-root = /home/pi/WebCam
# Use welcome-file to change the default "Welcome" file
#welcome-file = index.html
welcome-file = CamRemocon.html
#--------------------------------------------------------------------#
```

①スクリプトをフルパスで指定する
②ポート番号
③HTMLファイルのあるディレクトリを指定する
④HTMLファイル名を指定する

最後にWebIOPiを自動起動するため、次のコマンドで起動ファイルにWebIOPiを追加します。

sudo update-rc.d webiopi defaults

これでラズパイ側の準備は完了です。ボタンの動作確認はGPIOピンにLEDを接続すれば簡単にできます。テスタで電圧を計測することでもテストができます。

8-3 サーボ制御ボードのハードウェアの製作

RCサーボ
ここではラジコンの操舵制御用のサーボモータを使う。

ここまででラズパイ側の製作が終わりました。次はサーボ制御ボードの製作です。RCサーボ†をスムーズに動かせるように、高分解能なPWMを使います。

8-3-1 全体構成

RCサーボをスムーズに動かすため、PICマイコンの最新の内蔵モジュールの機能を活用します。このボードの全体構成は図8-3-1のようにしました。

●図8-3-1　サーボ制御ボードの全体構成

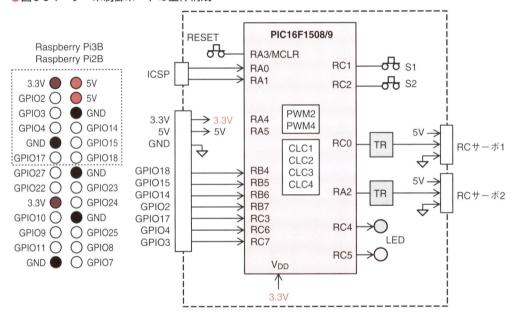

まず、PICマイコンには最新の20ピンのPIC16F1508かPIC16F1509を使います。いずれでもピン数もメモリ容量も十分です。クロック周波数は8MHzとし、内蔵発振器から供給することにします。

電源供給方法は、PICマイコンはラズパイからの3.3Vで動作させ、RCサーボはラズパイからの5Vで動作させることにしました。RCサーボ動作時のノイズや消費電力が心配でしたが、まったく問題ありませんでした。

ラズパイとPICマイコンとの接続方法ですが、ラズパイのGPIOとPICのポー

トを直接接続することにしました。ラズパイのGPIOは3.3Vのインターフェースレベルなので、PICマイコンと同じで全く問題なく動作します。

プログラミングは標準のICSP（In-Circuit Serial Programming）方式とし、ツールにはPICkit3を使うことにしました。

RCサーボは5V動作となるので、PICマイコンから直接制御できません。このためトランジスタ経由で駆動することにします。

テストやデバッグ用に、汎用のスイッチ2個と発光ダイオードを2個用意しておきます。

8-3-2　RCサーボの使い方

本章で使用するRCサーボは写真8-3-1、図8-3-2のような外観と仕様となっています。駆動方法はパルス制御となっており、周期が約20msecでオン時間を1.5msec±0.6msecの間で可変します。この±0.6msecでサーボの軸が±60度回転します。電源電圧は5Vが標準です。

● 写真8-3-1　RCサーボの外観

ここでRCサーボの制御方法にはちょっと難題があります。RCサーボの制御は、PICマイコンに内蔵されている10ビット分解能のPWMモジュールを使って制御します。しかし、単純なPWMで制御しようとすると、使えるデューティ†が約20msecの内の0.9msecから2.1msecの間の1.1msecだけですから全体の1/20しか使えないことになってしまいます。単純に考えると、10ビット分解能では1024/20=51ステップしか使えません。このステップではスムーズな動作は難しくカクカクとした動きになります。

> **デューティ**
> PWM波形のHighとLowの時間比率のこと。本例の場合、パルスの周期が約20msecに対し1.1msecしかHighにできない。

● 図8-3-2　RCサーボの仕様（S03T-2BBMG-JRタイプ）

(a) コネクタピン配置

(b) PWMパルス仕様

パルス幅	回転角度
0.8 ms	Safety zone for CW
0.9 ms	＋60 degrees±10° CW
1.5 ms	0 degree (center position)
2.1 ms	－60 degree±10° CCW
2.2 ms	Safety zone for CCW

この範囲で使う必要があるので可動範囲は約120度となる

(c) 規格（GWS社　SO3T-2BB）

項目	仕様	備考
電源	DC4.8V〜7.5V	
速度	0.33sec／60°	4.8V
トルク	7.20kg-cm	
温度範囲	－20℃〜＋60℃	
パルス周期	16msec〜23msec	
パルス幅	0.9masec〜2.1msec	

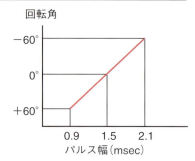

CLC
Configurable Logic Cell。標準ロジックICを組み合わせた回路を、実際に配線することなく、プログラミングで実現できる。

　そこで、このRCサーボの駆動方法に工夫を加えました。このPICマイコンにはCLC†というプログラマブルなハードウェアモジュールが4組内蔵されています。そこで、このCLCを使って図8-3-3のような回路を構成しました。
　この回路を追加すれば、PWM2とPWM4の2.048msec周期で10ビット分解能のパルスを20.48msecごとに出せますから、10ビットの分解能をフルに使えます。しかも2系統独立に出力することができます。このパルス出力の0.9msec〜2.048msecの間の1.1msecを使うことにすれば、1.1msec/2.048msec≒1/2ですから500分解能は得られることになります。しかもCLCは一度設定すればあとはハードウェアとして動作しますから、RCサーボの制御はPWMのデューティを変えるだけでできるようになり、分解能の問題をクリアできます。このあたりの柔軟性はラズパイでは得られません。
　実際に動作させた結果では、デューティ値が0x120〜0x3F0の範囲で2台とも安定に動作しました。これは720分解能が得られていることになり、十分滑らかにRCサーボを動かすことができます。

●図8-3-3　RCサーボのCLC構成

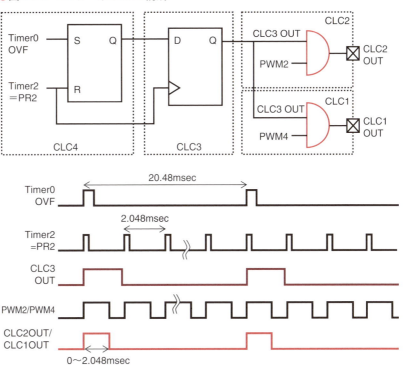

8-3-3　回路設計と組み立て

　図8-3-1の全体構成を元に作成した回路図が図8-3-4となります。

　RCサーボ駆動用トランジスタは汎用のトランジスタを使いました。5Vで出力されるようにプルアップ抵抗を追加しています。接続は3ピンのシリアルピンヘッダを使っています。接続する際には向きに注意が必要です。RCサーボの起動時に多くの電流が流れるので、RCサーボに供給する5V電源には大容量の電解コンデンサを付加しています。

　ラズパイとの接続には2列のヘッダピンを使えばフラットケーブルで接続できますから、1対1の同じピン配列としておきます。

● 図 8-3-4　サーボ制御基板の回路図

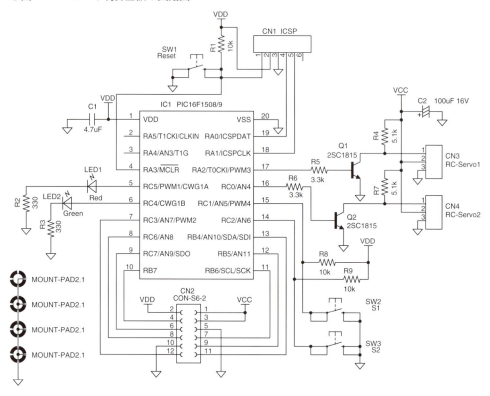

必要部品
リモコンカメラに必要な部品や完成品が購入できる。詳細は巻末ページを参照。

このサーボ制御ボードの組み立てに必要な部品†は表8-3-1と表8-3-2となります。

▼表8-3-1　データ収集ボード部品表

記号	品名	値・型名	数量
IC1	PICマイコン	PIC16F1508-I/SP または PIC16F1509-I/SP	1
Q1、Q2	トランジスタ	2SC1815	2
LED1	発光ダイオード	3φ　赤	1
LED2	発光ダイオード	3φ　緑	1
R1、R8、R9	抵抗	10kΩ　1/6W	3
R2、R3	抵抗	330Ω　1/6W	2
R4、R7	抵抗	5.1kΩ　1/6W	2
R5、R6	抵抗	3.3kΩ　1/6W	2
C1	コンデンサ	チップセラミック　4.7μF　16V	1
C2	電解コンデンサ	100μF　16V	1
CN1	ピンヘッダ	6ピン　L型ピンヘッダ	1

8-3 サーボ制御ボードのハードウェアの製作

記　号	品　名	値・型名	数量
CN2	コネクタ	6ピン2列　ピンヘッダソケット	1
CN3.CN4	ピンヘッダ	3ピン　シリアルピンヘッダ	2
SW1	タクトスイッチ	基板用小型	1
IC1用	ICソケット	20ピン　スリム	1
	感光基板	サンハヤト感光基板　P10K	1

▼表8-3-2　パネル組み立て用部品表

記　号	品　名	値・型名	数量
外付け部品 パネル組み立て用	RCサーボ	GMS　S03T2BBMG/JR（秋月電子通商）	2
	サーボ用金具	サーボブラケットAGBL-S03T（浅草技研）	2組
	アクリル板	透明　100×150×2t	1
	スペーサ	カラースペーサ　3mm	10
	その他	ねじ、ナット、アクリル接着材	少々

　部品が集まったらプリント基板を自作して組み立てます。組み立て図が図8-3-5となります。部品点数は少ないので、小型の基板で十分実装できます。各コネクタの周囲はコネクタ挿入時に邪魔になるものが無いように注意して配置します。

　実装図の中で太い線はジャンパ線で、錫メッキ線か抵抗などのリード線の切れ端で配線します。スイッチ部はスイッチ本体でつながるのでジャンパ配線は不要です。

●図8-3-5　サーボ制御基板の組み立て図

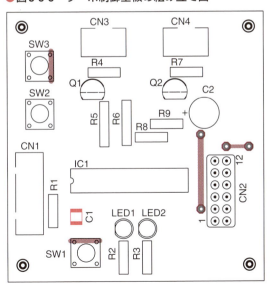

実装が完了した基板の部品面が写真8-3-2、はんだ面が写真8-3-3となります。

●写真8-3-2　部品面

●写真8-3-3　はんだ面

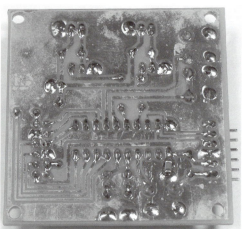

　この基板ができあがったら全体を組み立てます。RCサーボは2個を直交動作するように金具を組み合わせます。2個を写真8-3-4のように縦に接続することで上下と左右方向に動かすことができるようになります。

●写真8-3-4　サーボの組み立て

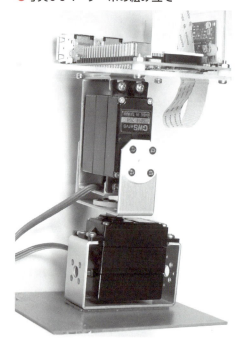

標準カメラを実装したラズパイとサーボ制御基板を一緒にアクリル板に組み立てて、RCサーボの上に乗せました。カメラは横向きにする必要があるので、アクリル板を直角になるように接着して実装しました。実装が完了した状態が写真8-3-5となります。カメラのフラットケーブルが貫通するように、アクリルの接着部に隙間を開けています。接続ケーブルがちょっと長いので邪魔になりますが、折り曲げておきます。

RCサーボとの接続は向きを間違えないようにしてください。万一逆向きにしても、壊れることはありません。RCサーボと台となる固定板の間は、両面接着テープで固定しています。

●写真8-3-5　基板の実装方法

8-4 サーボ制御ボードのプログラムの製作

サーボ制御ボードのハードウェアが完成したら、次はPICマイコンのファームウェアの製作です。

この製作には「MPLAB X IDE ＋ MPLAB XC8 Cコンパイラ + MPLAB Code Configurator（MCC）」という開発環境で行います。新しい開発ツールのMCCを使うと、各モジュールの設定をGUI環境ででき、設定やモジュールの制御関数を自動生成してくれますから、レジスタ等を意識せずに手早くプログラムを製作できます。

本章ではCLCモジュールを使うことにしましたが、このモジュールは設定レジスタが多く個々に設定するのは大変です。しかし設定用の専用ツールがMCCの中に含まれているので、容易に設定ができます。

8-4-1 プログラムの全体構成とフロー

サーボ制御ボードのプログラム全体構成は図8-4-1のようにしました。全体はmainプログラムがコントロールしますが、大部分のプログラムはMCCが自動生成した周辺モジュールの関数群で構成されます。ラズパイとの接続はGPIOのオンオフによる接続のみとなります。

●図8-4-1　プログラム全体構成

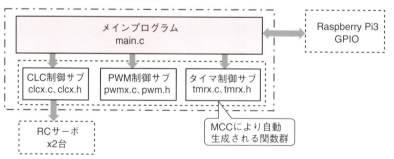

8-4-2　MCCを使ったプログラム開発手順

　サーボ制御ボードのプログラム製作にはMCCという最新のツールを使うことにしました。これを使うと周辺モジュールの設定をするだけで、初期化関数や制御関数の大部分を自動生成してくれるのでプログラム製作がぐっと簡単になります。特にCLCモジュールのような複雑な設定が必要なモジュールも設定ツールがMCC内に用意されているのでグラフィックな画面で設定して行けばよいようになっています。
　このMCCを使った本章のプログラム開発手順は次のようになります。

①MPLAB X IDEで空のプロジェクトを作成する
②MCCで各モジュールの設定を行う（MCCはVer3.15を使ってください）
　・クロックとコンフィギュレーション（System）の設定
　・I/Oポートの入出力モードの設定と名称の設定
　・TMR0とTMR2モジュールの設定
　・CLC1、2、3、4モジュールの設定
　・PWM2とPWM4モジュールの設定
③MCCでGenerateを実行してコードの自動生成を行う
④main関数に必要なプログラムを記述する
⑤コンパイルし書き込む

　以上の手順で製作しますが、本章ではMCCの設定手順を中心にして説明します。
　まずMPLAB X IDEで空のプロジェクト「Raspi_Servo」を作ります。ソースファイル等は何も登録されていない空の状態です。
　次にMCC Ver3.15をインストールします。MCCはMPLAB X IDEのPlug Inとして用意されているツールですので、Plug Inの手順でインストールする必要があります。インストールの詳細手順は、第3-3節を参照してください。
　作成したプロジェクトでMCCを起動したら順番に設定していきます。

■1 クロックの設定とコンフィギュレーションの設定

　最初はSystem Moduleの設定からで、クロックの設定とコンフィギュレーションの設定を行います。クロックの設定は図8-4-2のように［Project Resource］欄で［System Module］を選択すると右側に表示される欄で、［INTOSC］で［8MHz］とします。これでクロックが8MHzとなり、命令や周辺モジュールはこの1/4の2MHzで動作することになります。

続いて下記の2つの設定を行います。

- LVPのチェックをはずす
- WDTをdisableにする

●図8-4-2　Systemの設定

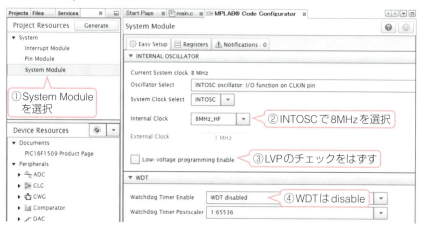

2 入出力ピンの設定

次に入出力ピンのモードの設定を行います。下側のoutputと同じ欄にある図8-4-3のような[Pin Manager]で、まずパッケージを選択し、次に各ピンの入出力モードを回路図にしたがって[GPIO]の[input]と[output]欄に設定します。最後に説明しますが、RA2ピンとRC0ピンはCLCから出力されるので、ここでのoutput設定をあとから削除することになります。

●図8-4-3　I/Oピンの入出力モード設定

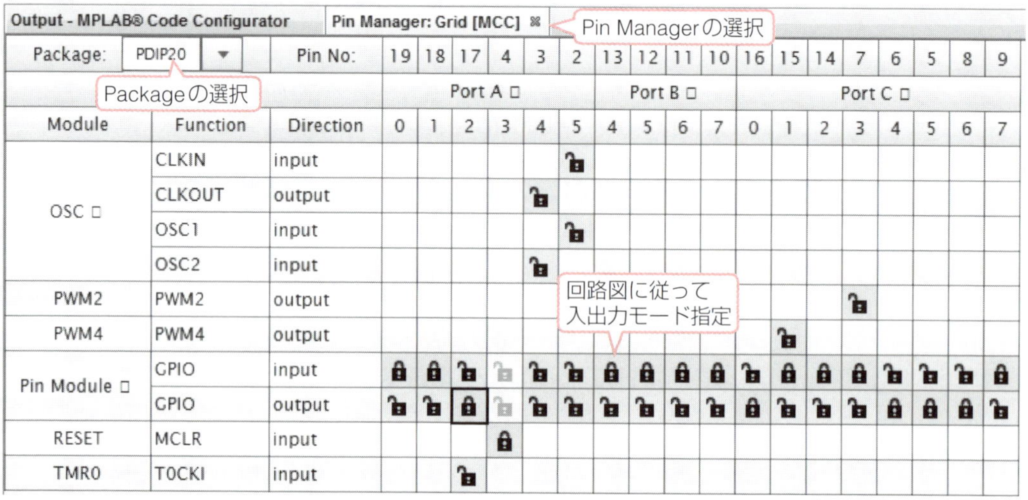

8-4 サーボ制御ボードのプログラムの製作

次に、左側の [Resource] 欄で [Pin module] を選択すると表示される図8-4-4 のような表で、ピンの詳細属性の設定と名称を入力します。名称を入力すると、プログラムでこの名称で扱えるようになります。[Analog]の欄のチェック、[WPU]†欄(プルアップ抵抗)のチェックはすべて削除します。

WPU
Week Pull Upの略で抵抗を介してV_{DD}に接続すること。

● 図8-4-4　I/Oピンの入出力モードと名称設定

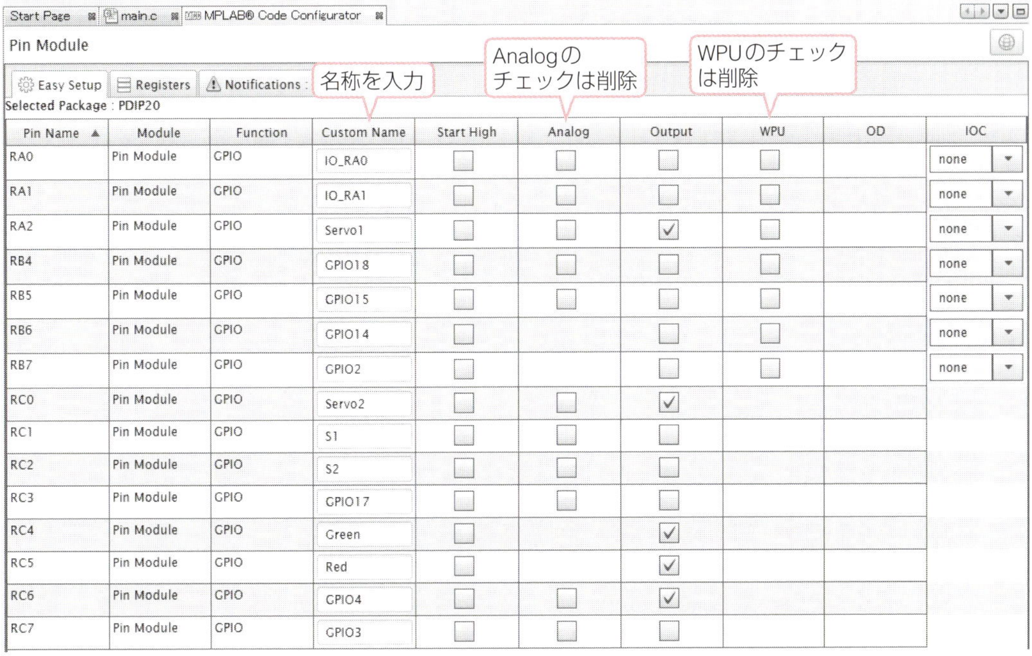

Pin Name	Module	Function	Custom Name	Start High	Analog	Output	WPU	OD	IOC
RA0	Pin Module	GPIO	IO_RA0	☐	☐	☐	☐	☐	none
RA1	Pin Module	GPIO	IO_RA1	☐	☐	☐	☐	☐	none
RA2	Pin Module	GPIO	Servo1	☐	☐	☑	☐	☐	none
RB4	Pin Module	GPIO	GPIO18	☐	☐	☐	☐	☐	none
RB5	Pin Module	GPIO	GPIO15	☐	☐	☐	☐	☐	none
RB6	Pin Module	GPIO	GPIO14	☐	☐	☐	☐	☐	none
RB7	Pin Module	GPIO	GPIO2	☐	☐	☐	☐	☐	none
RC0	Pin Module	GPIO	Servo2	☐	☐	☑	☐	☐	
RC1	Pin Module	GPIO	S1	☐	☐	☐	☐	☐	
RC2	Pin Module	GPIO	S2	☐	☐	☐	☐	☐	
RC3	Pin Module	GPIO	GPIO17	☐	☐	☐	☐	☐	
RC4	Pin Module	GPIO	Green	☐	☐	☑	☐	☐	
RC5	Pin Module	GPIO	Red	☐	☐	☑	☐	☐	
RC6	Pin Module	GPIO	GPIO4	☐	☐	☑	☐	☐	
RC7	Pin Module	GPIO	GPIO3	☐	☐	☐	☐	☐	

TRISレジスタ
Tristateレジスタ。PICでピンごとの入出力モードを設定するレジスタ。

これで入出力の基本設定は完了です。これまでのようにTRISレジスタ†の設定で悩むこともなく、アナログとデジタルの切り替え忘れなどもなくなり便利になりました。

3 タイマの設定

次は周辺モジュールごとの設定で、最初はタイマ0とタイマ2の設定です。[Device Resources]欄の[TMR0]をダブルクリックして選択すると、[TMR0]が上の欄に移動し図8-4-5のようなダイアログとなります。ここで、図の順序で設定し、タイマ0を20.48msec周期のインターバルタイマとします。このタイマは割り込みを有効にして、割り込み処理の中でTMR0の値を設定し直して、次の割り込みも同じ時間となるようにする必要があるのですが、この処理は自動的に生成されます。

●図8-4-5　タイマ0の設定

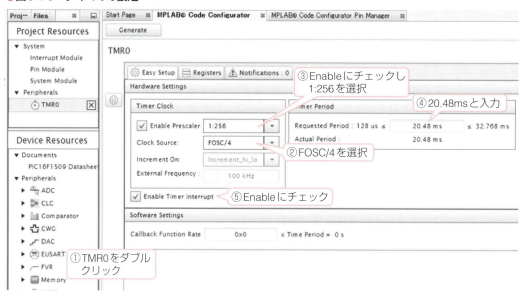

次はタイマ2の設定です。このタイマは2.048msec周期のタイマとする必要があります。タイマ0と同じようにして[Device Resources]欄の[TMR2]をダブルクリックして図8-4-6のダイアログを開き設定します。このタイマ2は割り込みなしとします。

●図8-4-6 タイマ2の設定

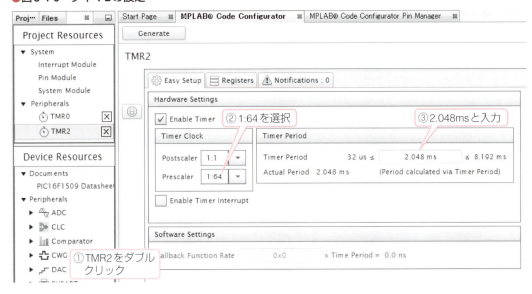

4 PWMモジュールの設定

次はPWM2とPWM4の設定で、図8-4-7のダイアログで行います。

●図8-4-7 PWM2とPWM4の設定

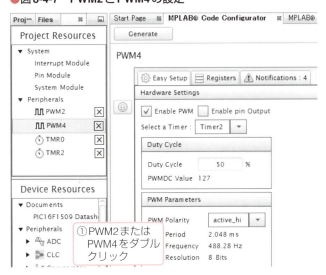

いずれも[Device Resource]欄で[PWM2]または[PWM4]をダブルクリックするだけです。ここで初期値が50%で2.048msec周期のPWMを出力します。出力はCLCに使うだけで外部には出力しませんから[Enable pin Output]のチェックは不要です。

5 CLCモジュールの設定

次はCLC1からCLC4までの設定を図8-3-3の回路になるように行います。最初にCLC1の設定は図8-4-8のようにします。

①出力を有効にする。これでRA2ピンに出力がでることになる
②ロジックとして4入力ANDを選択
③CLCIN0をFOSCに変更して入力ピンを使わないようにする
④入力としてLC3OUTつまりCLC3の出力を選択して、
⑤ORゲートに接続する
⑥PWM4OUTを入力として選択して、
⑦ORゲートに接続する
⑧HFINTOSCを入力として選択
⑨⑩ 残りのORゲート出力を反転し、常時Highとなるようにする
⑪CLC1の出力を反転して、出力がトランジスタで反転することを考慮する

●図8-4-8　CLC1の設定

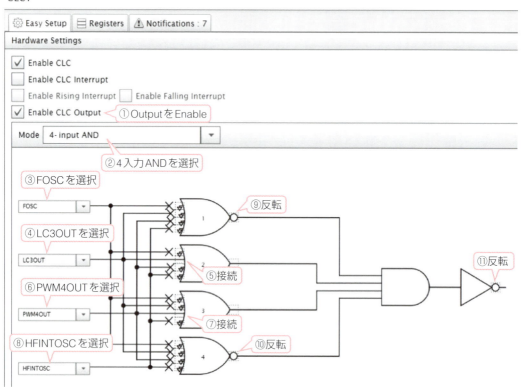

8-4 サーボ制御ボードのプログラムの製作

次に同じようにCLC2を図8-4-9のように設定します。

①出力を有効にする。これでRC0ピンに出力がでることになる
②ロジックとして4入力ANDを選択
③CLCIN0をFOSCに変更して入力ピンを使わないようにする
④入力としてLC3OUTつまりCLC3の出力を選択して、
⑤ORゲートに接続する
⑥PWM2OUTを入力として選択して、
⑦ORゲートに接続する
⑧SYNCC1OUTをLFINTOSCに変更
⑨⑩ 残りのORゲート出力を反転し常時Highとなるようにする
⑪CLC2の出力を反転して出力がトランジスタで反転することを考慮する

●図8-4-9　CLC2の設定

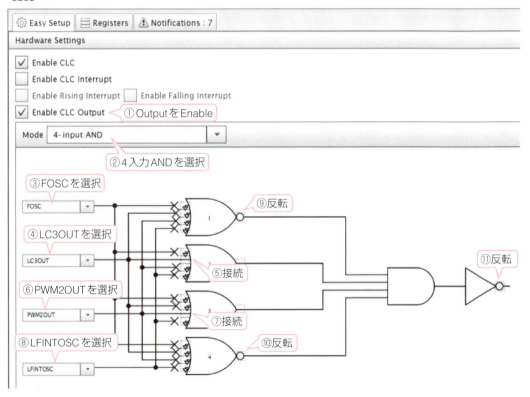

次はCLC3の設定で図8-4-10のようにします。

①リセット付きDフリップフロップを選択
②R入力にはTMR2の周期一致を指定して、④Rゲートに接続
③D入力にはLC4OUTを指定し、⑤Rゲートに接続

●図8-4-10　CLC3の設定

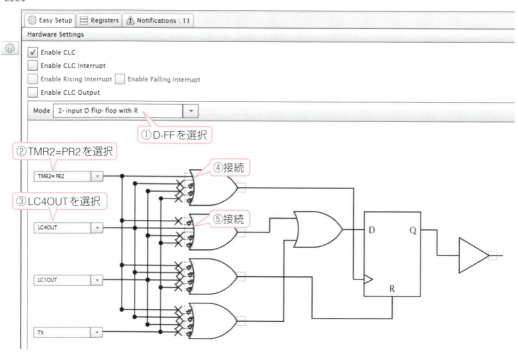

最後はCLC4の設定で図8-4-11となります。

①SR Latchを選択
②TMR0IFを選択してタイマ0のタイムアウトとする
③ORゲートに接続
④TMR2=PR2を選択
⑤ORゲートに接続する

●図8-4-11　CLC4の設定

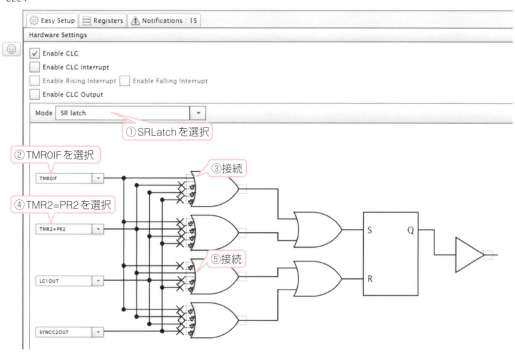

6 コード生成

これで設定はすべて完了しますが、CLCの出力を有効化したことで、最初のI/Oピンで出力モードに設定したピンがダブって定義されてしまっているため、[Pin Module]を選択し直してRA2ピンとRC0ピンのOUTPUT設定を削除します。

最後に[Generate]のボタンをクリックすると、コードが自動生成されプロジェクトに自動的に登録されます。登録結果は図8-4-12のようになります。

この自動生成されたコードの中には、main関数以外に、モジュールごとのファイルの中に初期化関数と制御関数が含まれています。

● 図8-4-12 自動生成されたプロジェクト内容

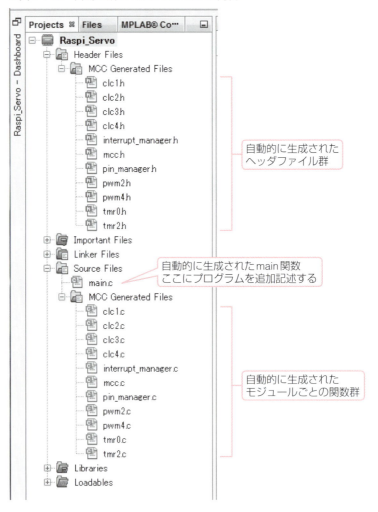

8-4-3 プログラム詳細

これら自動生成された関数の関係は図8-4-13のようになっています。

最初の初期化はmain.cの「SYSTEM_Initialize」関数から始まり、mcc.cにあるシステム初期化関数がmain関数から呼び出されると、そこからそれぞれのモジュールの初期化関数が呼び出されて全モジュールの初期化を実行します。

あとは、main関数の中に必要なユーザ処理を追加すればよいようになっていますが、そこでモジュールを使う場合には、モジュールの中に用意されている制御関数を呼び出せばよいようになっています。したがってモジュールごとに生成された関数を見て、使い方を調べる必要があります。

タイマ0の割り込み処理では、次のインターバル時間のゲタを履かせ直す設定だけが必要な処理で、この処理は自動的に生成されていますから、何も追加は必要ありません。

●図8-4-13 自動生成された関数の関係

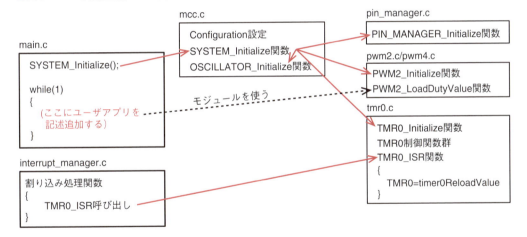

実際に必要な処理はmain関数内に記述するだけで済んでしまいます。main関数の中に記述した内容はリスト8-4-1となります。

最初main関数の前で、内部で使う変数を定義しています。

main関数の最初でタイマ0の割り込みを許可するため、あらかじめ自動生成されコメントアウトされているグローバル割り込み許可の記述のコメントアウトを削除して、有効にしています。

次にデューティの初期値を指定して、中央位置で停止するようにしています。この値は実際に動作させて動作範囲を確認してから、およその中央値で決めます。

メインループの最初では、あとからアップグレードで追加するシャット

ダウン機能を有効にするため、S1とS2のスイッチを同時に押したときにGPIO4をHighにする機能を組み込んでいます。次に、4つのGPIOの状態をチェックし、Highであったら対応するデューティを上げ下げする処理を追加します。ただし上限と下限で制限をかけています。実際の制御には、PWMのデューティ設定関数を呼んでいるだけです。

最後に繰り返し周期を決めるディレイ文を挿入しています。カメラの動く速さはこのディレイ時間で決まります。この時間は、実際に動かしてみて適当な値で設定します。

リスト 8-4-1　mainの処理内容

```c
#include "mcc_generated_files/mcc.h"
unsigned int DutyPan, DutyTilt;

/*  Main application */
void main(void)
{
    // initialize the device
    SYSTEM_Initialize();
    // Enable the Global Interrupts         ← 割り込み許可
    INTERRUPT_GlobalInterruptEnable();
    // Enable the Peripheral Interrupts
    INTERRUPT_PeripheralInterruptEnable();
    // Disable the Global Interrupts        ← 割り込み不許可
    //INTERRUPT_GlobalInterruptDisable();
    // Disable the Peripheral Interrupts
    //INTERRUPT_PeripheralInterruptDisable();
    DutyPan = 0x280;                        // 左右初期位置指定
    DutyTilt = 0x280;                       // 上下
    GPIO4_LAT = 0;
    while (1)
    {
        // Add your application code
        if((S1_PORT == 0) && (S2_PORT == 0)){    // S1とS2同時押し
            GPIO4_LAT = 1;                       // シャットダウン要求   ← S1、S2の同時押しの
            Red_LAT = 1;                         // 目印LEDオン            シャットダウン処理で
            __delay_ms(1000);                    // 1秒間出力              GPIO4をHighにする
            Red_LAT = 0;                         // リセット
            GPIO4_LAT = 0;
        }
        if(GPIO18_PORT == 1){                    // UPの場合            ← 上向きのときDutyTilt
            if(DutyTilt > 0x120)                 // 最小値制限              をアップ
                DutyTilt--;
        }
        if(GPIO17_PORT == 1){                    // Downの場合          ← 下向きのときDutyTilt
            if(DutyTilt < 0x3F0)                 // 最大値制限              をダウン
                DutyTilt++;
        }
        PWM4_LoadDutyValue(DutyTilt);            // 上下方向制御実行    ← 上下のRCサーボ駆動

        if(GPIO2_PORT == 1){                     // Rightの場合        ← 右向きのときDutyPan
            if(DutyPan > 0x120)                  // 最小値制限             をアップ
                DutyPan--;
```

8-4 サーボ制御ボードのプログラムの製作

```
        }
        if(GPIO3_PORT == 1){              // Leftの場合
            if(DutyPan < 0x3F0)           // 最大値制限
                DutyPan++;
        }
        PWM2_LoadDutyValue(DutyPan);      // 左右制御実行
        __delay_ms(50);                   // 制御間隔設定
    }
}
```

- 左向きのときDutyPanをダウン
- 左右のRCサーボ駆動

　以上でファームウェアは完成で、これをコンパイルして書き込めば完成です。
　MCCを使うと、モジュールごとに設定が必要なレジスタ類についての詳細を調べなくても、実際に必要な動作から決めるべきことだけを設定すればすべての設定が完了しますし、レジスタ制御用の関数も自動生成されますから、わかりやすい英語の関数名で使えるようになります。

8-5 動作確認

　以上でラズパイとサーボ制御ボード両方が完成したので、実際に動作確認をしてみます。電源はラズパイに5Vを供給しますが、ラズパイ用のACアダプタを使います。

　ラズパイは初期設定でWi-Fiが使えるようにして、ネットワークに接続します。ラズパイに外部から接続が必要なのは、電源とPICとの接続だけです。

　次にサーボ制御ボードにRCサーボのケーブルを接続します。上下と左右の方向がどちらかわからない場合は、とりあえず接続し動作確認をしてから接続をしなおせば大丈夫です。またコネクタの向きには注意をしてください。万一逆向きに挿入しても壊れることはありません。

　電源を接続し、ラズパイが動作を開始したら、同じネットワークに接続したパソコン、スマホ、タブレットのいずれかで、下記URLを指定します。

　　http://ラズパイのIPアドレス:8020

　正常に呼び出せれば図8-5-1のようにユーザIDとパスワードの認証を求められますから、IDには「webiopi」、パスワードには「raspberry」と入力すれば、目的とした図8-2-4の画面が表示されるはずです。しばらく遊んでみましょう。

●図8-5-1　認証入力ダイアログ

　このとき、ボタンだけで動画が表示されない場合は、IPアドレスが異なっていることが原因です。リスト8-2-4のCamRemocon.htmlの後半にあるIPアドレスを確認してください。異なっている場合は、合わせて修正する必要があります。

8-6 グレードアップ

同じネットワーク内のパソコンで動画を見ながら制御できるようになったので、次にインターネット経由で外部からもアクセスできるようにアップグレードしてみましょう。

8-6-1 外部ネットワークからアクセスできるようにする

家庭で使っているプロバイダで外部からアクセスできるようにするためには、プロバイダがモデムに割り付けるグローバルアドレスでアクセスする必要があります。しかしこのグローバルアドレスは定期的に変更されてしまいます。

ダイナミックDNS[†]（DDNS）は、このようにグローバルアドレスが変わってしまっても常に同じURLでアクセスできるようにする機能です。このDDNSを使えば、プロバイダから提供される家庭のモデムでインターネットに接続している場合でも、特定のURLでいつでも外部から呼び出せるようにできます。

このDDNS機能をサービスしているサイトには有料と無料と数多くありますが、本書では無料でDDNSをサービスしているサイトである「MyDNS」を使って試してみました。

MyDNSの設定手順は第7-7節で説明した内容と同じですから省略します。

自宅ルータの設定にこのリモコンカメラを追加登録します。筆者宅のルータでは、図8-6-1のようにリモコンカメラのラズパイをポート番号で分けて登録するだけでラズパイを追加できました。

> **ダイナミックDNS**
> プロバイダから割り当てられたグローバルアドレスが変更されたことをDNSに通知して常にURLがアクセス可能にするサービス。

●図8-6-1　自宅ルータの転送設定例

　以上の設定で、「camremocon.mydns.jp:8020」というURLでインターネットのどこからでもアクセスできるようになります。ただし、動画ストリーミングも正常にできるようにするため、HTMLファイル（CamRemocon.html）のIPアドレスの部分を、リスト8-6-1のようにMyDNSに登録したURLに変更する必要があります。

リスト 8-6-1　HTMLファイルのIPアドレスの変更（CamRemocon.html）

```
（前半省略）
<body>   <br>
    <p style="text-align:left; margin-left:100px;">
        <font size=7>"Remote Control Camera"</font><br>
        <img src=http://camremocon.mydns.jp:8010/?action=stream" width=640 border="0">
    </p>
    <p style="align:center;">
    <div id="upbtn" align="center"></div>
    <div id="downbtn" align="center"></div>
    <div id="leftbtn" align="center"></div>
    <div id="rightbtn" align="center"></div>
    </p>
</body>
</html>
```

IPアドレスの代わりにURLに変更

　グローバルアドレスはプロバイダから定期的に変更されますから、第7-7節と同じように、一定間隔でアドレスを送信し直す必要があります。このために「crontab」コマンドを使います。

8-6 グレードアップ

WebCamのディレクトリに移動してから次のコマンドでcrontabのファイルを開きます。

```
cd /home/pi/WebCam
crontab -e
```

開いたファイルの最後にリスト8-6-2のように追記して保存します。このcrontabの設定は、30分おきにwgetコマンドを実行せよという意味になります。ここでURLの中の mydnsIDとmydnsPassの部分には送付されたユーザIDとパスワードを入力します。

リスト 8-6-2 アドレス自動更新の設定（crontab）

```
# For example, you can run a backup of all your user accounts
# at 5 a.m every week with:
# 0 5 * * 1 tar -zcf /var/backups/home.tgz /home/
#
# For more information see the manual pages of crontab(5) and cron(8)
#
# m h dom mon dow command
*/30 * * * * wget -q -O /dev/null http://mydnsID:mydnsPASS@www.mydns.jp/login.html
```

※この1行を最後に追加する
※ここには送付されたユーザIDとパスワードを入れる

以上でインターネットのどこからでも、パソコンでもスマホでもタブレットでもアクセスできるリモコンカメラができ上がりました。

8-6-2 シャットダウン機能の追加

次のアップグレードはシャットダウン機能の追加です。リモコンカメラもモニタやキーボードなしでの単体動作になるので、単体でラズパイのシャットダウンもできるようにしましょう。

方法はPythonのsubprocess機能を使います。リモコンカメラとは独立に専用のPythonスクリプトを作成し、リモコンカメラを自動起動する際にこのスクリプトの起動も追加します。

まず、シャットダウン用のPythonスクリプト「shut_down.py」をリスト8-6-3のように作成し、他と同じディレクトリ（/home/pi/WebCam）に保存します。

リスト 8-6-3　シャットダウン用Pythonスクリプト（shut_down.py）

```python
#! /usr/bin/python
#-*- coding:utf-8 -*-
import RPi.GPIO as GPIO
import subprocess as proc
from time import sleep
#**** 停止割り込み処理関数
def stop(channel):
    if channel==4:
        print "Shutdwon"
        proc.call("sudo /sbin/shutdown -h now", shell=True)
#***** GPIO設定
GPIO.setmode(GPIO.BCM)
GPIO.setup(4, GPIO.IN)
GPIO.add_event_detect(4, GPIO.RISING, callback=stop, bouncetime=20)
#**** メインループ
try:
    while True:
        sleep(1.0)
except KeyboardInterrupt:
    pass
GPIO.remove_event_detect(4)
GPIO.cleanup()
```

- Python用GPIOライブラリとsubprocessの使用宣言
- GPIO4ピンの割り込み処理関数
- シャットダウンのシェルスクリプト実行
- GPIOの設定 GPIO4の変化検出
- アイドルループ
- キーボードの割り込み

　次にこのスクリプトを自動起動するように起動制御ファイル（/etc/rc.local）にリスト8-6-4のように追記します。次のコマンドでnanoエディタ上にrc.localを呼び出します。

　　sudo nano /etc/rc.local

　この起動制御ファイルは先にカメラ機能で追記したものと同じですから、そのあとにシャットダウン用の記述を追加します。

リスト 8-6-4　シャットダウンスクリプトの自動起動（rc.local）

```
（この前は省略）
sh /home/pi/WebCam/start_stream.sh
sudo python /home/pi/WebCam/shut_down.py
exit 0
```

- カメラ用の自動起動
- これを追加

　このシャットダウン機能を有効にするには、サーボ制御ボードのS1とS2のスイッチを同時に押したときにGPIO4をHighにするというイベント通知機能を使います。
　これで単体でもラズパイのシャットダウンができるようになるので、安心して電源をオフとすることができるようになります。

第9章
リモコンカーの製作

　前章で作成した動画ストリーミングを応用して、カメラの画像をタブレットなどで見ながらWi-Fi無線で操縦するリモコンカーを製作してみます。
　2個のモータをPWMで可変速可逆制御をするモータ制御ボードをPICマイコンで製作してラズパイと接続して動かします。

9-1 リモコンカーの概要と全体構成

ストリーミング
音声や動画などのマルチメディアファイルを転送し再生するためのダウンロード方式。

　前章で使った動画のストリーミング†を活用して、画像を見ながら運転できるリモコンカーを製作します。タブレットなどで動画像により前方を見ながらWi-Fiでリモコン操縦します。完成したリモコンカーは写真9-1-1のようになります。

●写真9-1-1　リモコンカーの外観

9-1-1　リモコンカーの全体構成と機能概要

　製作するリモコンカーの全体構成は図9-1-1のようになります。リモコンカーと操縦端末となるタブレットとはWi-Fiの無線で接続します。動画の撮影とストリーミングはラズパイが実行し、タブレットのブラウザ上で画像をリアルタイムで見ることができるようにします。
　さらにブラウザ上のボタン操作による操縦でリモコンするモータの制御は、ラズパイのGPIOに接続したモータ制御ボードのPICマイコンが行います。モー

9-1 リモコンカーの概要と全体構成

PWM
パルス幅変調制御のこと。モータの速度を連続的に可変することができる。

タの細かなPWM制御†はラズパイの苦手とするところですから、これをPICマイコンが代行します。

電源は、ラズパイとモータ制御ボードにはスマホ充電用電池を使いました。ラズパイの実測の電流が0.4Aから0.5A程度でしたので、5V 1A出力で2000mAh以上の容量があれば十分だと思います。モータ用電源は、ノイズの影響を避けるため独立にして、単3のニッケル水素電池を2本としています。

●図9-1-1　リモコンカーの全体構成

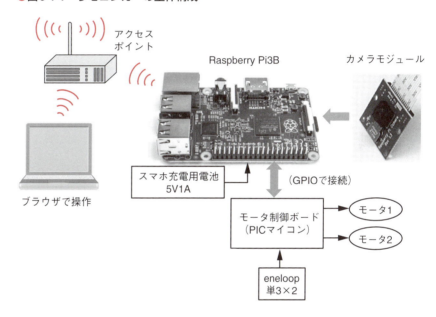

ラズパイとPICマイコンで製作したモータ制御ボードとの接続は、ラズパイのGPIOを使って、単純なオンオフ信号だけで行います。GPIOのピンごとに表9-1-1のような機能を持たせることにしました。いずれもブラウザのボタンを押している間、GPIOピンにHighの信号を出力するようにしています。

▼表9-1-1　ラズパイとPICマイコンの接続

ブラウザ	PICポート	向き	ラズパイ GPIO	機能
Forward	RB4		GPIO2	前進加速
Backward	RB5		GPIO3	後進加速
―	RB6	←	GPIO4	未使用
Right	RC6		GPIO14	右旋回
Left	RC7		GPIO15	左旋回
Stop	RB7		GPIO18	ブレーキ停止

9-2 ラズパイのプログラム製作

リモコンカーのラズパイのプログラムは、第8章のリモコンカメラとほとんど同じ構成になります。つまりカメラの画像をストリーミングによりブラウザで見られるようにし、さらにWebIOPiを使ってPythonスクリプトでボタン操作もできるようにします。

9-2-1 プログラム全体構成

リモコンカーの機能を実現するために必要なプログラムの構成は、図9-2-1のようになります。

●図9-2-1　リモコンカーのプログラム構成

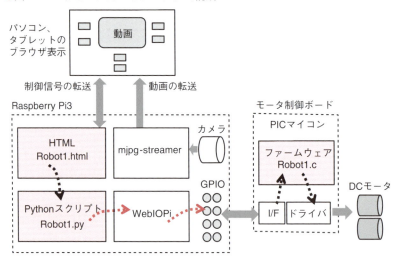

ラズパイ側は動画を撮影してストリーミングをするアプリ（mjpg_streamer）と、GPIOを制御するためにWebIOPiアプリを使用します。
これらの既存アプリケーションの他に、ウェブサーバとして動作させるために必要なHTMLファイル（Robot1.html）と、PICマイコンとGPIOでインターフェースを取るために必要なPythonスクリプト（Robot1.py）の2つのファイルを新規に製作して構成し、「/home/pi/Robot」ディレクトリに保存します。いずれも簡単な構成のファイルです。

9-2 ラズパイのプログラム製作

　PICマイコン側は、モータ制御ボードとして新規にハードウェアを製作し、2個のDCモータを動かすためのファームウェア（Robot1.c）を製作します。
　カメラの動作をストリーミング表示させるために必要な次の作業は第8章とまったく同じで、次のステップになりますが詳細は省略します。

①カメラの有効化設定
②ストリーミングアプリ「mjpg-streamer」のセットアップ
③ストリーミングアプリを自動起動させるためのシェルスクリプト（start_stream.sh）の製作とrc.localの編集

　自動起動用のシェルスクリプトはほとんど同じですが、一部変更してリスト9-2-1のようにします。これは動画表示を高速化するためで、画像サイズを小さくしフレームレートを下げる変更です。

リスト 9-2-1　自動起動用シェルスクリプト（start_stream.sh）

```
#!/bin/bash
if pgrep mjpg_streamer > /dev/null
then
    echo "mjpg_streamer already runnning"
else
    LD_LIBRARY_PATH=/opt/mjpg-streamer/ /opt/mjpg-streamer/mjpg_streamer -i "input_raspicam.so -fps 10 q 50 -x
        400 -y 300" -o "output_http.so -p 8010 -w /opt/mjpg-streamer/www" > /dev/null 2>&1&
    echo "mjpg_streamer started"
fi
```

　rc.localはディレクトリが異なるので、リスト9-2-2のようにします。

リスト 9-2-2　自動起動の設定（/etc/rc.local）

```
（前省略）
sh /home/pi/Robot1/start_stream.sh
exit 0 #
```
元にある最後の行

　次にプログラム作成の前にWebIOPiをインストールしておく必要があります。第4-4章にしたがってインストール作業をします。次のステップで行い、パッチ†まで適用する必要があります。

パッチ
プログラムを修正すること。

①WebIOPiのダウンロードと解凍
②パッチの適用
③セットアップスクリプトの実行
④リブート

　これでWebIOPiが使えるようになります。

9-2-2 リモコンカーの操縦用画面の製作

動画のストリーミングができたので、今度はWebIOPiと動画を同じ画面に表示させ、リモコンカー用操縦画面として使えるブラウザ用の画面を製作します。

目標とする画面を図9-2-2のようにするものとします。中央に車の前方の画像が表示され、その左右に操縦用ボタンを配置します。下側に停止ボタンとシャットダウンのボタンを用意します。このシャットダウンボタンで、ラズパイをシャットダウンさせるものとします。

●図9-2-2 製作するブラウザ用の画面

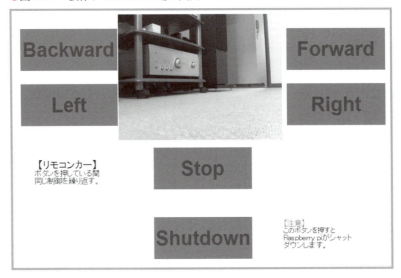

1 HTMLファイルの作成

この画面の実現方法は、HTMLファイルで画面を作成し、ボタンの動作はWebIOPi[†]からPythonスクリプトのマクロ関数を呼び出して行うことにしました。これを実現したHTMLファイルがリスト9-2-3となります。

最初にWebIOPiのJavascriptを使うことを宣言してから、Javaスクリプトを記述します。

スクリプトの最初でWebIOPiの初期化関数であるready()関数を記述しています。この中で、6個のボタンの名称とオン時とオフ時のイベントごとのマクロ関数を定義しています。これでボタンを押しているかどうかを区別することが可能になります。続いてjQuery[†]の$関数で実際のボタンと関数との関連づけをしています。

WebIOPi
詳細については第4-4節を参照。

jQuery
John Resig氏によって開発されたJavaScript用のライブラリでより容易にコードを書けるようにしたもの。$はjQueryであることを表す。

9-2 ラズパイのプログラム製作

次がスタイルシート†の記述で、ボタンのサイズと配置を指定しています。

次はHTMLのbody部で実際の表示を実行しています。ここでは3列、3行の表構造（table）†にして、横方向に配置できるようにしています。

中央部に動画ストリームを表示させています。IPアドレス部は読者のラズパイのIPアドレスに変更してください。

これで図9-2-2の画面が構成でき、ボタンを押したとき、離したときそれぞれにマクロ関数が呼び出されてPythonスクリプトが実行されることになります。

> **スタイルシート**
> 文書のスタイルを指定する記述ルールで、見栄えと構造を分離する目的で使われる。
>
> **表構造**
> 全体を<table>と</table>で囲み、次に行を<tr>と</tr>で、セルを<td>と</td>で表す。

リスト 9-2-3 製作したHTMLファイル（Robot1.html）

```
<!DOCTYPE html PUBLIC "-//W3C//DTD HTML 4.01 Transitional//EN" "http://www.w3.org/TR/html4/loose.dtd">
<html>
<head>
    <meta http-equiv="Content-Type" content="text/html; charset=UTF-8">
    <title>Robot with mjpg-streamer</title>
    <script type="text/javascript" src="/webiopi.js"></script>
    <script type="text/javascript">
        webiopi().ready(function(){
            var LEFT = webiopi().createButton("Left", "Left",
                function(){webiopi().callMacro("leftup");},
                function(){webiopi().callMacro("leftupend");}
            );
            var RIGHT = webiopi().createButton("Right", "Right",
                function(){webiopi().callMacro("rightup");},
                function(){webiopi().callMacro("rightupend");}
            );
            var FORWARD = webiopi().createButton("Forward", "Forward",
                function(){webiopi().callMacro("forwardup");},
                function(){webiopi().callMacro("forwardupend");}
            );
            var BACK = webiopi().createButton("Back", "Backward",
                function(){webiopi().callMacro("backup");},
                function(){webiopi().callMacro("backupend");}
            );
            var STOP = webiopi().createButton("Stop", "Stop",
                function(){webiopi().callMacro("stop");},
                function(){webiopi().callMacro("stopend");}
            );
            var SHUTDOWN = webiopi().createButton("Shutdown", "Shutdown",
                function(){webiopi().callMacro("shut");},
                function(){webiopi().callMacro("shutend");}
            );
            $("#Leftbtn").append(LEFT);
            $("#Rightbtn").append(RIGHT);
            $("#Forwardbtn").append(FORWARD);
            $("#Backbtn").append(BACK);
            $("#Stopbtn").append(STOP);
            $("#Shutbtn").append(SHUTDOWN);
        });
    </script>
    <style type="text/css">
        button{
```

注釈：
- WebIOPiのJavascriptを使うことを宣言
- ready関数の定義
- Leftボタンとマクロの定義
- Rightボタンとマクロの定義
- Forwadボタンとマクロの定義
- Backwadボタンとマクロの定義
- Stopボタンとマクロの定義
- Shutdownボタンとマクロの定義
- ボタンと関数の対応づけ定義

| ボタンの形の定義 | ```
            font-size:3em;
            width:240px;
            height:100px;
            margin-left:10px;
            color:#0000FF;
            border:none;
          }
      </style>
  </head>
  <body>
``` |
| 画像とボタンの配置の定義、テーブルを使用 | ```
      <table boder="0" cellspacing="0" align="center">
      <tr>
          <td>
``` |
| BackwardとLeftボタン配置 | ```
              <div id="Backbtn" align="center"></div><br><br>
              <div id="Leftbtn" align="center"></div>
          </td>
          <td>
``` |
| 動画の配置 | ```
              <img src=http://192.168.1.29:8010/?action=stream" width=400 border="0" align="center">
          </td>
          <td>
``` 読者のIPアドレスに変更する |
| ForwardとRightボタン配置 | ```
              <div id="Forwardbtn" align="center"></div><br><br>
              <div id="Rightbtn" align="center"></div>
          </td>
      </tr>
      <tr>
          <td>
``` |
| メッセージの配置 | ```
              <p style="text-align:center">
              <font size=5>【リモコンカー】</font><br>
              <font size=4>ボタンを押している間</font><br>
              <font size=4>同じ制御を繰り返す。</font>
              </p>
          </td>
          <td>
``` |
| Stopボタンの配置 | ```
              <br><div id="Stopbtn" align="center"></div><br><br>
          </td>
      </tr>
      <tr>
          <td>
          </td>
          <td>
``` |
| Shutdownボタンの配置 | ```
              <br><br><div id="Shutbtn" align="center"></div>
          </td>
          <td>
``` |
| メッセージの配置 | ```
              <p style="text-align:left"><br>
              <font size=4 color=red>【注意】</font><br>
              <font sizen=4>このボタンを押すと</font><br>
              <font size=4>Raspberry piがシャット</font><br>
              <font size=4>ダウンします。</font>
              </p>
          </td>
      </tr>
  </body>
</hrml>
``` |
```

2 Pythonスクリプトの作成

　HTMLファイルの作成が終わったら次はPythonスクリプトの作成です。作成したスクリプトはリスト9-2-4となります。このリストは単純なのでわかりやすいかと思います。

　最初にWebIOPiとsubprocessのライブラリをインポートします。次にWebIOPiのオブジェクトのインスタンスをGPIOという名称で生成します。次にボタンごとに対応させるGPIOの番号を定義します。

　あとはボタンごとのマクロ関数そのもので、ボタンごとに押したときと離したときのイベントごとに2種類ずつのマクロがあります。

　シャットダウンボタンの場合は、subprocessメソッドを使ってシャットダウンのシェルコマンドを実行しています。

　最後はアプリを開始したときと終了させたときにGPIOをすべてLow状態にしています。

リスト　9-2-4　Pthonスクリプト（Robot1.py）

```python
import webiopi                              # WebIOPiとsubprocessの読み込み
import subprocess as proc
webiopi.setDebug()
GPIO = webiopi.GPIO                         # WebIOPiのインスタンス生成
FORWARD = 2
BACK = 3
SHUTDOWN = 4                                # GPIOピン定義
RIGHT = 14
LEFT = 15
STOP = 18
def setup():
    webiopi.GPIO.setFunction(FORWARD, GPIO.OUT)
    webiopi.GPIO.setFunction(BACK, GPIO.OUT)
    webiopi.GPIO.setFunction(SHUTDOWN, GPIO.OUT)   # GPIOピンの入出力モード設定
    webiopi.GPIO.setFunction(LEFT, GPIO.OUT)
    webiopi.GPIO.setFunction(RIGHT, GPIO.OUT)
    webiopi.GPIO.setFunction(STOP, GPIO.OUT)
@webiopi.macro
def leftup():
    GPIO.digitalWrite(LEFT, GPIO.HIGH)      # Leftボタンのマクロ関数
@webiopi.macro
def leftupend():
    GPIO.digitalWrite(LEFT, GPIO.LOW)
@webiopi.macro
def rightup():
    GPIO.digitalWrite(RIGHT, GPIO.HIGH)     # Rightボタンのマクロ関数
@webiopi.macro
def rightupend():
    GPIO.digitalWrite(RIGHT, GPIO.LOW)
@webiopi.macro
def forwardup():
    GPIO.digitalWrite(FORWARD, GPIO.HIGH)   # Forwardボタンのマクロ関数
@webiopi.macro
def forwardupend():
```

```
        GPIO.digitalWrite(FORWARD, GPIO.LOW)
@webiopi.macro
def backup():
        GPIO.digitalWrite(BACK, GPIO.HIGH)     ← Backwardボタンのマクロ関数
@webiopi.macro
def backupend():
        GPIO.digitalWrite(BACK, GPIO.LOW)
@webiopi.macro
def stop():
        GPIO.digitalWrite(STOP, GPIO.HIGH)     ← Stopボタンのマクロ関数
@webiopi.macro
def stopend():
        GPIO.digitalWrite(STOP, GPIO.LOW)
@webiopi.macro
def shut():
        proc.call("sudo /sbin/shutdown -h now", shell=True)   ← Shutdownボタンのマクロ関数
@webiopi.macro
def home():
        GPIO.digitalWrite(LEFT, GPIO.LOW)
        GPIO.digitalWrite(RIGHT, GPIO.LOW)     ← 初期状態の定義
        GPIO.digitalWrite(FORWARD, GPIO.LOW)
        GPIO.digitalWrite(BACK, GPIO.LOW)
        GPIO.digitalWrite(STOP, GPIO.LOW)
        GPIO.digitalWrite(SHUTDOWN, GPIO.LOW)

def destroy():
        GPIO.digitalWrite(LEFT, GPIO.LOW)
        GPIO.digitalWrite(RIGHT, GPIO.LOW)     ← 終了時の定義
        GPIO.digitalWrite(FORWARD, GPIO.LOW)
        GPIO.digitalWrite(BACK, GPIO.LOW)
        GPIO.digitalWrite(STOP, GPIO.LOW)
        GPIO.digitalWrite(SHUTDOWN, GPIO.LOW)
```

3 自動起動設定

WebIOPiのHTMLファイルとスクリプトファイルができあがったら、こちらも自動起動するようにします。ラズパイ起動時に製作したファイルが指定されて実行されるようにWebIOPiのコンフィギュレーションファイルを修正します。

まず、次のコマンドでWebIOPiのコンフィギュレーションファイルをnanoエディタで開きます。

```
sudo nano /etc/webiopi/config
```

次にリスト9-2-5のように追加修正を行います。

①Pythonスクリプト（Robot1.py）を記述例にしたがって、フルパスで指定
②ポート番号は8020（別のポート番号にしてもOK）
③HTMLファイルのあるディレクトリ（/home/pi/Robot）の指定
④ウェブサーバが呼ばれたとき返すHTMLファイル（Robot1.html）の指定

リスト **9-2-5** コンフィギュレーションファイルの修正

```
[SCRIPTS]
# Load custom scripts syntax :
# name = sourcefile
#   each sourcefile may have setup, loop and destroy functions and macros
#myscript = /home/pi/webiopi/examples/scripts/macros/script.py
myscript = /home/pi/Robot/Robot1.py
#-----------------------------------------------------------------------------#
[HTTP]
# HTTP Server configuration
enabled = true
port = 8020
# File containing sha256(base64("user:password"))
# Use webiopi-passwd command to generate it
passwd-file = /etc/webiopi/passwd
# Change login prompt message
prompt = "WebIOPi"
# Use doc-root to change default HTML and resource files location
#doc-root = /home/pi/webiopi/examples/scripts/macros
doc-root = /home/pi/Robot
# Use welcome-file to change the default "Welcome" file
#welcome-file = index.html
welcome-file = Robot1.html
#-----------------------------------------------------------------------------#
```

①スクリプトをフルパスで指定する
②ポート番号
③HTMLファイルのあるディレクトリを指定する
④HTMLファイル名を指定する

　最後にWebIOPiを自動起動するため、次のコマンドで起動ファイルにWebIOPiを追加します。

　　`sudo update-rc.d webiopi defaults`

　これでラズパイ側の準備は完了です。ボタンの動作確認はGPIOピンにLEDを接続すれば簡単にできます。テスタで電圧を計測することでもテストができます。

9-3 リモコンカーの ハードウェアの製作

ラズパイ側の製作が終わったので、次はリモコンカー本体の車体とモータ制御ボードの製作です。

9-3-1 リモコンカーの車体の製作

タミヤ模型 工作＆ロボクラフト
http://www.tamiya.com/japan/products/archive/robocon/index.html

必要部品
リモコンカー制作に必要な部品や完成品が購入できる。詳細は巻末ページを参照。

リモコンカーの車体本体は、大部分タミヤ模型[†]の製品で構成しています。使用した部品[†]は表9-3-1となります。

▼表9-3-1　パネル組み立て用部品表

記　号	品　名	値・型名	数量
車体関連	躯体	ユニバーサルプレートL	1
	前輪	ボールキャスタ　2セット入り	1
	モータ	トルクチューンモータPRO　GP.346（生産中止） 下記で代替可能 トルクチューン2モータ　GP.484（代替品） 8Tピニオンギヤセット　GP.289	2
	ギヤ	ダブルギヤボックス　左右独立4速タイプ （モータが2個付属しているが使わない）	1
	タイヤ	山崎教育システム製　50mmΦ または　タミヤ製　スポーツタイヤ または　タミヤ製　オフロードタイヤセット	2
電池関連	電池ボックス	単3型　2本用	1
	スマホ充電用電池	DC5V1A出力　2000mAh以上　サイズに注意	1
	電池用ケーブル	マイクロUSBケーブル　20cm〜30cm	1
	モータ電池	ニッケル水素電池（eneloop）　単3型	2
その他	コネクタ	モレックス　2ピンハウジング5051	3
	コネクタピン	モレックス　ターミナル5159	6
	カラースペーサ	25mm　M3ねじ用	4
		10mm、3mm	各2
	その他	L金具、ねじ、ナット、線材	少々

まず台車から組み立てます。ユニバーサルプレートLはもともと210×160mmと大サイズですので、これを70×160mmサイズに切断します。アクリルカッターなどで穴と穴の間の穴が無いところを切断面にすれば簡単に切

9-3 リモコンカーのハードウェアの製作

断できます。切断後そのままではたわんで曲がってしまうので、長手方向に付属のL型の補強材をねじ止めして曲がらないようにします。これで台車は出来上がります。

次にギヤボックスの組み立てです。このギヤは4速の構成ができますが、ここではギヤ比が344.2：1という最もギヤ比が大きくて遅く回る設定で組み立てます。

このギヤにはモータが付属しています。しかしこのモータは軸に直接挿入して使う樹脂製の歯車が緩んですぐ使えなくなってしまうので、キットとは別にミニ四駆用の高性能モータに置き換えています。このモータは「ミニ4駆PRO用トルクチューンモータPRO　GP.346」というもので、あらかじめ軸の前後に真鍮製の歯車が取り付けられていて丈夫で緩むこともないので使いやすいモータです。ネット販売で購入できます。

【注】GP.346モータは生産中止品になっていて入手し難くなっています。代替品として「トルクチューン2モータ　GP.484」が使えます。しかしこれには歯車が付いていないので、別途「8Tピニオンギヤセット　GP.289」を購入します。この中に真ちゅう製の歯車があるので、これを圧入して使います。歯車を硬いものの上に置き、モータの軸を上から差し込み、軸の反対側を金槌などで上から軽くたたけば圧入できます。

ギヤを取り付ける前に、モータとモータ用電池ボックスには基板と接続するためのコネクタが必要なので、図9-3-1のように接続します。コネクタとケーブルの接続は、専用のコネクタ用圧着端子を使います。圧着工具†がある場合は標準の方法で圧着して接続します。圧着工具がない場合は、線材を端子に挿入してペンチで端子の圧着部を押しつぶして線材を固定してから、はんだ付けして接続固定します。配線の長さは車体上部に実装される基板まで届く長さとする必要があるので、余裕を見て20cm程度としておきます。

圧着工具
圧着端子の線材固定部を押しつぶして接続するための道具。

● 図9-3-1　モータ周りの配線方法

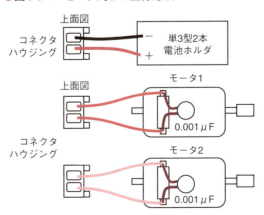

さらにモータ本体には、0.001μF程度のセラミックコンデンサを端子間に直接はんだ付けします。これでモータからのノイズを抑制します。

　モータの配線を間違ってもモータが壊れることはありませんが、モータの配線が逆になると回転方向が逆になります。その場合には配線を入れ替えるだけで正常に戻るので心配は要りません。

　ただし電池のプラスマイナスを逆に接続すると、基板内部のモータ駆動用MOSFETトランジスタが発熱して壊れてしまうので注意してください。もしMOSFETトランジスタが熱くなるようなことがあったら、すぐ電池を抜いて配線を確認してください。この場合もすぐに壊れることはないので、電池を入れたら基板のトランジスタが熱くならないかをチェックしましょう。

　前輪は自由に回る必要があるので、ボールキャスタを組み立てて使っています。

　こうして出来上がった車体が写真9-3-1となります。

●写真9-3-1　完成した車体の外観

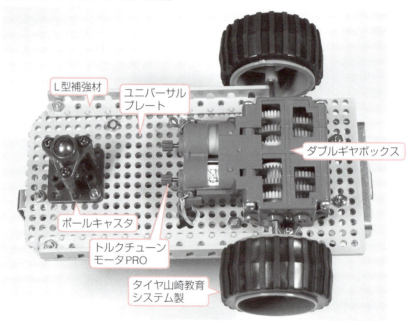

9-3-2 モータ制御ボードの製作

PWM変調
パルス幅変調制御。

次にモータ制御ボードを製作します。モータ制御ボードではPICマイコンを使いますが、2個のモータをPWM制御†でスムーズに動かすため最新の内蔵モジュールの機能を活用します。このボードの全体構成は図9-3-2のようにしました。

PICマイコンには最新の20ピンのPIC16F1508かPIC16F1509を使います。いずれでもピン数もメモリ容量も十分です。クロック周波数は16MHzとし、内蔵発振器から供給することにします。

電源供給方法は、PICマイコンはラズパイからの3.3Vで動作させます。そしてDCモータは動作時のノイズや電力不足を回避するため別電源とし、単3型2本のニッケル水素電池からの約2.5Vで動作させるようにしています。アルカリ電池でも問題ありません。

ラズパイとPICマイコンとの接続方法は、ラズパイのGPIOとPICのポートとを直接接続することにしました。ラズパイのGPIOは3.3VのインターフェースレベルなのでPICマイコンと同じで全く問題なく動作します。

MOSFET
電界効果トランジスタの一種で高速スイッチング、低オン抵抗が特徴。低オン抵抗なので発熱しない。

フルブリッジ
モータ駆動回路の1つで、単電源で回転方向の切り替えができる。

DCモータは大電流が流れますから、PICマイコンから直接制御できません。ここではよく使われているMOSFET†でフルブリッジ†を構成して駆動することにします。ここで使用したPICマイコンにはPWMモジュールが4組内蔵されているので、2組のフルブリッジの4個のMOSFETを直接PWM駆動して速度制御をしています。

●図9-3-2　サーボ制御ボードの全体構成

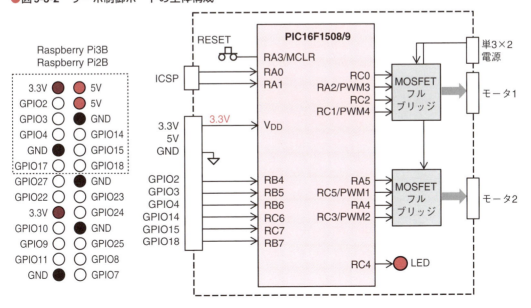

9-3-3　DCモータの使い方

ブリッジ回路
電流が2つの回路に分かれたあとまた1つに合流する閉回路のこと。

　DCモータを単一の電源でモータに加える電圧の向きを変えられる回路として考案されたのが、「Hブリッジ回路」とか「フルブリッジ回路†」とか呼ばれている回路です。基本構成は図9-3-3のようになっており、H型をしていることからこう呼ばれています。

●図9-3-3　DCモータ制御用フルブリッジ回路

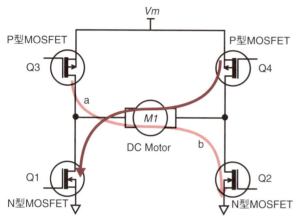

Q1	Q2	Q3	Q4	モータ制御
Off	Off	Off	Off	停止
Off	On	On	Off	正転（逆転）
On	Off	Off	On	逆転（正転）
On	On	Off	Off	ブレーキ

フルブリッジ回路の動作モード

　このフルブリッジの基本動作は、Q3とQ2のトランジスタだけを同時にオンとすると、モータへの電流は左から右に流れ、モータは正転（逆転）します。次にQ1とQ4だけをオンとすれば、右から左に電流が流れ、モータは逆転（正転）することになります。さらにQ1とQ2だけを同時にオンとするとモータのコイルをショートすることになり、ブレーキをかける動作となります。

大電流
この場合の電流のことを貫通電流と呼ぶ。

P型
Pチャネル型MOSFETとも呼ばれる。Nチャネルとは電圧、電流の向きが逆になる。

N型
Nチャネル型MOSFETとも呼ばれる。

ゲート
MOSFETトランジスタでは、ゲートに加える電圧によってドレインとソース間の電流をコントロールできる。半導体スイッチとして活用される。

　この回路の動作で注意することは、Q1とQ3、あるいはQ2とQ4を同時にオンにすると、トランジスタで電源をショートすることになって、大電流†が流れてトランジスタが壊れてしまうことがあることです。したがって、回転方向を切り替えるときには、短時間でよいのですが、いったん全部オフの停止状態にしてから切り替えるようにします。

　本章での実際のフルブリッジの回路は図9-3-4のようにしました。2組のフルブリッジのトランジスタをそれぞれPICマイコンの出力ピンに接続し、表のような出力にすることで動作を変えることができます。正転、逆転させる場合には、下側のMOSFETをPWMで制御しています。これでモータの回転数を連続的に可変することができます。

　ここで回路を簡単にするため、上側のMOSFETにはP型を、下側のMOSFETにはN型†を使っています。したがって、上側のP型MOSFETはゲート†をLowにするとオンとなり、ソースからドレインに向かって電流が流れます。

9-3 リモコンカーのハードウェアの製作

下側のN型MOSFETはゲートをHighとするとオンとなり、ドレインからソースに向かって電流が流れます。このようにゲート動作と電流の向きが逆になるので注意が必要です。

またもう1つの注意としてモータ用電源(図9-3-4のVm)には、PICマイコンの電源電圧以上のものは使えないのでこちらも注意が必要です。

さらに、モータの逆起電圧[†]対策ですが、この回路の場合は両方向に電圧が加わるためダイオードは使えないので、コンデンサを使います。このコンデンサで逆起電圧を抑制します。このような目的ですから、このコンデンサはできるだけモータに近いところに取り付ける必要があります。本書ではモータの端子に直接はんだづけしています。

> **逆起電圧**
> コイルの電流をオフにするとき発生する極性が反対向きの電圧のこと。短時間だが高電圧になるためノイズ源となる。

●図9-3-4 フルブリッジ制御の実用回路例

(a) モータ1側

制御FET	Q1	Q2	Q3	Q4	モータの状態
制御ピン	RA5	RC5	RA4	RC3	—
停止	H(Off)	L(Off)	H(Off)	L(Off)	オフ状態で停止
ブレーキ	H(Off)	H(On)	H(Off)	H(On)	ブレーキ状態で停止
正転	L(On)	L(Off)	H(Off)	PWM	PWM制御で正回転
逆転	H(Off)	PWM	L(On)	L(Off)	PWM制御で逆回転

(b) モータ2側

制御FET	Q5	Q6	Q7	Q8	モータの状態
制御ピン	RC0	RA2	RC2	RC1	—
停止	H(Off)	L(Off)	H(Off)	L(Off)	オフ状態で停止
ブレーキ	H(Off)	H(On)	H(Off)	H(On)	ブレーキ状態で停止
正転	L(On)	L(Off)	H(Off)	PWM	PWM制御で正回転
逆転	H(Off)	PWM	L(On)	L(Off)	PWM制御で逆回転

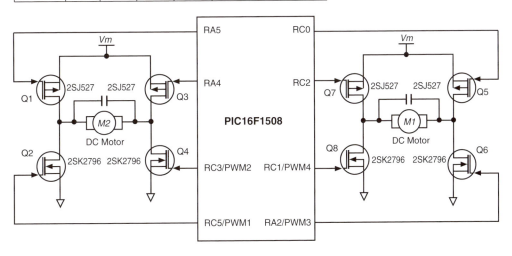

ここでモータ制御に使うPICマイコン内蔵のPWMモジュールは図9-3-5のような構成と仕様になっています。

内部構成は図9-3-5 (a) のように、全PWMモジュールがタイマ2で決まる周期のPWMパルスとなり、デューティ比†は、PWMxDCHの8ビットとPWMxDCLの上位2ビットの10ビットで設定されます。この場合のタイマ2には、内部で下位に2ビットが追加されて10ビットカウンタとなります。タイマ2がカウントアップして上位8ビットがPR2と一致するとTMR2自身が0クリアされ、さらにPWM出力がHighにセットされ、デューティ設定値が内部10ビットラッチにロードされます。

タイマ2の10ビットは同時に内部10ビットラッチ†と比較されていて、一致するとPWM出力がLowに制御され、これでデューティ比がきまることになります。

ただし、デューティ比の分解能は周期とのトレードオフになっていて、PR2レジスタに設定した値がデューティ設定値の上位8ビットの最大値となります。つまり、PR2に0xFFを設定した場合には0x3FF†までの10ビットが設定値として使えますが、0x7Fを設定した場合には、周期は倍になりますが、分解能は0x1FF†までの9ビットで、半分となってしまいます。

PWMモジュールの動作モードは図9-3-5 (c) のPWMxCONレジスタで決定されます。本章での使い方では、出力極性は正論理†で出力あり、つまり0xC0†としています。また周期は15.6kHzでデューティ分解能は最高の10ビットとして使います。

サイドノート（左余白）：
- **デューティ比**：PWM波形のHighとLowの時間比率のこと。
- **ラッチ**：一次メモリ。レジスタと同義。
- **0x3FF**：16進数による表記で「0011 1111 1111」のこと。
- **0x1FF**：16進数による表記で「0001 1111 1111」のこと。
- **正論理**：Highのときがオン。逆は負論理と呼ぶ。
- **0xC0**：16進数による表記で「1100 0000」のこと。

● 図9-3-5　PWMモジュールの詳細

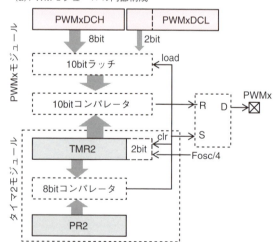

9-3-4 回路設計と組み立て

モータ制御ボードの回路図が図9-3-6となります。図9-3-2の全体構成を元にして作成したものです。ラズパイとの接続は7ピン2列とし、ラズパイのGPIOコネクタに2階建てで基板を接続するためピン配置をラズパイに合わせています。

プログラム書き込みはICSP方式†でPICkit3を使うこととしています。Nチャネル側のMOSFETのゲートは10kΩの抵抗でプルダウン†して、電源オン直後でPICの出力が出るまでの間、すべてオフになるようにしています。

モータ用の電源は、外部からコネクタに接続して供給します。大電流が流れますから、PICマイコンに影響が出ないように大容量の電解コンデンサでバイパス†し、さらにモータ周りのグランドパターンを他と分離しています。

ICSP
In-Circuit Serial Programmingの略で専用のシリアル通信で書き込む方式のこと。

プルダウン
GNDに接続すること。

バイパス
電源変動を抑制すること。

●図9-3-6　モータ制御ボードの回路図

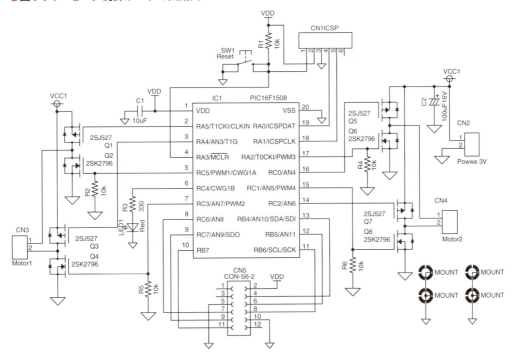

このモータ制御ボードの組み立てに必要な部品は表9-3-2となります。

▼表9-3-2 モータ制御ボード部品表

記号	品名	値・型名	数量
IC1	PICマイコン	PIC16F1508-I/SP または PIC16F1509-I/SP	1
LED1	発光ダイオード	3φ 赤	1
Q1、Q3、Q5、Q7	Pch-MOSFET	2SJ527 または 2SJ681	4
Q2、Q4、Q6、Q8	Nch-MOSFET	2SK2796 または 2SK4017	4
R1、R2、R4、R5、R6	抵抗	10kΩ 1/6W	5
R3	抵抗	330Ω 1/6W	1
C1	チップセラミック	10μF 16Vまたは25V	1
C2	電解コンデンサ	100μF～330μF 16V または 25V	1
CN1	ピンヘッダ	6ピン L型シリアルピンヘッダ	1
CN2、CN3、CN4	コネクタ	モレックス 2ピン縦型コネクタ5045	3
SW1	タクトスイッチ	小型基板用	1
CN5	ピンヘッダ	7ピン2列ピンヘッダソケット	1
IC1用	ICソケット	20ピンスリム	1
	基板	サンハヤト感光基板P10K	1
	ねじ、ナット、線材		少々

部品が集まったらプリント基板を自作して組み立てます。組み立て図が図9-3-7となります。CN5のコネクタをはんだ面側に実装するので、片面基板ですからはんだ付けが難しくなります。コネクタを少し浮かせた状態としてその間にこてを挿入してはんだを流し込みます。

●図9-3-7 モータ制御ボードの組み立て図

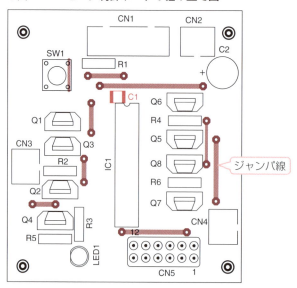

9-3 リモコンカーのハードウェアの製作

　組み立てが完了した基板の部品面が写真9-3-2、はんだ面が写真9-3-3となります。はんだ面左上のカラースペーサは、ラズパイとの間隔を確保するためのものです。

●**写真9-3-2　部品面**

●**写真9-3-3　はんだ面**

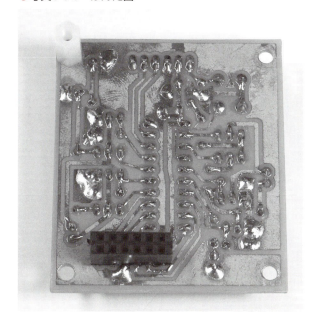

これですべてのハードウェアの製作が完了したので、リモコンカーとして全体を組み立てます。ラズパイの基板を25mmのカラースペーサでユニバーサルプレートに浮かして取り付けます。この浮かした下側にスマホ用充電池が入ります。スペーサは電池の寸法に合わせて長さを選択してください。

　ユニバーサルプレートの前面にカメラを固定するため、L金具を使っています。金属性なので、カメラ基板をショートさせないように3mmのカラースペーサでカメラ基板を浮かして固定しています。カメラのフラットケーブルを傷つけないように注意して作業します。

　ラズパイのGPIOコネクタにモータ制御ボードを挿入して実装します。このボードを固定しなくてもコネクタだけで大丈夫です。このボードにモータ用電池とモータのコネクタを接続します。

　単3電池の電池ボックスをねじでユニバーサルプレートに固定しますが、後ろ側ぎりぎりまで下げて固定します。

　こうして完成したリモコンカーが写真9-3-4となります。

●**写真9-3-4　完成したリモコンカー**

9-4 モータ制御ボードのプログラムの製作

モータ制御ボードのハードウェア製作が完了したら、次はPICマイコンのプログラムの製作です。

9-4-1 プログラム全体構成

このプログラムの全体構成は図9-4-1のようにしました。1つだけの簡単なプログラム構成となっています。ラズパイとの接続もオンオフだけの簡単なもので、このラズパイからの信号をもとに内蔵PWMモジュールを4組使って2個のモータのPWM制御をしています。

●図9-4-1　プログラムの全体構成

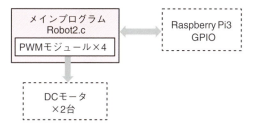

プログラム全体のフローが図9-4-2となります。図のように1つのプログラムフローだけで構成しています。最初に周辺モジュールの初期設定をした後、GPIOの状態を順にチェックし、それぞれに対応させて2つのモータの速度値をアップ／ダウンさせます。最後にその速度値でそれぞれのモータの制御を実行してから、100msecの遅延を挿入しています。この遅延の時間は、実機で操作性をみながら調整する必要があります。

●図9-4-2　プログラム全体フロー

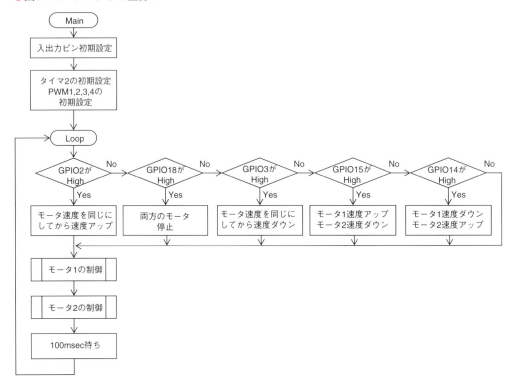

9-4-2　プログラムの詳細

実際のプログラムの詳細を説明します。

1 宣言部

まず宣言部からでリスト9-4-1となります。

コンフィギュレーションはMPLAB X IDEの自動生成で生成しているので省略します。速度の最大値と最小値を制限する定数を宣言していますが、速度のアップダウンを±10単位で行うので、±255ではなく±250を最大、最小としています。ここで速度値がプラスの場合は前進、マイナスの場合は後進を意味しています。

またデューティの設定は10ビットなので1023まで設定可能なのですが、モータのほうがそれほどの細かな速度制御に対応できないので、上位8ビットだけのデューティとしています。したがってデューティ値は0から255の値になります。

あとはGPIOに対応するピン番号の対応を定義しています。

9-4 モータ制御ボードのプログラムの製作

リスト 9-4-1 宣言部の詳細（Robot2.c）

```
/**********************************************
 *  リモコンロボットカー　Robot2.c
 *  左右旋回、速度UP/Down、Stopの5項目
 *   GPIO2：速度Up   GPIO3：速度Down
 *   GPIO14：右へ   GPIO15：左へ
 *   GPIO18：Stop    GPIO4：シャットダウン
 *   PWMのDutyは上位8ビットだけで制御
 **********************************************/
#include <xc.h>
/*** コンフィギュレーション設定 ****/
// CONFIG1
（詳細省略）
// CONFIG2
（詳細省略）
/* グローバル変数定義 */
#define _XTAL_FREQ 16000000
#define Max   250
#define Min  -250
#define GPIO2    PORTBbits.RB4
#define GPIO3    PORTBbits.RB5
#define GPIO4    PORTBbits.RB6
#define GPIO14   PORTCbits.RC6
#define GPIO15   PORTCbits.RC7
#define GPIO18   PORTBbits.RB7
int Motor1, Motor2;
/* 関数プロトタイピング */
void M1Cont(void);
void M2Cont(void);
```

- 速度の最大最小値の定義
- GPIOの対応するピンを定義

2 メイン関数初期部

次がメイン関数の初期化部でリスト9-4-2となります。最初にクロック周波数の設定で、内蔵クロックの16MHzとしています。このPICマイコンはPLL機能†がないので、この16MHzが最高周波数となります。

次に入出力ピンの初期設定で、すべてデジタルとし、モータが初めはオフ状態となるような出力としています。

次はPWMの設定で、周期を決めるタイマ2の設定ではデューティ分解能が10ビットで最高周波数となる15.6kHzの周期としています。さらにすべてのPWMモジュールを同じ設定で出力を有効とし、デューティ値の初期値は0としています。

PLL機能
Phase Locked Loop。周波数を逓倍（整数倍）する機能。

リスト 9-4-2 初期化部の詳細

```
/******* メイン関数 ********************/
int main(void) {
    /* クロック周波数設定 */
    OSCCONbits.IRCF = 15;           // 16MHz
    /* 入出力モード設定 */
    LATC = 0b00000101;              // All Off
    LATA = 0b00110000;              // All Off
```

- クロックの設定

入出力ピンの初期設定
```
    ANSELA = 0;                     // すべてデジタル
    ANSELB = 0;
    ANSELC = 0;
    TRISA = 0x08;                   // RA3のみ入力
    TRISB = 0xF0;                   // すべて入力
    TRISC = 0xC0;                   // RC6,7 入力
    /* タイマ2の初期設定 PWM 15.6kHz */
    T2CON = 0x04;                   // POST=1/1 PRE=1/1 Start
    PR2 = 0xFF;                     // Duty 10bit
    /* PWMモジュールの初期設定 */
    PWM1CON = 0xC0;
    PWM1DCH = 0;
    PWM1DCL = 0;
    PWM2CON = 0xC0;                 // Enbale Output Enable
    PWM2DCH = 0;                    // Duty Reset
    PWM2DCL = 0;
    PWM3CON = 0xC0;
    PWM2DCH = 0;
    PWM3DCL = 0;
    PWM4CON = 0xC0;
    PWM4DCH = 0;
    PWM4DCL = 0;
    /* 変数初期化 */
    Motor1 = 0;
    Motor2 = 0;
```

タイマ2の初期設定

PWM1からPWM4の初期設定

3 メインループ部

次がメインループ部でリスト9-4-3となります。GPIOの各ピンがHighかどうかを順番にチェックして、それぞれに対応する処理をします。ForwardとBackwardの場合は、もし2つのモータの速度値Motor1とMotor2の値が異なっていたら、2つの平均値に両方を合わせるようにしています。これで、旋回したあとForwardを押せばすぐにまっすぐ走るようにでき、操縦し易くなります。GPIO18がHighの場合は、両方のモータの速度を0にして停止させています。

速度をアップダウンさせる場合、10ステップずつ増減していますが、最大値と最小値で制限をかけるようにしています。最後に両方のモータに対して速度値をデューティとして制御しています。そのあと100msecの遅延を入れていますが、この遅延の時間によって操縦性能が変わるので、実際に動かしながらちょうど良い時間にします。

リスト 9-4-3 メインループ部の詳細(Robot2.c)

```
/******* メインループ **********/
while(1){
    /** モータの速度制御 ***/
    if(GPIO2 == 1){                 // Speed Up
        if(Motor1 != Motor2){
            Motor1 = (Motor1+Motor2)/2;
            Motor2 = Motor1;
        }
        if(Motor1 < Max)
```

GPIO2がHighの場合

モータ速度を平均値に合わせる

9-4 モータ制御ボードのプログラムの製作

```
                    Motor1 += 10;
            if(Motor2 < Max)          ← モータ速度アップ 最大値で制限
                Motor2 += 10;
        }
        if(GPIO18 == 1){              // Break Stop    ← GPIO18がHighの場合
            Motor1 = 0;
            Motor2 = 0;                               ← モータ停止
        }
        if(GPIO3 == 1){               // Speed Down   ← GPIO3がHighの場合
            if(Motor1 != Motor2){
                Motor1 = (Motor1+Motor2)/2;           ← モータ速度を平均値に合わせる
                Motor2 = Motor1;
            }
            if(Motor1 > Min )
                Motor1 -= 10;
            if(Motor2 > Min)                          ← モータ速度ダウン 最小値で制限
                Motor2 -= 10;
        }
        /** モータの旋回制御 ***/
        if(GPIO15 == 1){                              ← GPIO15がHighの場合
            if(Motor1 < Max)          // Motor1 up
                Motor1 += 10;
            if(Motor2 > Min)          // Motor2 Down  ← モータ速度アップダウン
                Motor2 -= 10;
        }
        if(GPIO14 == 1){                              ← GPIO14がHighの場合
            if(Motor1 > Min)          // Motor1 Down
                Motor1 -= 10;
            if(Motor2 < Max)          // Motor2 Up    ← モータ速度アップダウン
                Motor2 += 10;
        }
        M1Cont();                     // モータ1の制御実行   ← モータ制御実行
        M2Cont();                     // モータ2の制御実行
        __delay_ms(100);                              ← 遅延時間
    }
}
```

■4 モータ制御サブ関数部

　最後が各モータの制御サブ関数で、リスト9-4-4となります。制御の最初でデューティを0にし、制御もオフとしてブリッジのトランジスタをすべてオフ状態にします。その後、前進か後進でトランジスタの制御とPWMの出力をします。これは切り替え時の貫通電流を避けるためで、いったん全トランジスタをオフにしてからブリッジの対角のトランジスタがオンになるように制御しています。

　デューティは速度値Motor1またはMotor2をそのまま上位8ビットの値として設定するので、PWMxDCHレジスタだけを制御し、PWMxDCLレジスタは0のままとしています。

リスト 9-4-4　モータ制御サブ関数の詳細（Robot2.c）

```c
/******************************************
 *   モータ1の制御関数
 *    C0      C2
 *    PWM3/A2 PWM4/C1
 ******************************************/
void M1Cont(void){
    PWM3DCH = 0;
    PWM4DCH = 0;
    LATCbits.LATC0 = 1;         // Motor1 off
    LATCbits.LATC2 = 1;
    if(Motor1 > 0){
        PWM4DCH = Motor1;        // Motor1 Forward
        LATCbits.LATC0 = 0;
    }
    else if(Motor1 == 0){
        LATAbits.LATA2 = 1;     // Break stop
        LATCbits.LATC1 = 1;
    }
    else if(Motor1 < 0){
        PWM3DCH = Motor1 * -1;   // Motor1 Backward
        LATCbits.LATC2 = 0;
    }
}
/******************************************
 *   モータ2の制御関数
 *    A5      A4
 *    PWM1/C5 PWM2/C3
 ******************************************/
void M2Cont(void){
    PWM1DCH = 0;
    PWM2DCH = 0;
    LATAbits.LATA5 = 1;         // Motor1 off
    LATAbits.LATA4 = 1;
    if(Motor2 > 0){
        PWM2DCH = Motor2;        // Motor1 Forward
        LATAbits.LATA5 = 0;
    }
    else if(Motor2 == 0){
        LATCbits.LATC5 = 1;     // Break stop
        LATCbits.LATC3 = 1;
    }
    else if(Motor2 < 0){
        PWM1DCH = Motor2 * -1;   // Motor1 Backward
        LATAbits.LATA4 = 0;
    }
}
```

- いったんデューティを0にしてモータをオフにする
- 前進の回転に制御
- 速度0ならブレーキ停止
- 後進の回転に制御

　以上がリモコンカーのPIC側のプログラム全体です。簡単なプログラムとなっています。

9-5 動作確認

ラズパイとPICマイコン両方のプログラムが完成したら、いよいよ実際に動かしてみます。

まず、モータ用のニッケル水素電池を2本実装し、ラズパイのUSBコネクタにスマホ充電用電池を接続して電源をオンとします。

これでネットに接続された動作状態になったら、タブレットで、「http://IPアドレス：8020」をアクセスすれば図9-2-2の画面が表示されるはずです。

このときボタンだけでカメラ画像が表示されない場合は、リスト9-2-2の動画ストリーミングのIPアドレスが実際に接続しているIPアドレスと異なっていることが原因なので、確認してください。

この後、ForwardのボタンをしばらくPushしていれば、モータの速度が上昇して動き出すはずです。このあとはそれぞれのボタンを押して正常に動作するかを確認してください。

Forwardボタンで旋回してしまう場合は、いずれかのモータの接続が逆になっているということなので、コネクタの配線を入れ替えて正常になるようにしてください。

動画像が車の速度に追いつかない場合は、動画の自動起動用シェルスクリプトのリスト9-2-1で、次のように修正すれば早くなります。

①画像サイズを小さくする
　現在は400ドット×300ドットとなっているので、これを小さくすれば縮小されて高速になる

②フレームレート†を小さくする
　現在は10fpsとなっていて、さらに小さくすることでデータ量が減るので高速になる。あまり小さくすると画像が荒くなって見難くなる

> **フレームレート**
> 1秒間に画像を更新する繰り返し回数のこと。

以上でかなり快適に操縦ができるようになると思います。パソコンのブラウザでもできますが、タブレットでタッチパネル操作のほうが圧倒的に快適に操作できます。

終了するときは、ブラウザに表示されているShutdownボタンを押してラズパイをシャットダウンさせてから、USBコネクタの電源ケーブルを抜いてください。

付録A
Linux超入門

本書で使っているラズパイには「Linux」というソフトウェアシステムが使われています。
　初めてラズパイを使うというような方々のために、Linuxについて何者かから始めて、基本的な使い方の解説をしていきます。

A-1 Linuxとは

本書で使うラズパイはLinuxというOSで動作しています。したがってラズパイを使うためにはLinuxの知識が必要です。しかし、このLinuxは超巨大なOSで現在でも更新され続けていますから、簡単に学習すれば理解できるというものではありません。

しかし、Linuxのことをまったく知らないままでラズパイを使うことにも無理があるので、ここではラズパイを使う上で最低限のLinuxの知識と、ディレクトリの知識という2つの要素をまとめています。

A-1-1 Linuxとは何者？

まず、「Linux」とは日本語ではどのように読むのでしょうか。多くは「リナックス」と読みますが、人によっては「リヌックス」とか「ライナックス」と呼ぶ方もいます。

そもそもこのLinuxとは何なのでしょうか。LinuxはOS（Operating System）の1つで、コンピュータの画面の表示とかネットワークとの接続などの面倒を見てくれるプログラムを動かすための土台となるプログラム群のことで、パソコンのWindowsと同じような働きをするものです。

Linuxの生い立ちを調べると、リーナス・ベネディクト・トーバルズが独自に開発し、1991年に公開したとなっています。

このころ商用の大型のミニコンピュータやワークステーションでは「UNIX[†]」（ユニックス）と呼ばれる商用のOSが一般的に使われていました。そして同じ時期に32ビットのPC/AT互換[†]パーソナルコンピュータが登場し普及しつつありました。

リーナスはこのパソコンでUNIX互換のOSを動作させたいと思っていましたが、UNIXは高価なため趣味で簡単に使えるものではありませんでした。そこで、リーナスは自分の趣味のために独自に自宅のパソコンで新規OSの開発を始め、OSの核となる「カーネル」部ができあがったところで一般に公開し、無料で使えるようにしました。

この後パソコンの普及とともに誰もが使えるOSは、より多くの機能を求める開発者たちによって改良され成長を続けていきました。

開発者たちは同時期にフリーのソフトウェア群を開発していた「GNUプロジェクト[†]」のソフトウェアを取り込み、最終的に実用的なオペレーティング

UNIX
AT&T社ベル研究所で開発が始まったOSの総称。ネットワーク機能や安定性に優れ、セキュリティ強度が高いため企業のサーバに多く採用されている。

PC/AT互換
1984年にIBMが発売したパソコン「PC/AT」と互換性のあるパソコン機器のこと。

GNUプロジェクト
UNIXと上位互換の完全なフリーソフトウェア群を提供しようとするプロジェクト。

システムを作り上げ、Linuxとして現在に至っています。

2007年には「Linux Foundation†」という財団が発足し、多くのメーカや開発者が参加し開発に弾みがついています。このようにLinuxはボランティアの開発者たちに支えられて成長を続けているものですから、多くの派生したものがあり、非常に多くのアプリケーションやライブラリが存在します。

Linuxにはロゴが用意されていて、図A-1-1のようなペンギンとなっています。

> **Linux Foundation**
> Linuxの普及をサポートする非営利のコンソーシアム。前身の創設は2000年で2007年に公式に発足した。

●図A-1-1

A-1-2　ラズパイ用Linux

このように非常に多くの開発者たちによって現在も開発が継続されているLinuxですから、それに関する情報もネットでも書籍でも非常にたくさんあります。しかも開発が継続して行われているため、それらの情報はすぐに古くなってしまいます。したがって、素人が短期間ですべてを理解するのには無理があります。

最初は入門書から始め、そのあとはインターネットで使い方を探して使うのが普通の使い方だと思いますが、ソフトウェア技術者が使うソフトウェア群なので説明も難解ですし、元になる常識も深いものが要求されるので、素人には使いこなすのは難しいというのがこれまででした。

これに対して、ラズパイは本来の目的が学生や一般の人々の教育用として普及させることでしたから、このように情報が溢れ、しかも多くの派生があるLinuxそのままでは普及が難しくなってしまいます。

そこで、ラズパイ用として統一したLinuxが構成され「Rasbian」として提供されました。さらにこのインストールをより簡単化するため、ラズベリー財団から図A-1-2のような「NOOBS」（ヌーブス）と呼ばれるインストーラが提供されています。

このNOOBSを使えばグラフィック画面でのマウス操作でインストールが完了できるようになっているので、だれでも容易にRasbianのインストールができます。

万一操作を間違ってラズパイが動かなくなっても、インストールをし直せば1時間程度で復活させることができます。操作まちがいなど気にせずどんどん使ってみましょう。

●図A-1-2　NOOBSの提供

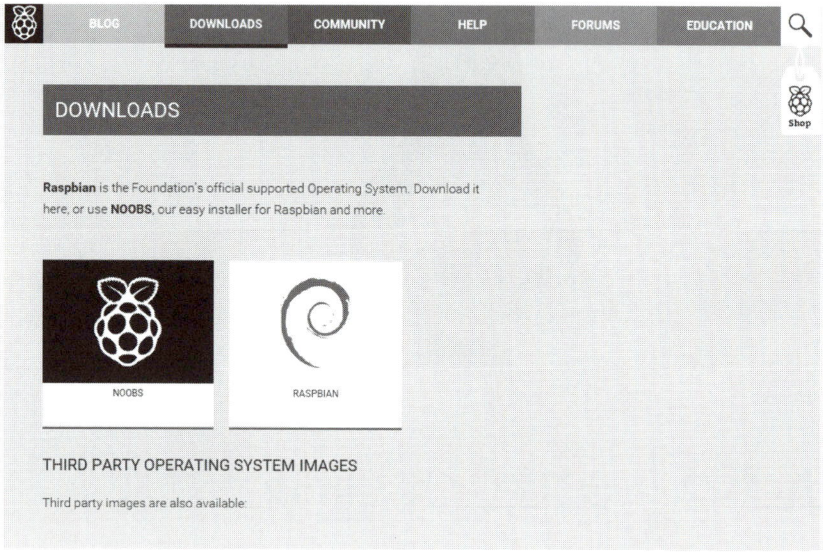

NOOBSのおかげで簡単にインストールはできるようになったのですが、それでも、ラズパイのハードウェアそのものが矢継ぎ早にバージョンアップされているため、書籍やインターネットの情報は次々と古くなってしまっています。しかも開発元からはあまり情報が出ず、調べにくい状態です。

これに対処するには、やはりこまめにインターネットの情報を検索して調べ試してみるしかありません。

このような状態ですから、最低限のLinuxのコマンドは使えるようにならなければラズパイを継続して使うことができないのが現状です。

このような目的で、最低限必要なLinuxの使い方を解説していきます。本書で対象としたラズパイは、「Raspberry Pi3 Model B」となりますが、多くは「Model 2B」でも動作します。

A-2 Linuxの全体構成と機能

　Linuxはその生い立ちから、非常にたくさんのソフトウェア群で構成されたオペレーティングシステム（OS）です。もともとはパソコン用のOSとして開発されたのですが、同じOSのWindowsとは異なり、Linuxが生まれたころのパソコンでは現在のようなグラフィック画面は十分な性能では使えませんでしたから、文字によるコマンドでの操作が基本となっています。

　確かに、Windowsは最初からグラフィック画面による操作が基本となっていましたが、当初のパソコンの性能では遅くてとても実用的なものではありませんでした。現在のWindowsの普及はパソコンのハードウェアの進歩があってこそのものです。その後Linuxでもグラフィックを扱えるようになり、現在ではWindowsと同じようなデスクトップ画面での操作が基本となっていますが、やはり文字によるコマンド入力操作が色濃く残っています。

A-2-1　Linuxの全体構成

　ここでLinuxの基本的な内部の構成をみておきます。この構成が理解できれば、どのようにしてプログラムが動くのかがだいたい理解できると思います。非常に大雑把にLinuxシステムを図で表すと図A-2-1のような感じになります。

●図A-2-1　Linuxの全体概略構成

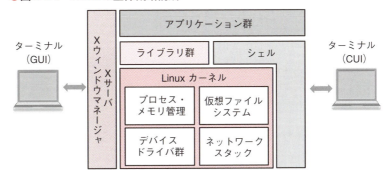

1 Linuxカーネル

　Linuxの基盤となる部分が「Linuxカーネル†」です。これが基本となるメモリやネットワーク、周辺デバイスの管理を行う部分で、OSの中核となります。Linuxカーネル部だけでディレクトリやファイルの操作、外部アプリケーショ

> **Linuxカーネル**
> ハードウェアそのものの制御を行う。

ンのインストールなど多くのことができます。しかし、カーネル自身はユーザと直接対話する機能を持っていませんから、直接動かすことはできません。

2 シェルとターミナル

Linuxカーネルとユーザの間に入って対話機能を果たす機能部を「シェル」と呼んでいます。LinuxカーネルをすっぽりMD覆った貝殻の殻（Shell）のように見えることからシェルと呼ばれています。シェルとLinuxカーネルの関係を図で表すと図A-2-2のようになります。

シェルはユーザの入力したコマンド†を解釈してLinuxカーネルに処理を依頼し、カーネルが処理した結果を文字列にして表示するという通訳（インタプリタ）の機能を果たしています。

シェルにも多くの開発者が関わっていて、シェルそのものにも複数の種類†があり、それぞれに特徴があるものになっています。

> **コマンド**
> 短い英単語で構成された特定の機能を指示する文字列。
>
> **シェルの種類**
> シェルには、sh、bash、posh、kshなどたくさんの種類がある。

●図A-2-2　Linuxカーネルとシェルの関係

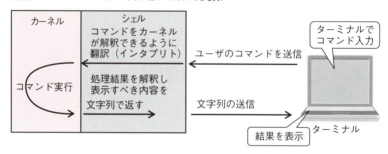

Linuxユーザは、シェルという仲介役を介して、「ターミナル」と呼ばれる端末から文字によるコマンドを入力し、文字による応答メッセージで確認するようになっています。このような文字によるインターフェースをCUI（Character User Interface）と呼んでいます。

1対1のコマンドと応答メッセージというやりとりだけでなく、「シェルスクリプト†」と呼ばれるコマンドを並べたテキストファイルを作成して、これをコマンド列として一気に実行させることもできます。

> **シェルスクリプト**
> シェルが直接実行できるプログラム言語という意味で使われている。A-4節参照。
>
> **Xウィンドウシステム**
> MITで開発されたUNIX用のグラフィックウィンドウシステムのこと。

3 XサーバとXウィンドウマネージャ

Linuxカーネルの外側に「Xウィンドウシステム†」と呼ばれるプログラム群があり、XサーバとXウィンドウマネージャによりグラフィカルな画面が表示されるようになっています。このグラフィカルな画面をベースにしたマウスによる操作方式をGUI（Graphical User Interface）と呼び、Linuxの基本のグラフィック画面を「デスクトップ」と呼んでいます。

デスクトップでは、基本的な操作はグラフィカルな画面とマウスによりで

きるようになっていますが、多くの操作が相変わらず文字によるコマンドとなっています。このあたりがパソコンのWindowsと大きく異なる部分となっています。GUIの場合のコマンド操作には、ターミナルというWindowsのコマンドプロンプトと同じようなウィンドウの1つが使われます。

ラズパイのデスクトップ画面例が図A-2-3となります。図のように左上にメニューが用意されていて、ここからもともとRasbianに同梱されているアプリケーションをマウスで起動することができます。さらに上側のバーを「アプリケーションランチャ」と呼び、ここからよく使うアプリケーションをワンクリックで起動できるようになっています。さらにこのランチャ†の右端にはネットワークなどの状態を常時表示するアイコンがあり、ここから設定もできるようになっています。

> **ランチャ**
> あらかじめ登録されたプログラムをアイコンで一覧表示し、マウスクリックだけで起動できるようにするプログラムのこと。

● 図 A-2-3　ラズパイのデスクトップ画面

4 ライブラリとアプリケーション

Linuxシステムには膨大なライブラリが世界中にあり、誰もが自由に使えるようになっています。カメラによる動画撮影や、テキストの音声読み上げなど、高機能でとてもライブラリとは呼べないアプリケーションレベルのものも自由に使えます。

アプリケーションは、最終的な目的とする機能を持ったプログラム群です。

ライブラリもアプリケーションも非常に多くの既存のものがあり、ある特定のサーバにまとめられています。ここから誰でもダウンロードするだけで使えますが、どこに何があるのかを調べることにかなりの労力を必要とします。

したがって、初心者は最初の間は、書籍などの情報に基づいて場所を知り、ダウンロードして使うようにします。このようにして十分使い込んでいくうちに、どうやって調べればよいかの勘所がわかってくるようになります。

A-2-2　Linuxの起動時の動作

Linuxが起動されたとき、どのようなことをしているかを知ると、アプリケーションなどを自動起動させたい場合などに関連するファイルが理解できます。Linuxの起動時の大まかな流れは、図A-2-4のようになっています。

●図A-2-4　Linuxスタート時の処理

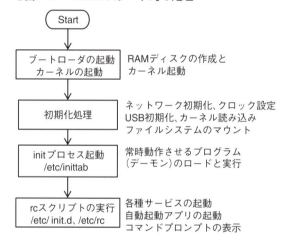

❶ ブートローダの起動

ラズパイの場合は、SDカードの決められた場所に、電源オン時にカーネルを読み込むためのブートローダ†と呼ばれる小さなプログラムが用意されています。ラズパイは最初にこのブートローダを読み込み、そのブートローダでカーネルを読み込みます。カーネルの読み込みが完了するとカーネルが動作を開始し、各種の初期化処理を実行開始します。

❷ 初期化処理

ここではカーネルがメモリや各種の周辺ハードウェアの初期化処理を行い、カーネル自身の初期化を行って周辺モジュールを動作させるドライバ群†を順次呼び出して動作環境を整えます。ファイルシステム†も使えるように準備をします。

ブートローダ
コンピュータの起動直後に動作してOSをディスクなどから読み込んで起動させるプログラムのこと。

ドライバ
ハードウェアを直接制御するプログラムのこと。

ファイルシステム
ディスクなどの記憶装置に格納するデータやプログラムを管理するプログラム群のこと。

❸ initプロセスの実行

カーネルは初期化処理が完了したら「init」というプロセス†を起動します。これが最初に実行されるプロセスで、以降に生成されるすべてのプロセスの親になります。initは初期化スクリプト「/etc/initab」を実行し、常時動作するプログラム（これらをデーモン†と呼ぶ）を起動します。

このinitプロセスの最後に実行されるのが、「rcスクリプト」で、さらに、このスクリプトの最後に実行されるのが/etc/rc.localというスクリプトファイルです。

rc.localは、すべての準備が整ったあとに実行されますから、ユーザが自動起動させたいアプリケーションがあるときには、このスクリプトファイルに追加すればよいことになります。この最後にログインプロンプト†を表示して、ユーザのコマンド操作待ちとなります。

カーネルが起動時に実行する内容はここまでで、以降は何らかのアプリケーションや割り込みなどのトリガにより動かされて動作することになります。

> **プロセス**
> メモリに読み込まれて動作しているプログラムの実体（インスタンス）のこと。
>
> **デーモン**
> メモリ上に常駐して様々な機能を提供するプロセスのこと。
>
> **ログインプロンプト**
> コマンド入力待ちであることを示す文字列のことでコンピュータ名などが表示される。

A-2-3 カーネルの機能

Linuxの中枢をなすのはカーネルです。このカーネルの機能をもう少し詳しくみてみましょう。カーネルとアプリケーションなどの関係は図A-2-5のようになっています。

カーネル自身が実行する主な機能は下記のようになります。

❶ プロセス管理と時間管理

Linux上で動作するアプリケーションプログラムを制御する機能です。ユーザがアプリケーションを起動すると、それが1つのプロセスとなりカーネルの管理下に入ります。カーネルは複数のプロセスの実行を管理し、すべてのプロセスが優先順位にしたがって公平に実行されるように実行環境を割り当てて「マルチタスク†」を実現しています。

さらにシステム実行中の時間を管理し、遅延処理や時刻による処理などを行います。

> **マルチタスク**
> 複数のプログラムを時間分割して同時並行処理すること。

❷ メモリ管理

搭載されているメモリを、プロセスごとに仮想空間†を構成して割り当てて実行します。マルチタスクですから、常に複数のプロセスが存在します。しかし、異なる仮想空間のメモリには互いにアクセスできないようにして、頑強で安定なマルチタスクを実現しています。

> **仮想空間**
> 実際のメモリ空間とは異なる論理的な空間のこと。

❸ ファイルシステム

　アプリケーションやデータはファイルとして保存管理するようにしています。カーネルでは、論理的なファイルと物理的なハードウェアのディスクとを対応づけしています。

❹ ネットワークサブシステム

　TCP/IPをはじめとした多くのプロトコルによる通信機能を提供します。

❺ デバイスドライバ

　ディスクやUSBなど物理的な周辺モジュールを駆動するために必要なドライバプログラム群は標準であらかじめ用意されていて、接続すれば自動的にドライバが動作して使えるようになっています。

❻ システムコール

　ユーザやアプリケーションがカーネルを直接使うことはできず、ユーザが使う場合には前述のようにシェルが仲介役となります。これに対してアプリケーションがカーネルの機能を使う場合には、システムコールという仲介役を使います。システムコールはアプリケーションから呼び出すことができるプログラムの集まりで、アプリケーションやライブラリはこのシステムコールを呼び出すことでカーネルに指示を出してカーネルの機能を利用します。

●図A-2-5　カーネルの機能

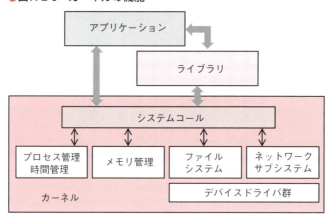

　以上のようにカーネルはLinuxの中枢としてプロセスやメモリの管理を通して全体の管理を実行しています。このカーネルの構造がマルチユーザでマルチタスクが前提とされていて、実行環境をそれぞれで完全に独立にすることで、頑強で安全な動作を実現しています。この特徴により多くのサーバ用のOSとして採用されています。

A-3 Linuxのディレクトリ

ラズパイにLinuxをインストールしたあとの動かし方の基本を説明します。

実際にはこの動かし方にいくつもの方法がありますが、コマンドを入力して動かす方法が基本になっています。このあたりがWindowsなどと大きく異なるところで、初めてLinuxを使おうとするとき戸惑うところになります。ここではラズパイを相手にしてどのように動かすかを説明していきます。

A-3-1 動かし方の種類

Rasbian
ラズパイ用に特別に構成されたLinuxのこと。

ラズパイにインストールしたRasbian[†]には、あらかじめ多くのアプリケーションが同梱されているので、基本的な機能はRasbianだけで満足できます。これらのアプリケーションを含めたラズパイの基本的な動かし方は、大別すると次のようになります。

❶ **シェルコマンドで動かす**

Linuxでは最も基本の動かし方です。ターミナルを使ってコマンドを入力し、シェル経由でLinuxのコマンドを1つずつ実行する方法です。カーネルが持つ機能だけでなく、Rasbianに同梱されているアプリケーションを起動、停止することもできますし、新たなアプリケーションをネットワークからダウンロードしてインストールし実行するようなこともできてしまいます。

❷ **インタプリタを使って連続でコマンドを実行させる**

インタプリタ
機械語に変換せずに直接実行ができる言語のこと。

シェルもインタプリタの1つですが、これ以外にラズパイの基本言語であるPython(パイソン)を含め多くのインタプリタ言語[†]が用意されています。テキストファイルとして複数コマンドを並べたリストを作成し、まとめて実行する方法です。コマンド列が結果的にプログラム命令と同じような働きをします。

❸ **GUIからアプリケーションを動かす**

Rasbianに同梱されているアプリケーションには、あらかじめGUIのメニューに起動用のアイコンが用意されているものがあります。これらはメニューをマウスで選択するだけで動かすことができます。これはWindowsと同じ世界です。ターミナルやテキストエディタ、ファイルマネージャもこれらのアプリケーションに含まれます。

❹ **アプリケーションをコマンドで動かす**

　Linuxにはインターネットを介して膨大なアプリケーションを自由に使える環境が用意されています。カメラで動画を撮るとか、音声応答させるとか、ほぼあらゆるアプリケーションが存在するといってもいいでしょう。これらをダウンロードしてインストールして動かす方法です。このときのインストール、起動停止にはシェルコマンドを使います。

❺ **プログラムを作成して動かす**

　自分でプログラムを作成して動かす方法です。このプログラムを作成する方法にも多種多様の開発ツールが用意されています。「Scratch（スクラッチ）」と呼ばれる開発ツールを使えば子供でもプログラムができてしまいますし、同じようなツールで「Node-Red（ノードレッド）」と呼ばれるものを使えば、高機能なプログラムでも機能ボックスどうしを線で接続するだけで作成することもできます。さらにC言語やJavaなど各種高級言語環境もすべて用意されていますから、開発環境に困ることはありません。

　このようにLinuxの動かし方には多くの方法があり、同時に膨大なアプリケーションがあるため、何をするためにはどうすればよいかがなかなか理解できません。ここがLinuxを始めるときの一番の壁になるかと思います。しかしこれはもう慣れるしかありません。とにかくラズパイを使い倒して試すしかないでしょう。

A-3-2　Linuxのディレクトリ構造とパスの概念

　このようにLinuxを動かす方法には多くの種類がありますが、いずれの場合にもLinux内のどこに何があるかを知っていないとなかなか思うように動かせません。それは、Linuxのコマンドが「ディレクトリ」と呼ばれる方法でコマンドの存在する場所を指定して実行しなければならないようになっているためです。このディレクトリ指定の記述のことを「パス」とも呼んでいます。

　つまり、コマンドも1つの実行ファイルと同じ扱いであるため、それが存在するディレクトリつまりパスを指定してコマンドを起動しないと、「そんなコマンドはありません」と怒られてしまいます。

　したがってLinuxを始めるためには、基本的なLinuxのディレクトリ構造を知っていることが必要になります。Linuxのディレクトリは、Windowsのディレクトリやフォルダと似ていますが、ディスクなど物理的な位置は無視されていて、あくまでも論理的なディレクトリ名だけで扱われています。したがって、CドライブとかDドライブなどという表現はありません。

　Linuxのディレクトリ構造は図A-3-1のような階層構造で表現されます。一

A-3 Linuxのディレクトリ

番上の親となる階層を「ルート」と呼びパス記述では「/」だけで表します。その下に連なる各階層のパスの指定は図のように、「/usr」とか「usr/local/src」などと「/」で各階層を区切りながら指定していきます。

このようにパス指定とは、Linuxのディレクトリ階層構造を使って、ディレクトリの位置、またはファイルやコマンドの位置を指定する方法ということになります。

●図A-3-1　ディレクトリの階層構造とパス指定

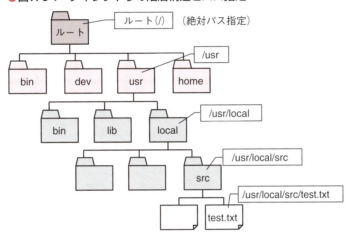

ここで、毎回すべてのパス（これを絶対パスと呼ぶ）をルートから入力するのは長いコマンドになって面倒なので、「相対パス」という指定方法が用意されています。

Linuxでは「**cd**」というコマンドでユーザがディレクトリを移動できることから、今現在ユーザが居るディレクトリ（カレントディレクトリと呼ぶ）を基準にして省略形で記述する方法を相対パスと呼んでいます。相対パス指定では、「./」が現在位置を示し、「../」が現在位置より1つ上の階層を示します。

例えば図A-3-2のようにユーザが「/usr/local/src」というディレクトリに移動している場合、test.txtを指定するときには、単純に「./test.txt」と記述するだけで指定できます。さらに「./」は省略可能ですので、単に「test.txt」と指定するだけで済むことになります。

さらに「../コマンド」と指定すると1つ上の階層のlocalディレクトリにあるコマンドを指定することになります。さらに「../../」とすると1つ上の階層のさらに上の階層ですからusrディレクトリを指定することになります。

●図A-3-2　Linuxのディレクトリの階層構造と相対パス指定

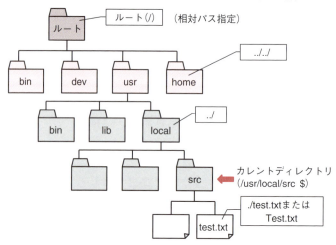

A-3-3　Linuxの管理者権限

　Linuxではユーザの権限は「root」と「一般ユーザ」の2種類しかありません。rootがシステムのすべてをコントロールできる(管理者権限をもつ)ユーザで、その他はすべて一般ユーザで平等の扱いです。

　一般ユーザが一時的にroot権限を持ってコマンドを実行することができます。そのためにはコマンドの前に「sudo」(superuser doの略)という記述を追加します。

　Linuxではファイルに対する権限がWindowsとは大きく異なっています。何も指定しないでファイルを作成すると、作成者のみがフルコントロールが可能で、他は読み取り権限だけが与えられます。

　Linuxでのファイルの許可権限は下記の3通りで指定されます。これらの権限の変更はシェルコマンドでできるようになっています。

　　r　：読み取り権限　　　w　：書き込み権限　　　x　：実行権限

A-3-4　ディレクトリの詳細

　Linuxをインストールすると自動的に生成されるディレクトリは、どこに何があるかを知るうえで重要です。ディレクトリごとに格納できるファイルの種類が決まっています。そこで主なディレクトリとその内容を説明します。

❶/bin（binary）
　システム管理者(root)と一般ユーザの両方が使う基本的なシェルコマンドが格納されている

A-3 Linuxのディレクトリ

❷**/boot**
システム起動時に必要なファイルを格納している

❸**/dev（device）**
デバイスファイルが保存されているディレクトリ。Linuxではデバイスもファイルとして扱う

❹**/etc（et cetera）**
各種「設定ファイル」が格納されている。システムに関する設定ファイルや、アプリケーションに関する設定ファイルなど。代表的なものには、IPアドレスとホスト名をDNSサーバ参照なしでも名前の解決をする「hosts」ファイルや、シェルの初期設定ファイル「profile」などがある

❺**/home**
各ユーザのホームディレクトリがあるディレクトリ。ログインしたときに最初にアクセスするディレクトリは「/home/ユーザ名」になる

❻**/lib（library）**
システムの起動時に必要なものと、「/bin」や「/sbin」ディレクトリにあるコマンドを実行するのに必要なライブラリが保存されている

❼**/media**
USBメモリやCD-ROMドライブなど、リムーバブルメディアを使用するとき（マウント）に利用するマウントポイント用ディレクトリ

❽**/mnt（mount）**
ファイルシステムの一時的なマウントポイント用ディレクトリ

❾**/opt（option）**
アプリケーションのパッケージ格納用ディレクトリでインストールの際に使う

❿**/root**
システム管理者（root）のホームディレクトリ

⓫**/sbin（system binary）**
システム管理用コマンドの格納ディレクトリ

⓬**/tmp（temporary）**
一時的にファイルを保存したり、作業したりするためのディレクトリ。再起動などをすると、このディレクトリ内のファイルは削除されてしまうので使用には注意が必要

⓭**/srv（service）**
システムに提供されたサイト固有データの格納

⓮ **/usr（user）**

ユーザ向けのディレクトリで、たくさんのサブディレクトリを持っている

⓯ **/var（variable）**

「tmp」と同じように一時ファイルを保存しておくディレクトリ。しかし、ここに保存されているファイルは、サーバを再起動しても削除されない。代表的なものにはシステムログファイルやメール、プリンタのスプールファイルがある

ここで実際のラズパイのディレクトリを見てみましょう。

ラズパイのRasbianを起動した直後にターミナルを実行したときには、ユーザの最初の位置は、「/home/pi」になります。しかし図A-3-3のようにRasbianのターミナルでは/home/piが「~」の一文字に省略されてしまって表示されないので、注意が必要です。他のディレクトリの場合は省略されずに表示されます。

図では最初に「pwd」コマンドでユーザ「pi@GokanA」の現在のディレクトリ位置を出力させています。これで確かに現在位置が「/home/pi」であることがわかります。その後「ls」コマンドでディレクトリの内容を一覧で表示しています。

続いて「cd /」コマンドでルートに移動してから、pwdコマンドで現在位置を表示させると確かにルートになっていて、lsコマンドで内容表示すると上記で説明した主要なディレクトリがあることがわかります。

このようなディレクトリ機能はWindowsのファイルエクスプローラと同じなのですが、Windowsはマウス操作ですべてできるのに対し、Linuxではコマンド操作が基本になっています。

ただし、Linuxでもファイルマネージャというアプリケーションが用意されていて、Windowsと同じような操作ができます。

● **図A-3-3　ラズパイ起動直後のユーザディレクトリ**

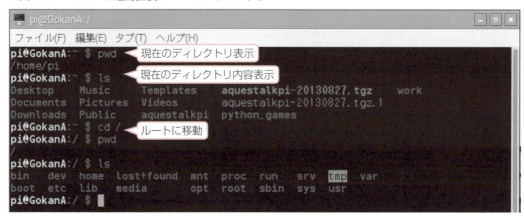

A-4 シェルスクリプト

2-4節で学んだシェルコマンドは、ターミナルから1つずつ実行する方法以外に、あらかじめコマンドをリスト状にしてファイルとして作成しておき、一括でコマンドを実行する方法があります。

このファイルとして作成したコマンド列を「シェルスクリプト」と呼び、ファイル名の拡張子は「.sh」とします。このファイルをターミナルから呼び出すだけで、ファイル内のコマンドを一括で実行します。

シェルスクリプトの場合は、シェルが「インタプリタ[†]」として動作するため、通常のシェルコマンドの他に、変数を用意したり、if文による条件分岐をしたり、while文によるループを構成したりできるようになっているところが単純なシェルコマンドとは異なり、プログラムと同じような処理ができます。

> **インタプリタ**
> ソースコードを逐一実行形式に変換しながら実行するプログラミング言語のこと。

1 基本的な書式

基本的な書式は以下のとおりです。

①スクリプトの先頭の行に「#!/bin/sh」と記述する
　ファイルをシェルスクリプトとして実行するものだと指定する記述です。
②コメントは行先頭に「#」を付ける
③表示出力には「echo」コマンドを使う
　下記が最も簡単なシェルスクリプトです。
　【例】 `#!/bin/sh`
　　　　 `echo "Hello World!"`
④変数には任意の文字列が使え、数値や文字列を代入できる
　変数に値を代入する場合は「変数=データ」の記述で、=の前後にはスペースを入れません。変数の内容を参照する場合は変数の前に「$」を付加します。付加しないと変数名が単なる文字列となります。
⑤計算式は「$((式))」で定義する
　括弧内にはスペースが使えます。
　【例】 `z=$(( x + y ))`
⑥キーボード入力には「read」コマンドを使う
　【例】 `read -p 'Input Data =' data`
　この例ではプロンプトと「Input Data=」[†]を出力したあと入力待ちとなり、入力データは変数dataに代入されます。

> **クォーテーションの違い**
> シェルスクリプト内のシングルクォーテーション内はそのまま文字として出力される。ダブルクォーテーション内で式や変数記述があった場合は展開されて出力される。

図A-4-1は簡単なシェルスクリプト例と実行結果です。

図のように、シェルスクリプトの起動にはターミナルで下記コマンドを使います。bashはシェルの1つで、シェルそのものの名称です。

```
bash パス/シェルスクリプトファイル名.sh
```

●図A-4-1　簡単なシェルスクリプト例と実行結果

```
#!/bin/sh

#数値を入力して計算結果を出力する
echo "Start!"
read -p "Input Data =" data
result=$((data * 10))
echo "Result=" $result
```

2 if文の使い方

❶基本構文

基本的な構文は下記となります。

【書式】　if [条件文]; then　　　条件を指定
　　　　　　コマンドリスト　　　　条件成立時に実行する内容
　　　　　else
　　　　　　コマンドリスト　　　　条件不成立時に実行する内容
　　　　　fi　　　　　　　　　　　if文の終わり

❷条件式

条件式の記述には「 [ ] 」コマンドを使います。コマンドなので [の前後にスペースが必須です。

条件式には下記のようなコマンドを使います。これらにも前後に必ずスペースが必要です。

- 文字列の比較の場合
    - = 　：文字列が等しい　　!= ：文字列が等しくない
- 数値の比較の場合
    - -eq ：等しい　　　　　　-gt：より大きい
    - -g 　：以上　　　　　　　-lt：より小さい
    - -le ：以下　　　　　　　-ne：等しくない

❸比較演算子

条件式に使う比較演算子には一般的なものの他に下記のような特別なものがあります。これらのパラメータの前後にもスペースが必要です。

　　-n 　：文字列が空白ではない

```
-z  : 文字列が空白である
-d  : ファイルが存在しかつディレクトリである
-e  : ファイルが存在する
-f  : ファイルが存在しかつ通常ファイルである
-s  : ファイルが存在しかつ空ではない
```

❹ 論理演算

複数式の論理和や論理積は下記コマンドで表現します。

```
-a  : 論理積AND
-o  : 論理和OR
```

【例】　["$data" -gt 5 -a "$data" -lt 12]

　　　["$data" -lt -10 -o "$data" -gt 10]

3 case文の使い方

基本的な構文は下記となります。各パターンの場合のコマンドリストの最後は「;;」で終わってCASE文から抜け出す必要があるので要注意です。

【書式】　case 式 in　　　　　　　条件を指定
　　　　パターン1)
　　　　コマンドリスト;;　　　　パターン1の場合に実行する内容
　　　　パターン2)
　　　　コマンドリスト;;　　　　パターン2の場合に実行する内容
　　　　　⋮
　　　　esac　　　　　　　　　　case文の終わり

ここで、パターンの書式には下記のような特殊な表現もあります。

```
*      : 文字列すべての合致    a*でaから始まる文字列
?      : 1文字に合致
[...]  : ....のいずれか一文字に合致
[a-z]  : aからzのいずれかに合致
[!...] : ...の文字以外の文字に合致
```

4 for文の使い方

基本的な構文は下記のようになります。in以下はオプションで、in以下の値がある場合は値を順次代入して繰り返し、in以下が無い場合は変数に含まれる値を順次代入し、最後の値まで繰り返します。

【書式】　for 変数 in 値1 値2 ... 値n　　条件を指定
　　　　do
　　　　コマンドリスト;;　　　　　　　　繰り返し実行する内容
　　　　done

5 while文の使い方

基本的な構文は下記のようになります。条件文の書式はifなどと同じです。whileとuntilでは条件の真偽が逆になります。

【書式】 while（またはuntil）［ 条件式 ］
　　　　do
　　　　　コマンドリスト　　　　条件の真偽を変えるコマンドが必要
　　　　done

ヌルコマンド
何もせず戻り値0（真）を返すだけのコマンド。

永久ループは下記記述で構成できます。「:」もヌルコマンド†なので前後にスペースが必要です。永久ループを抜け出すにはbreakを使います。

【書式】 while :
　　　　do
　　　　　コマンドリスト
　　　　　コマンドリスト
　　　　done

図A-4-2は各種の構文を使った例と、その実行結果です。

●図 A-4-2　各種の構文を使ったシェルスクリプト例

```
#!/bin/bash

#数値を入力して計算結果を出力する
echo "Start!"
#0入力まで繰り返し
while :
do
        read -p "Input Data =" data
        #数字で判定し分岐
        if [ "$data" -ge 0 -a "$data" -le 9 ]
;
        then
            case $data in
            0)   echo "終了します。";
break;;
            1)   echo "値は1です。";;
            2)   echo "値は2です。";;
            3)   echo "値は3です。";;
            *)   echo "値はその他です。";;
            esac
        fi
done
```

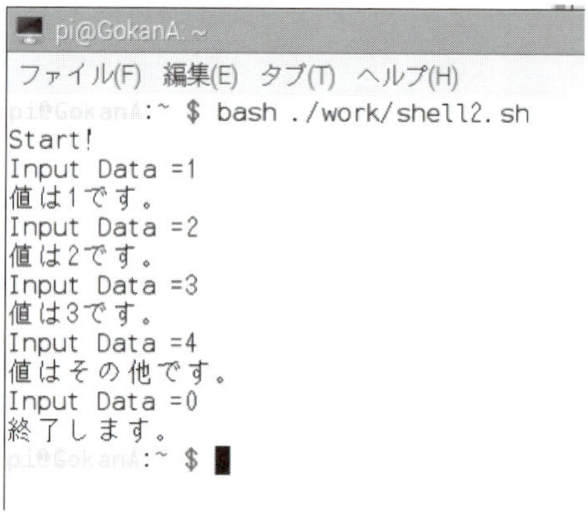

```
pi@GokanA:~ $ bash ./work/shell2.sh
Start!
Input Data =1
値は1です。
Input Data =2
値は2です。
Input Data =3
値は3です。
Input Data =4
値はその他です。
Input Data =0
終了します。
pi@GokanA:~ $
```

付録B
Python超入門

　ラズパイではその名前の由来からも、プログラミング言語としてPython（コードを単純化して可読性を高め作業性とコードの信頼性を高めることを目標として設計された高水準言語。）が推奨されています。本書の各種製作例でも多く使っています。そこでPythonの最低限の使い方ということで、Pythonでラズパイを動かす方法を説明します。

B-1 Pythonに関する常識

Pythonがどういうものかという常識的なことです。まず読み方は「パイソン」です。

1 Pythonはスクリプト言語で専用の開発環境がある

Pythonはもともとスクリプト言語というものです。シェルコマンドと同じように1行ごとにコマンドを入力すると即実行して実行結果を見るという使い方ができます。このために「IDLE」[†]（アイドル）という専用の開発環境が用意されています。IDLEの起動はデスクトップから、[Menu]→[プログラミング]→[Python 2 (IDLE)]とするだけです。IDLEの画面例が図B-1-1となります。

このようにPythonのプログラムは、本来はIDLEを使って作成すべきなのですが、筆者の日本語環境ではIDLEで日本語が入力できず、コメントを日本語で作成できませんでした。そこで、本書ではIDLEは使わず、Pythonスクリプトのファイルはテキストエディタで作成し、実行はターミナルからコマンドで行うことにしました。

> IDLE
> Integrated DeveLopment Environmentの略。

● 図B-1-1　PythonのIDLEの外観

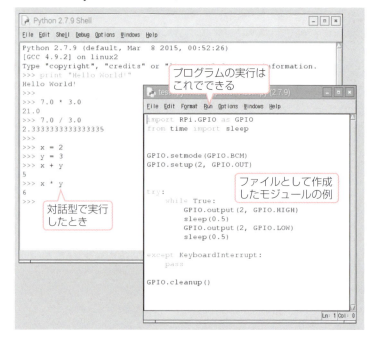

IDLEは「Pythonシェル」とも呼ばれていてシェルコマンドと同様に対話モードで命令を入力すると即実行し、結果を確認できます。しかし、これだけでなく、命令をまとめてファイルとして作成することもできるようになっていて、シェルスクリプトのように命令リストを一括して実行することもできます。

Pythonはもともとプログラミング言語ですから、ファイルを作成して実行する方法が一般的です。このファイルのことを「モジュール[†]」と呼んでいます。さらに複数のモジュールをまとめたものを「パッケージ」と呼んでいます。

> **モジュール**
> モジュールの実体は単にPythonファイル（拡張子.py）のこと。

2 書式が厳格に定められている

Pythonではif文やfor文のブロック構造に｛ ｝（中カッコ）を使いません。単純に「インデント（字下げ）」で区別するだけになっています。この字下げについても、タブと半角スペースが混じった場合はエラーとなってしまいます。

字下げで構造を表現することで、全体の構造がリストを見たときの形でわかるようになっています。この書式により、誰が記述しても大体同じようなプログラムとなるため読みやすくなるという考え方が採用されています。

3 複数データの扱いはリストとディクショナリ

複数データをまとめて扱う場合の表現構造は、「リスト」と「ディクショナリ」という独特の構造となっています。リストはC言語の配列、ディクショナリはC言語の構造体に近いですが、表記方法や扱い方は全く異なります。このあたりにオブジェクト指向型言語の特徴が表れています。B-3節で説明します。

4 ライブラリが非常に多く用意されている

インターネット関連のプロトコルや、CSVやXMLなどのデータの読み書き、データベースとの接続など、さまざまな機能を支援するライブラリが標準で組み込まれていて、いつでもすぐ使えるようになっています。

5 Python 2.xとPython 3.xの2つのバージョンがある

現在は2つのバージョンが並行で使われています。文法に一部異なる部分があるため互換性はありません。ライブラリにはまだ3.xに対応していないものがあるので注意が必要です。

B-2 Pythonの基本文法

　Pythonのモジュールを作成する際の基本的な書式と文法の説明です。Pythonのモジュールの基本構造は実際の例で示すとリストB-2-1のようになります。

リスト　B-2-1　Pythonのモジュールの基本構造

```
#-*- coding:utf-8 -*-              日本語フォントの指定
#Pythonスクリプトの基本形           コメント行

print "スクリプトの開始"            モジュールロード時に実行する部分

#関数の定義                         関数の定義 (最後はコロン)
def TestFunc(x, y):
    print "関数が呼ばれた"             関数内部は必ず字下げする
    return x + y                      戻り値がある場合

#関数の呼び出しと戻り値の取得
print "メインの開始"                メインとなる実行部
data = TestFunc(104, 25)           関数の呼び出し
print "関数の結果 =", data          メッセージと変数の出力
```

実行結果

```
pi@GokanA:~ $ python ./work/sample1.py
スクリプトの開始
メインの開始
関数が呼ばれた
関数の結果 = 129
pi@GokanA:~ $
```

　リストB-2-1に示された構文の基本文法は次のようになります。

❶最初の実行文

　最初に記述した実行文はモジュールロード時に実行される。Pythonスクリプトが読み込まれると上から順に実行されるので、最初の部分には初期設定やメッセージ出力などを記述する

❷コメント

「#」が行頭にあると以降はコメントとなり、以降の1行分は無視される。「"""」から「"""」(ダブルクォーテーション3個連続)の間は複数行でもすべてコメントとなる。コメントには日本語が可能

❸字下げ

関数定義defや条件文ifやcaseなどの行末には：(コロン)が必須で、続く実行文は必ず字下げする。字下げにはTabかスペースが使えるが混在するとエラーになる。いずれかに統一すること

❹関数の定義の仕方

defで始まるリストB-2-2の形式で関数を定義する。引数のパラメータはいくつでも使え、初期値を代入することもできる。戻り値があるときだけreturn文を使う。関数定義のdefの行末は必ずコロン「:」で終わること。関数内部の実行文は必ずインデントすること

リスト　B-2-2　Pythonの関数定義の基本構成

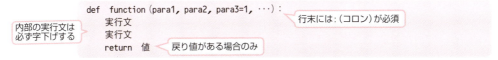

❺メイン部

関数定義のあとに記述する部分がメイン実行文。メイン部で永久ループさせるようにするには、「while True」文を使う

B-3 データ構造 リストとディクショナリ

Pythonでは、単純な変数データの他に、複合したデータの定義の仕方として「リスト」と「ディクショナリ」という2つの方法があります。それぞれの使い方について説明します。

1 リスト

下記のように [ ]（大かっこ）でまとめて初期化定義したデータ群をリストと呼びます。複数の要素で構成されたデータ群を1つの値として扱うことができます。

【書式】 Data = [data1, data2, data3, ‥‥]　　 data1が0番目のデータ

Data[1]のようにインデックスで指定して値を取り出すことができます。
リストを扱うメソッドがいくつか用意されています。リストDataがあるとき、

①リストに値を追加するには2通りの方法がある
  Data.append(data)　　リストの最後に追加する
  Data.insert(n, data)　リスト中のn番目に追加する
          nは0から始まり、nが0のときは最初に追加

②削除の場合も2通りの方法がある
  Data.remove(data)　指定したdataが最初に見つかったものだけ削除
  Data.pop(n)　　　　n番目のデータを削除して値を返す。
          nが無い場合は最後のデータを削除

③リスト内の指定したデータが含まれる個数や位置を知ることができる
  Data.count(data)　　戻り値でdataが出現する回数を返す
  Data.index(data)　　dataが最初に見つかった位置を返す

リストを使ったスクリプトの例がリストB-3-1となります。

B-3 データ構造 リストとディクショナリ

リスト B-3-1 構造のデータ例

```python
#-*- coding:utf-8 -*-
#   リストデータのサンプル
ListA = ['Sun', 'Mon', 'Tue', 'Wed', 'Thu', 'Fri']
print ListA
ListA.append('Sat')
print ListA
ListA.remove('Wed')
print ListA
print ListA.pop(2)
print ListA
ListA.insert(2, 'Wed')
print ListA
print ListA.count('Fri')
print ListA.index('Wed')
```

【実行結果】

```
pi@GokanA:~/work $ python sample2.py
['Sun', 'Mon', 'Tue', 'Wed', 'Thu', 'Fri']
['Sun', 'Mon', 'Tue', 'Wed', 'Thu', 'Fri', 'Sat']
['Sun', 'Mon', 'Tue', 'Thu', 'Fri', 'Sat']
Tue
['Sun', 'Mon', 'Thu', 'Fri', 'Sat']
['Sun', 'Mon', 'Wed', 'Thu', 'Fri', 'Sat']
1
2
```

2 ディクショナリ

複数のデータ群を「キー項目：データ」の構成をセットにして { }（中かっこ）でまとめてリスト構成にした下記構造のデータのことをディクショナリと呼んでいます。

【書式】Dict = {key1:data1, key2:deta2, key3:data3, ‥‥}

【例】　Dict1 = {'Mon':5, 'Tue':6, 'Wed':7, 'Thu':8, 'Fri':9, 'Sat':10}

ディクショナリではキー項目を使って対応する値を取り出したり変更したりすることができます。このような目的のためディクショナリを扱ういくつかのメソッドがあります。

①キー項目をインデックスにして値を取り出す

【書式】Dict1.get（<key>, <default>）

　　　　keyに対応する値を返す。キーが無いときはdefault値を返す

【例】　Dict1.get('Sun', 'NotFound')

②データの追加はキーだけで指定できる
【書式】Dict1[key1] = data1
　　　　key1:data1という値をDict1に追加する
【例】　Dict1['Sun'] = 11
　　　　Dict1に「'Sun':11」という値を追加する

③値の削除はdelメソッドを使う
【例】　del Dict1['Wed']　　　「'Wed':7」を削除する

④キー項目だけを取り出すにはkeys()メソッドを使う
【例】　print Dict1.keys()

⑤for文のインデックスとしてキーが使える
　for文で下記のように記述すると、インデックスの「i」にはキーの値が順番に適用されるので、すべてのキーを指定して順番に出力することができます。
【例】　for i in Dict1 :

　ディクショナリを使った実際の例がリストB-3-2となります。

リスト B-3-2　ディクショナリ構造のデータ例

```
# -*- coding:utf-8 -*-
#ディクショナリの生成
Dict1 = {'Mon':5, 'Tue':6, 'Wed':7, 'Thu':8, 'Fri':9, 'Sat':10}
#ディクショナリの一括出力
print Dict1
#ディクショナリからの値の取り出し
print Dict1['Mon']
print Dict1.get('Tue')
print Dict1.get('Sun')
print Dict1.get('Sun','NotFound')
#ディクショナリへの値の追加と削除
Dict1['Sun'] = 11
del Dict1['Wed']
print Dict1
#キー項目の取得
print Dict1.keys()
#ディクショナリのインデックス処理
for i in Dict1:
    print i
    print Dict1[i]
```

【実行結果】

```
pi@GokanA: ~/work
ファイル(F)　編集(E)　タブ(T)　ヘルプ(H)
{'Wed': 7, 'Fri': 9, 'Tue': 6, 'Mon': 5, 'Thu': 8, 'Sat': 10}
5
6
None
NotFound
{'Sun': 11, 'Fri': 9, 'Tue': 6, 'Mon': 5, 'Thu': 8, 'Sat': 10}
['Sun', 'Fri', 'Tue', 'Mon', 'Thu', 'Sat']
Sun
11
Fri
9
Tue
6
Mon
5
Thu
8
Sat
10
```

keys()による取得
for文による出力

B-4 制御文の使い方

Pythonにもif文やwhile文などの制御文が用意されています。これらの基本の構成と使い方を説明します。

1 if文の基本構成

if文は下記のような構文になります。

【書式】 if　条件式:
　　　　　実行文
　　　 elif　条件式:
　　　　　実行文
　　　 else:
　　　　　実行文

elif以降は必要がないときは無くても構いません。条件式やelseの最後には「:」(コロン)が必要です。また内部の実行文には字下げが必要です。条件式に使える演算子には、「<、>、==、!=、>=、<=」が比較に使えます。また複数の条件式の論理積は「and」で、論理和は「or」で結合できます。

2 for文の基本構成

for文の基本構文は下記のようになります。

【書式】 for <value> in <list>　range(count):

この場合も行末に「:」(コロン)が必要で、for文の内部の実行文には字下げをする必要があります。「value」変数に、「in」のあとに記述するループ対象オブジェクトの1要素がループするごとに入れ込まれる形となります。オプションでrangeを使うと回数をcountで制限することができます。range以降は無くても構いません。

3 while文の基本構文

while文の基本構文は下記のようになります。

【書式】 while　条件式:
　　　　　　実行文

この場合にも条件式のあとには「:」(コロン)が必要で、内部の実行文には字下げが必要です。

リストB-4-1がif文、for文、while文の実際の使用例です。

リスト　B-4-1　if文とfor文の使用例

```python
# -*- coding:utf-8 -*-
#リストの生成
ListB = ['Jan','Feb','Mar','Apr','May','Jun']
print ListB
#if文の使用例
if ListB[1] == 'Feb':
    print "No1 is February."
if ListB[3] == 'Feb':
    print "No3 is February."
else:
    print "No3 is not February."
print '--------------'
#for文の使用例
for i in ListB:
    print i
#while文の使用例
print '--------------'
i = 0
while ListB[i] != 'Jun':
    print ListB[i]
    i = i+1
```

【実行結果】

```
pi@GokanA:~/work
ファイル(F)　編集(E)　タブ(T)　ヘルプ(H)
pi@GokanA:~/work $ python sample4.py
['Jan', 'Feb', 'Mar', 'Apr', 'May', 'Jun']
No1 is February.
No3 is not February.
--------------
Jan
Feb
Mar     for文による出力
Apr
May
Jun
--------------
Jan
Feb
Mar     while文による出力
Apr
May
```

4　print文の使い方

Pythonでのprint文は高機能になっています。その基本構文は下記のようになります。

【書式】print "文字列:フォーマット" % 値
　　　　　フォーマットには次のようなものがある
　　　　　「%s」は文字列
　　　　　「%d」は数値

出力先は標準出力になるのでターミナルとなります。実際の使用例がリストB-4-2になります。

リスト　B-4-2　print文の使用例

```python
# -*- coding:utf-8 -*-
#リストの生成
ListC = ['Jan','Feb','Mar','Apr','May','Jun',7,8,9,10,11,12]
print ListC
print "Month : %s, %s" % (ListC[0], ListC[3])
print "Month : %d, %d" % (ListC[7], ListC[9])
```

【実行結果】

```
pi@GokanA:~/work
ファイル(F)　編集(E)　タブ(T)　ヘルプ(H)
pi@GokanA:~ $ cd work
pi@GokanA:~/work $ python sample5.py
['Jan', 'Feb', 'Mar', 'Apr', 'May', 'Jun', 7, 8, 9, 10, 11, 12]
Month : Jan, Apr
Month : 8, 10
```

以上がPythonの文法の基本です。これ以外にもクラス化など多くの応用編がありますが、本稿では省略します。

付録 C
MPLAB X IDEの使い方

PICマイコンの基本の開発環境であるMPLAB X IDEの使い方を説明します。

C-1-1　MPLAB X IDEのインストール

　MPLAB X IDEは、Microchip Technology社のWebサイト（http://www.microchip.com/）からダウンロードできます。トップページの下側の「DESIGN SUPPORT→Development Tools」または「設計サポート→開発ツール」から「Software Tools for PIC」を選び、MPLAB X IDEとMPLAB XC8をダウンロードし、インストールします。

　インストールの際に注意することがいくつかあります。

- Windowsのユーザ名は半角英数字にする（日本語のユーザ名だと使えない）。
- ディレクトリは変更せず、そのままインストールする。
- MPLAB XC8のインストール時の「Compiler Setting」では、すべてにチェックを入れる。
- MPLAB XC8のインストール時の「Licensing Information」で、Activation Keyを要求されたら、そのまま[Next]を選べばフリー版がインストールされる。

　これらに注意しながら、インストールを進めます。

C-1-2　MPLAB X IDEの起動

　MPLAB X IDEのアイコンをダブルクリックしてMPLAB X IDEを起動すると、まず図C-1-1のようなスタートアップ画面が表示されます。このスタートアップ画面には、MPLAB X IDEの使い方のガイダンスや、フォーラムへのリンクなどがあります。さらに上側にあるタブで画面を切り替えると、マイクロチップ関連の最新情報へのリンクがあり、関連情報源へのナビゲータとなっています。プロジェクトを作成すると、ここに[Projects]タブが追加されます。なお、インターネットに接続されているパソコンであることが前提となっています。

●図C-1-1　MPLAB X IDEのスタートページ

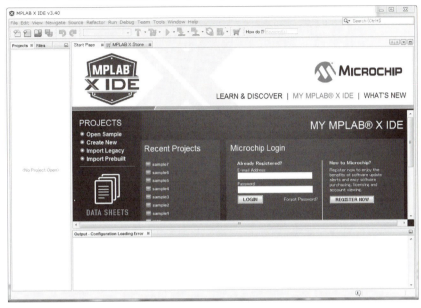

C-1-3　プロジェクトの作成

　PICマイコンでプログラム開発を行う場合には、まずプロジェクトを作成する必要があります。手順を順に説明します。

1 ステップ1　作成するプロジェクト種別の選択

　MPLAB X IDEのメインメニューから、[File]→[New Project]とするとC-2-1のダイアログが開きます。ここからプロジェクト作成を開始します。

　このダイアログではデフォルトの設定のまま[Next]とします。これでPICマイコン用の標準プロジェクトの作成を指定したことになります。

●図C-2-1　プロジェクトの種類の設定

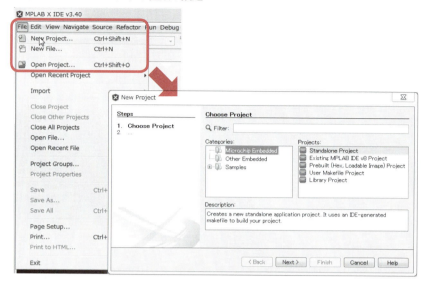

2 ステップ2　デバイスの選択

Nextにより図C-2-2のダイアログが表示されます。ここではプロジェクトに使用するPICマイコンのデバイス名を選択します。例えばPIC16F1829を使う場合には、上の欄で[Mid-Range 8-bit MCUs]を選択し、下の欄で[PIC16F1829]を選択して[Next]とします。あるいは下の欄に直接キーボードから型番を入力することもできます。

この時点でダイアログの左側の欄に今後の作成ステップが表示されます。全部で7ステップであることがわかります。

●図C-2-2　デバイスの選択ダイアログ

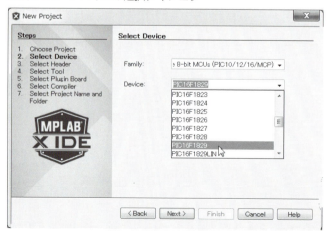

3 ステップ3　デバッグヘッダの選択

次はデバッグヘッダの選択で、図C-2-3のダイアログとなります。このデバッグヘッダとは実機でデバッグする場合に必要となるオプションで、少ピンのPICマイコンのようにPICマイコン自身にデバッグ機能が実装されていない場合のエミュレータチップが実装されている小型ボードです。通常は直接実機で実行できるのでヘッダを使いませんから[none]のままで[Next]とします。

●図C-2-3　ヘッダの選択

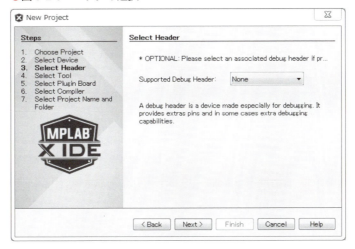

4 ステップ4　ツールの選択

次のステップは書き込みに使うツールの選択ダイアログで図C-2-4となります。

●図C-2-4　プログラミングツールの選択

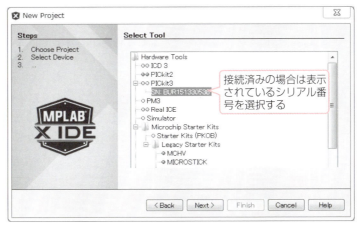

接続済みの場合は表示されているシリアル番号を選択する

本書ではすべてPICkit 3を使います。PICkit 3が既にパソコンに接続されている場合には、PICkit 3の下にシリアル番号が表示されているはずですので、このシリアル番号を選択してから[Next]とします。未接続の場合は、[PICkit 3]の項目を選択して[Next]とします。

5 ステップ5　コンパイラの選択

　次のダイアログは図C-2-5でコンパイラつまり言語の選択です。本書ではすべてXC8コンパイラを使ってC言語で作成するので、図のようにXC8 Compilerを選択してから[Next]とします。

●図C-2-5　コンパイラの選択

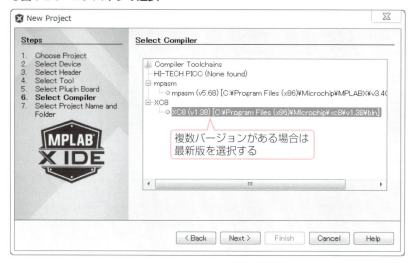

6 ステップ6　プロジェクト名とフォルダの指定

　次のダイアログは図C-2-6で、ここでプロジェクトの名前と格納するフォルダを指定します。まずプロジェクト名を入力します。任意の名前にできますが、日本語は使えないので英文字とする必要があります。ここではフォルダ名と同じsample1というプロジェクト名としています。
　次にフォルダを指定します。既にあるフォルダの場合は[Browse]ボタンをクリックしてそのフォルダを指定します。フォルダが未作成の場合は、直接入力すれば自動的にフォルダを作成し、その中にプロジェクトを生成します。
　次に文字のエンコードを指定し、日本語のコメントが使えるように、[Shift_JIS]を選択してから[Finish]ボタンをクリックして終了です。

●図C-2-6　プロジェクト名とフォルダの指定

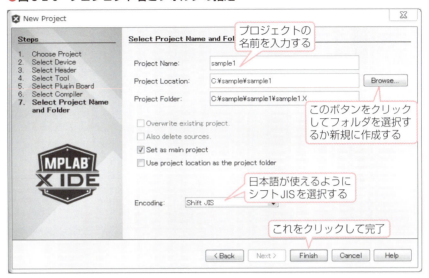

　これでプロジェクトが生成され、図C-2-7のように画面の左端に [Project Window] が表示されるので、プロジェクトが生成されたことがわかります。ただし、ここで生成されたのは空のプロジェクトで、名前とフォルダだけのプロジェクトです。

●図C-2-7　プロジェクト窓に表示される

7 新規ソースファイルの作成

　新たにソースファイルを作成する手順は次のようになります。メインメニューから [File] → [New File...] とすると図C-2-8のダイアログが開きます。ここで [Categories] で [C] を選択し、[File Types] で [C Main File] を選択してから [Next] とします。

●図C-2-8　New Fileダイアログ

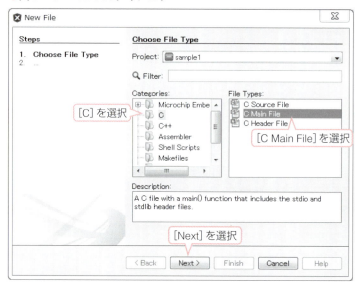

　これで図C-2-9のダイアログに変わります。ここでソースファイルに付与するファイル名を入力します。名称は任意にできます。拡張子は自動的に「c」となっています。さらにフォルダも自動的にプロジェクトのフォルダとなっていますから、このままで[Finish]とすればソースファイルのひな形が自動生成されます。

●図C-2-9　ファイル名の入力ダイアログ

　自動生成されるソースファイルのひな形は図C-2-10のようになります。ただ、実際にはそのまま使える部分がなく、結局全部書き換えることになります。

●図 C-2-10　自動生成されるソースファイルのひな形

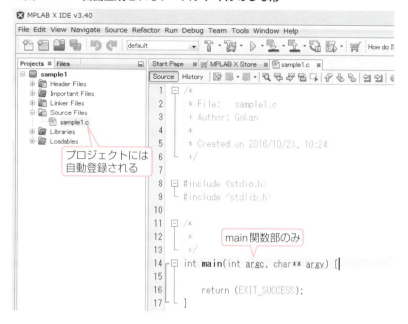

8 既存ソースファイルの登録

既存のソースファイルを登録する場合には、[Source Files]で右クリックして表示される図C-2-11のポップアップメニューで、[Add Existing Items]を選択します。

●図 C-2-11　既存ソースファイルの登録

これで表示されるファイルダイアログで既存ソースファイルを選択すれば、図のようにプロジェクトの [Source Files] 欄に追加されます。

登録したファイルをエディタ画面で開くには、プロジェクト管理窓でファイル名をダブルクリックすれば開きます。

以上のような手順で必要なファイルをプロジェクトに登録すれば、プロジェクトの作成が完了します。

C-1-4 コンパイルと書き込み

ソースファイルの入力作業が完了したらコンパイル作業ができます。

1 コンパイルの実行

コンパイルはMPLAB X IDEのメインメニューのアイコンで実行させることができます。このアイコンはC-3-1のようになっています。

コンパイルだけ実行するアイコンと、コンパイル後書き込みまで行うアイコンがあります。それ以外にアップロードでデバイスから読み込むためのアイコンと、書き込み後すぐ実行しないようにするリセット保持アイコンも用意されています。

コンパイル後書き込みのアイコンとデバッグアイコンを実行するときには、書き込みツールが接続済みであることが必要です。

●図C-3-1 コンパイル実行制御アイコン

2 コンパイル正常完了の場合

コンパイルを実行すると、コンパイル状況と結果がMPLAB X IDEのOutput窓に表示されます。図C-3-2のように「BUILD SUCCESSFUL」というメッセージが表示されれば正常にコンパイルができたことになり、オブジェクトファイルが生成されています。この場合には、メモリの使用量がメッセージ表示されます。

●図C-3-2　コンパイル正常完了の場合のメッセージ

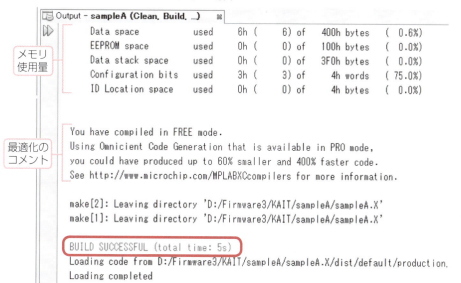

3 コンパイルエラーの場合

コンパイルエラーがある場合には、図C-3-3のように、赤字で「BUILD FAILED」と表示され、そのエラー原因は上のほうに青字で表示されます。

この青字のErrorの行をダブルクリックすれば、エラー発見行付近に自動的にカーソルがジャンプします。

また、ソースファイルにはエラーが検出された行番号に赤丸印が付くので、こちらでもエラー個所がわかるようになっています。

コンパイルが正常に完了しない限り、オブジェクトファイルは生成されません。

●図C-3-3　コンパイルエラーの場合

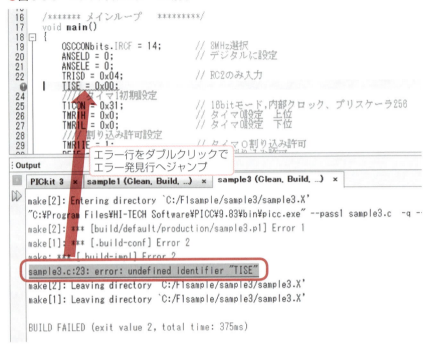

4 PICマイコンへの書き込み

　コンパイルが正常にSuccessとなったら、PICマイコンに書き込んで実機で実行します。この書き込みの手順は次のようにします。
　書き込みは、PICkit3を実機のICSP端子に接続してから図C-3-1の[Make and Program Device Main Project]のアイコンをクリックすればコンパイルし、書き込みを実行します。
　このとき図のようにV_{DD}が3.6V系と5V系があるため確認ダイアログが表示されるので、電源を確認しOKとします。
　これで書き込みが開始されます。書き込みの状況と結果がやはりOutput窓に表示されます。正常に書き込みが完了した場合には、図C-3-4のように「Programming/Verify Complete」と表示され、すぐ実機での実行が開始されます。

●図C-3-4　正常に書き込みが完了した場合

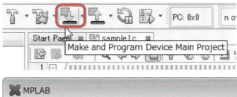
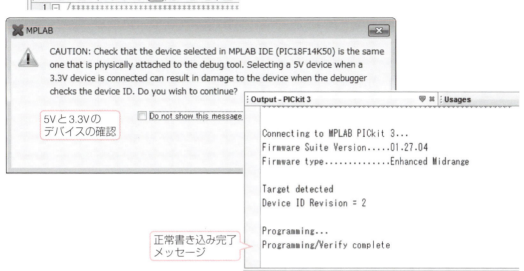

5Vと3.3Vの
デバイスの確認

正常書き込み完了
メッセージ

索引

■記号・数字

7セグメントLED 127, 138

■アルファベット

A/Dコンバータ 65
AGC 179
Anthy 31
aplay 131
apt-get 30, 44
AquesTalk Pi
  概要 127
  使い方 130
BCM 90
BME280センサ 226
BTL 141
cd 39, 42
chown 39
CLC 276
crontab 201, 216, 256
CUI 29
EUSART 66, 116
GIT 89
GNUプロジェクト 332
GPIO 48, 78
GPIOコマンドユーティリティ 95
GPIO番号 81
GUI 29

H264形式 265
HDMI 18
HID 13
Hブリッジ 316
I²C 49, 67
ICSP 55, 319
IDLE 352
init 339
IoT 97
IPアドレス 99
JavaScript 101, 103
jQuery 105
LAN 27
Linux
  アプリケーション 338
  動かし方 341
  カーネル 335, 339
  概要 11, 332
  管理者権限 344
  起動時の動作 338
  シェル 336
  全体構成 335
  ディレクトリ 341, 344
ln 39
ls 41
matplotlib 202
MCC 60, 75, 283

375

索 引

mjpg-streamer-experimental	265
mkdir	42
MOSFET	315
MPC	163
MPD	163
MPEG	265
MPLAB Code Configurator	60
MPLAB X IDE	
概要	60
インストール	362
書き込み	372
起動	362
コンパイル	370
プロジェクトの作成	363
MPLAB XC8 コンパイラ	60
mv	43
MyDNS	249
nano エディタ	107
Node-Red	342
NOOBS	21
N 型	316
PC/AT 互換機	332
PICkit3	62
pwd	42
PWM 出力	14
PySerial	118
Python	
for 文	359
if 文	359
print 文	360
while 文	359
概要	11, 352
基本文法	354
ディクショナリ	357
データ構造	356
リスト	356
P 型	316
RAM	14
Rasbian	
インストール	23
概要	20, 333
更新	30
日本語化	31
Raspberry Pi	
概要	10
シャットダウン	36
準備	18
パスワード	32
モデル	11
ユーザ名	32
Raspberry Pi3 Model B	11
rc.local	339
RC サーボ	275
reboot	44
rm	43
rmdir	42

INDEX

ROM	14
RPi.GPIO	80
RSS	153
Scratch	342
SDカード	20
service	39
SHOUTcast	170
shutdown	44
SimpleHTTPServer	218
SPI	78, 227
subprocess	158
sudo	30, 44
tar	45
tar.gz	45
tgz	45
UART	78
unicode	155
UNIX	332
URL	99
USBカメラ	263
USBシリアル通信	120
USBメモリ	122
UTF-8	155
VNC	37
WDT	62
WebIOPi	97
wget	39, 45
Wi-Fi	26
Wiring Pi	89
X Windows System	29
xrdp	37
Xウインドウ	336
Xウインドウサーバ	336
Xウインドウシステム	336

■あ行

アーカイブ	45
アクチュエータ	15
圧着工具	313
インスタンス	80
インターネットラジオ	
Pythonスクリプト	165
概要	160
回路設計	180
組み立て	182
シェルスクリプト	169
ハードウェア	173
ファームウェア	185
インタプリタ	347
インポート	80
ウェブサーバ機能	97
液晶表示器	50, 187
液晶表示器ライブラリ	69
おしゃべり時計	
Pythonスクリプト	132
概要	126

377

索引

　　回路設計 ……………………………… 140
　　組み立て ……………………………… 142
　　グレードアップ ……………………… 153
　　シェルスクリプト …………………… 135
　　ハードウェア ………………………… 136
　　ファームウェア ……………………… 146
オブジェクト ………………………… 83, 204
温度・湿度・気圧センサ ………………… 226

■か行

カーネル …………………………………… 335
隠しファイル ……………………………… 41
仮想空間 …………………………………… 339
カメラ ……………………………………… 263
逆起電圧 …………………………………… 317
グローバルアドレス ……………………… 249
ゲート ……………………………………… 316
コネクタピン番号 ………………………… 81
コマンド補完 ……………………………… 46
コンフィギュレーションファイル ……… 107
コンフィギュレーションレジスタ ……… 223

■さ行

シールド …………………………………… 177
シェル ……………………………………… 336
シェルコマンド …………………………… 40
シェルスクリプト
　　case文 ………………………………… 349

for文 ………………………………… 349
if文 ………………………………… 348
while文 ……………………………… 350
　　概要 …………………………………… 347
　　基本書式 ……………………………… 347
　　システムコール ……………………… 340
書庫 ………………………………………… 45
シリアル通信 ………………………… 48, 116
スーパユーザ ……………………………… 40
ステートマシン …………………………… 185
ストリーミング …………………………… 265
スライダ …………………………………… 113
正論理 ……………………………………… 318
赤外線受光モジュール …………………… 177
赤外線通信 ………………………………… 176
赤外線リモコン送信機 …………………… 176
ソフトPWM ……………………………… 48

■た行

ターミナル …………………………… 40, 336
ダイナミックDNS …………………… 249, 297
ダイナミック点灯制御 …………………… 139
タイマ2 …………………………………… 64
タプル ……………………………………… 204
チャタリング ……………………………… 83
ディクショナリ …………………………… 353
データロガー
　　HTMLファイル ……………………… 220

Pythonスクリプト ………………………… 210
概要 ……………………………………… 198
回路設計 ………………………………… 229
組み立て ………………………………… 232
グレードアップ ………………………… 249
ハードウェア …………………………… 222
ファームウェア ………………………… 235
デーモン ………………………………… 163, 339
デバッグモード ………………………………… 99
デフォルト ……………………………………… 62
デューティ …………………………………… 275, 318
デルタシグマA/Dコンバータ ……………… 223
ドップラセンサ ……………………………… 127, 137
ドメイン名 …………………………………… 251
ドライバ ……………………………………… 338

■な行

日本語入力ツール ……………………………… 31
ノンブロッキング動作 ……………………… 119

■は行

バーチャルサーバ …………………………… 253
バイパスコンデンサ ………………………… 143
パイプ ………………………………………… 131
パイプライン ………………………………… 132
バックグラウンド ……………………………… 99
パッケージ …………………………………… 353
パッチ ………………………………………… 98

汎用テストボード
概要 ………………………………………… 48
回路設計 ………………………………… 55
組み立て ………………………………… 56
ハードウェア …………………………… 50
ファームウェア ………………………… 58
ヒストリ機能 …………………………………… 46
標準カメラ …………………………………… 263
表面実装 ……………………………………… 226
ビルド ………………………………………… 89
ピン番号 ……………………………………… 81
ファイルシステム …………………………… 338
フィルタ回路 ………………………………… 179
ブートローダ ………………………………… 338
フォトダイオード …………………………… 177
プライベートアドレス ……………………… 253
プリスケーラ ………………………………… 64
プリント基板の自作 ………………………… 56
プルアップ抵抗 ……………………………… 55
プルダウン …………………………………… 319
フルブリッジ ………………………………… 316
フロー制御 …………………………………… 118
プロセス ……………………………………… 339
プロンプト …………………………………… 40
変調 …………………………………………… 178
ポート番号 …………………………………… 99
ポーリング …………………………………… 82
ポストスケーラ ……………………………… 64

索引

ボタン……………………………………… 105

■ま行

マルチタスク……………………………… 339
メディアプレーヤ………………………… 131
モジュール………………………………… 353

■ら・わ行

ラグ端子…………………………………… 144
ラッチ……………………………………… 318
ランチャ……………………………… 40, 337
リスト……………………………………… 353
リダイレクト……………………………… 131
リップルノイズ…………………………… 179
リファレンス電圧………………………… 223
リモートデスクトップ…………………… 37
リモコンカー
 HTMLファイル……………………… 307
 Pythonスクリプト………………… 304
 概要…………………………………… 302
 回路設計……………………………… 319
 組み立て……………………………… 320
 ハードウェア………………………… 312
 ファームウェア……………………… 323
リモコンカメラ
 HTMLファイル……………………… 270
 pythonスクリプト………………… 262
 概要…………………………………… 260

 回路設計……………………………… 277
 組み立て……………………………… 277
 グレードアップ……………………… 297
 ハードウェア………………………… 274
 ファームウェア……………………… 282
ログインプロンプト……………………… 339

参考文献

1.「MPLAB Code Configurator v3.xx User's Guide」 DS40001829B

2.「PIC16(L)F1713/6 Data Sheet」 DS40001726C

3.「PIC16(L)F1508/9 Data Sheet」 DS40001609E

　PICのデータシートやMPLABの説明書については、Microchip Technology社が著作権を有しています。本書では、図表等を転載するにあたりMicrochip Technology社の許諾を得ています。Microchip Technology社からの文書による事前の許諾なしでのこれらの転載を禁じます。

当社サイトからのダウンロードについて

以下のWebサイトから、本書で製作したデバイスのプログラムや回路図・パターン図・実装図をダウンロードすることができます。

圧縮ファイルになっていますので、解凍してお使いください。

　　http://gihyo.jp/book/2017/978-4-7741-8919-2/support

フォルダは大きくHardwareフォルダとSoftwareフォルダに分かれています。

● **Hardware** フォルダ

PDFファイルが収録されています。例えば3章の場合は、UIO4_BRD.pdf（実装図）UIO4_PTN.pdf（プリント基板のパターン図）、UIO4_SCH.pdf（回路図）の3つが収録されています。

プリント基板のパターン図は、インクジェット用OHP透明フィルムにできるだけ濃く印刷して使います。その後は感光基板に露光して現像・水洗い・エッチング・感光材除去・穴開け・フラックス塗布で基板ができあがります。基板作成キットなども発売されています。詳しくは当社刊の書籍「電子工作は失敗から学べ！」の巻末に掲載しています。

● **Software** フォルダ

各章ごとに、Raspberry Pi用、PICマイコン用のプログラムなどが収録されています。

Raspberry Piフォルダには、PythonスクリプトやHTMLファイル、シェルスクリプトなどを、PICフォルダには、プロジェクト一式としてC言語のソースファイルやコンパイル済みのオブジェクトファイル、ライブラリなどが収録されています。

キット・組み立て済製品の販売について

　本書籍掲載の6種類の製作品のキットおよび組み立て済み製品が、株式会社ビット・トレード・ワンから発売されます。

- 3章　汎用テストボード　キット・組み立て済み
- 5章　おしゃべり時計　キット・組み立て済み
- 6章　赤外線リモコン付きインターネットラジオ　キット・組み立て済み
- 7章　データロガー　キット・組み立て済み
- 8章　リモコンカメラ　キット・組み立て済み
- 9章　リモコンカー　キット・組み立て済み

なおRaspberry Pi本体は別売りとなります。
詳しくは以下のWebサイトをご覧ください。

　　PICと楽しむRaspberry Pi活用ガイドブック総合
　　http://bit-trade-one.co.jp/product/picraspi/

　またキットや組み立て済み製品についてのご質問・ご相談、その他ご不明な点などは、以下URLにてサポートを行っております。

　　株式会社ビット・トレード・ワン　お問合せ
　　http://bit-trade-one.co.jp/contactus/

■著者紹介
後閑 哲也　Tetsuya Gokan
1947年 愛知県名古屋市で生まれる
1971年 東北大学　工学部　応用物理学科卒業
1996年 ホームページ「電子工作の実験室」を開設
　　　　子供のころからの電子工作の趣味の世界と、仕事として
　　　　いるコンピュータの世界を融合した遊びの世界を紹介
　　　　「PIC活用ガイドブック」「電子工作の素」
　　　　「C言語によるPICプログラミング入門」「電子工作入門以前」
2003年 有限会社マイクロチップ・デザインラボ設立

Email　gokan@picfun.com
URL　　http://www.picfun.com/

●カバーデザイン　　　平塚兼右（PiDEZA）
●カバーイラスト　　　石川ともこ
●本文デザイン・DTP　（有）フジタ
●編集　　　　　　　　藤澤奈緒美

PICと楽しむRaspberry Pi 活用ガイドブック

2017年4月24日　初版　第1刷発行

著　者　　後閑 哲也
発行者　　片岡 巖
発行所　　株式会社技術評論社
　　　　　東京都新宿区市谷左内町21-13
　　　　　電話　03-3513-6150　販売促進部
　　　　　　　　03-3513-6166　書籍編集部
印刷／製本　昭和情報プロセス株式会社

定価はカバーに表示してあります。

本書の一部または全部を著作権の定める範囲を超え、無断で複写、
複製、転載、テープ化、ファイルに落とすことを禁じます。

©2017　後閑哲也

造本には細心の注意を払っておりますが、万一、乱丁（ページ
の乱れ）、落丁（ページの抜け）がございましたら、小社販売促
進部までお送り下さい。送料小社負担にてお取替えいたします。

ISBN978-4-7741-8919-2 C3055
Printed in Japan

■注意
　本書に関するご質問は、FAXや書面でお願いいたします。電話での直接のお問い合わせには一切お答えできませんので、あらかじめご了承下さい。また、以下に示す弊社のWebサイトでも質問用フォームを用意しておりますのでご利用下さい。
　ご質問の際には、書籍名と質問される該当ページ、返信先を明記してください。e-mailをお使いになれる方は、メールアドレスの併記をお願いいたします。

■連絡先
〒162-0846
東京都新宿区市谷左内町21-13
（株）技術評論社　書籍編集部
「PICと楽しむRaspberry Pi 活用ガイドブック」係
　FAX番号：03-3513-6183
　Webサイト：http://gihyo.jp